概率论与数理统计

（第2版）

◎主　编　王　霞

◎副主编　沈　静　占晓军

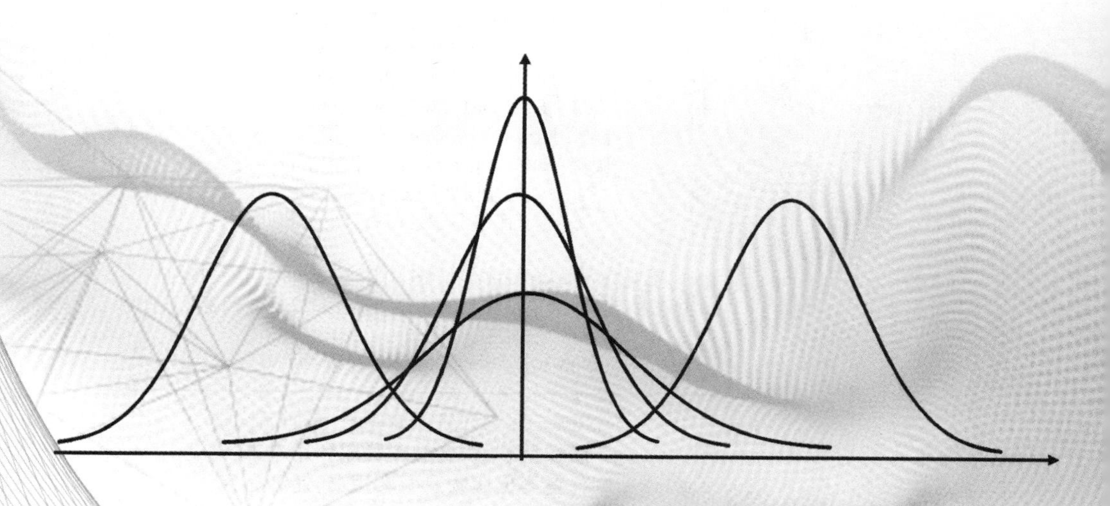

重庆大学出版社

内容提要

本书以高等学校应用型创新型人才培养为目标，强调概率论与数理统计的应用性，主要内容包括概述、概率论的基础、随机变量的概率分布及数字特征、几种常见的概率分布、统计量的分布、参数估计、假设检验、线性回归模型等。读者学习本书的主要理论只要具有一元微积分的数学基础即可。

本书在知识体系上突出问题导向，章节内容从经典问题（实践中的概率或统计）入手，配以分析过程，通俗易懂；理论部分从具体到抽象，由易到难，分散了难点；重要计算给出了 Excel 实例，为大数据的应用奠定了坚实基础；每章小结给出本章知识结构图，从宏观上展示了知识结构体系；每章习题配备应用案例，要求读者在宏观上理解和运用本章知识，突显学有所用。

本书可供高等学校经济管理类专业学生选用，也可供理工科学生及有关从事经济管理人员参考。

图书在版编目(CIP)数据

概率论与数理统计 / 王霞主编. -- 2 版. -- 重庆 ：
重庆大学出版社，2022.8

ISBN 978-7-5689-2212-8

Ⅰ. ①概… Ⅱ. ①王… Ⅲ. ①概率论②数理统计
Ⅳ. ①O21

中国版本图书馆 CIP 数据核字(2022)第 131790 号

概率论与数理统计

（第 2 版）

GAILÜLUN YU SHULI TONGJI

主 编 王 霞

责任编辑：范 琪 版式设计：范 琪

责任校对：邹 忌 责任印制：张 策

*

重庆大学出版社出版发行

出版人：饶帮华

社址：重庆市沙坪坝区大学城西路 21 号

邮编：401331

电话：(023) 88617190 88617185(中小学)

传真：(023) 88617186 88617166

网址：http://www.cqup.com.cn

邮箱：fxk@cqup.com.cn (营销中心)

全国新华书店经销

重庆市联谊印务有限公司印刷

*

开本：787mm×1092mm 1/16 印张：13.5 字数：323 千

2020 年 8 月第 1 版 2022 年 8 月第 2 版 2022 年 8 月第 2 次印刷

印数：2 001—4 000

ISBN 978-7-5689-2212-8 定价：39.80 元

第2版前言

本书第1版出版于2020年8月，主要供经济管理专业的本科学生使用。老师和学生认为，本书把理论和实践很好地融合为一体，主要优点体现在以下三个方面：一是突出问题导向，章节内容以实践中的概率或统计问题导入，能很好地激发学生的学习兴趣；二是书中的案例研究不仅新颖、贴合实际应用，而且综合性很强，通过案例分析把理论知识和实际应用融合为一体，学以致用；三是Excel实例简化了课程中比较复杂的理论计算，实用性和操作性强。

在使用的过程中，我们也发现了一些疏漏和不妥之处，因此对第1版进行了修订。第2版在基本内容、体系框架和章节安排方面与第1版一致，只是把第1版中的疏漏和不妥之处做了修正。

本书此版承沈静、占晓军、刘次华、叶鹰、熊新斌、梅家斌、张锴、贺丽娟、盛正尧、孙慧等老师审阅，他们提出了许多宝贵意见，对此表示衷心感谢。

书中不足之处，诚恳地希望读者批评指正。

编　者

2022年6月

第1版前言

自20世纪末我国高等教育大规模扩招以来,学生的学习能力和发展方向的差异性增大。对于一部分有志考研的学生而言,大学数学教学必须遵从考研大纲的要求,着重数学理论的系统性和严谨性培养;对于大部分其他学生而言,学习数学的主要目的是为后续专业课程的学习打下基础,对教学内容的选择更加具体灵活。本书是近几年来在文华学院实施"个性化教育"和"应用型人才培养"的教学改革实践中编写而成的,主要面向经济管理专业的本科学生,针对应用型人才的培养目标,强调理论与实践的结合。

与目前国内"概率论与数理统计"的主流教材相比,本书具有以下特色:

(1)全书以高等学校应用型创新型人才培养为目标,在知识体系上突出问题导向。章节内容从经典问题(实践中的概率或统计)入手,配以分析过程,通俗易懂;理论部分从具体到抽象,由易到难,分散了难点;重要计算给出了 Excel 实例,为大数据的应用奠定了坚实基础。

(2)内容包含了描述统计学和线性回归这两个应用统计学的重要内容。这两部分内容是经管类后续课程的重要知识点,在多数教材中往往不出现或者是在教学实践中来不及安排的。

(3)删除了部分数学理论推导较复杂的内容。例如,对多维随机变量,主要介绍二维离散型随机变量的联合分布律,在此基础上引入独立性和协方差的基本概念;而对多维连续型随机变量,仅介绍密度函数和独立性的概念。在区间估计和假设检验中仅介绍单个总体均值的估计和检验,略去了两个正态总体的估计和检验,这些简化不会影响学生对概率论和数理统计思想的理解。这样处理使得本书只要求学生预先学过一元微积分,不需要多元微积分和线性代数的知识,可在大学一年级的第二学期安排课程教学。

(4)每章小结给出本章知识结构图,帮助学生从宏观上搭建知识结构体系。同时,每章习题中配备和日常生活息息相关的应用案例,要求读者在宏观上进一步理解和运用本章知识来解决日常实际中的问题,真正做到学有所用。

(5)为满足应用型人才的培养和大数据的应用需求,将 Excel 软件与教学内容有机地结合起来。Excel 是大部分学生都熟悉的办公自动化软件,易于上手。首先,介绍它的一些描述统计函数,如均值和标准差等,这使学生更容易处理较大规模数据样本的统计计算及其可视化表达;其次,利用它的概率分布计算函数,可避免查询很多统计分位数表。同时,还利用 Excel 随机数生成样本点,并由此演示中心极限定理的结果,介绍 Excel 软件的统计功能,借助 Excel 软件简化计算过程,引导学生分析假设检验和回归分析的计算结果。

本书由王霞编写,刘次华教授全面修改和统稿。课程组的林益、盛正尧、叶鹰、张锴、贺丽娟、李萍、梅家斌等老师提出了不少改进意见,在此表示衷心感谢。

由于编者水平有限,书中不妥之处在所难免,请各位专家、读者不吝指正。

编　者

2020 年 4 月

目录

第 1 章 概 述

1.1 概率与统计的研究目标

自然界所观测到的现象分为两类:一类是确定性现象或必然现象,它们在确定的条件下必然会发生,如水在通常条件下加热到 100 ℃时必然沸腾,一个大气压力下 20 ℃的水必然不会结冰等;另一类是非确定性现象,在一定条件下试验的结果有多种可能,但在试验前不能预测是哪一种结果. 例如,某人对目标靶射击,考察命中环数;从一批混有正品和次品的产品中任取一个产品,它可能是正品也可能是次品等.

人们经过长时期的观察或实践发现,很多非确定性现象的发生都是有规律的. 例如,历史上德 · 摩根(De Morgan)、蒲丰(Buffon)和皮尔逊(Pearson)曾进行过大量掷硬币试验,所得结果见表 1.1. 随着抛硬币次数的增多,正面朝上的次数与正面朝下的次数大致都是抛掷总次数的一半,呈现固有的规律性. 在个别实验中其结果呈现出不确定性,但在大量重复实验中结果又具有固有的规律性,这一类现象称为随机现象,这种规律性称为统计规律性. 比如,人的身高是近似服从正态分布的,某些服务系统对顾客的服务时间是近似服从指数分布的.

表 1.1

试验者	掷硬币次数	出现正面的次数	出现正面的频率
德 · 摩根	2 048	1 061	0. 518 1
蒲丰	4 040	2 048	0. 506 9
皮尔逊	12 000	6 019	0. 501 6
皮尔逊	24 000	12 012	0. 500 5

“概率论与数理统计”是研究随机现象统计规律性的一门基础学科. 它的应用很广泛,几

乎渗透到所有科学技术领域,如市场调查、证券分析、风险评估、质量控制和经济管理中的预测与决策等. 概率统计的理论与方法正被人们越来越多地采用. 另外,广泛的应用也极大地促进了这门学科的发展.

1.2 概述:总体、个体、样本及统计推断

如何研究随机现象的统计规律性并为科学决策提供有效的依据,是"概率论与数理统计"课程需要解决的核心问题. 先看一个有关管理人员年薪的具体案例.

例 1.2.1 某部门负责人将为公司制订一份简报,内容包括 2018 年中层管理人员的年龄和年薪分布情况. 该负责人可调取原始数据,获得 2 500 名中层管理人员的年龄和年薪作为研究总体,并进一步分析年龄和年薪分布的总体特征. 但是在实际情况下,可能因为个人隐私、节约成本和时间等现状,无法获得 2 500 名中层管理人员的年龄和年薪. 这时,该负责人需要考虑的是,随机抽取一部分中层管理人员的年龄和年薪构成研究样本,并以此推测出所有中层管理人员年龄和年薪分布的统计规律. 假定随机选择 30 名中层管理人员的年龄(单位:岁)和年薪(单位:万元)构成研究样本,见表 1.2. 在此基础上分析年龄和年薪的分布特征并编写简报,显然比分析 2 500 名人员的年龄和年薪要节约时间和成本.

表 1.2

编号	年龄	年薪	编号	年龄	年薪	编号	年龄	年薪
1	45	10.14	11	38	10.18	21	46	12.29
2	47	11.45	12	47	12.59	22	38	10.47
3	46	11.63	13	50	14.01	23	50	13.88
4	38	9.82	14	52	11.88	24	37	11.43
5	45	10.63	15	38	9.86	25	40	10.38
6	37	9.95	16	42	10.32	26	38	8.92
7	40	10.85	17	45	11.26	27	47	13.49
8	37	10.34	18	37	8.85	28	45	12.57
9	42	11.62	19	40	11.24	29	52	14.22
10	36	10.27	20	39	10.57	30	38	9.78

思考以下问题:

①30 个样本数据的图形和数字特征如何?(描述统计问题,见第 1 章)

②是否可以用这 30 名中层管理人员的年薪数据来推测 2 500 名中层管理人员年薪的分布特征?需要怎样的前提假设?(抽样问题,见第 5 章)

③如何用 30 名中层管理人员的年薪来推测所有中层管理人员的平均年薪?精确度如何计算?(参数估计问题,见第 6 章)

④如果上一年度所有中层管理人员的平均年薪是10.5万元,能否认为本年度的平均年薪超过上一年度的平均年薪?作此推论有多大把握?(假设检验问题,见第7章)

⑤年薪和年龄之间是否具有某种相依关系?(回归分析问题,见第8章)

在上述问题中,如果只研究年薪(或年龄)问题,每名中层管理人员的年薪(或年龄)是研究个体,2 500名中层管理人员的年薪(或年龄)是研究总体,随机抽取的30名中层管理人员的年薪(或年龄)是研究样本,每名管理人员的具体年薪(或年龄)称为样本值,30个样本值构成样本数据集.如果要研究年龄和年薪之间的关系,则每名中层管理人员的年龄和年薪是研究个体,2 500名中层管理人员的年龄和年薪是研究总体,随机抽取的30名中层管理人员的年龄和年薪是研究样本.

将研究对象全部元素构成的集合称为**总体**,组成总体的每个元素称为**个体**.总体中所含个体的个数,称为总体的**容量**,它可以有限个、无限可列个或无限不可列个.为了研究推断总体的统计规律性,我们经常从总体中抽取一个子集,称为**样本**.每一个样本的测量值称为**样本值**,所有样本值构成样本数据集.

如何有效地收集、整理样本数据,并对样本数据分析研究,从而推断出总体的性质、特点和统计规律性,这就是统计分析的目的.比如,为了估计某顾客群体的平均年龄,只需要收集部分顾客的年龄信息,得到平均年龄的估计值后,就可以针对这个年龄层的顾客投放广告.

统计分析涉及两个不同的阶段:①描述统计,即利用所得到的数据绘制统计图(直观粗略地反映研究对象的规律),并计算数字特征值(反映数据的集中趋势和分散程度等).②推断统计,即根据样本信息对研究总体进行推断,包括推断研究对象的分布规律、不同因素间的相关性、多个因素间的统计关系等.

推断统计主要建立在研究不确定性现象的理论——概率论的基础上.概率论是统计分析的理论基础,而且在金融、保险、会计等领域有着广泛的应用.

基于上述分析,本书的基本知识结构如图1.1所示.第1章简单介绍描述统计学,第2—4章学习概率论的基本理论,第5—8章在概率论的基础上学习推断统计学.

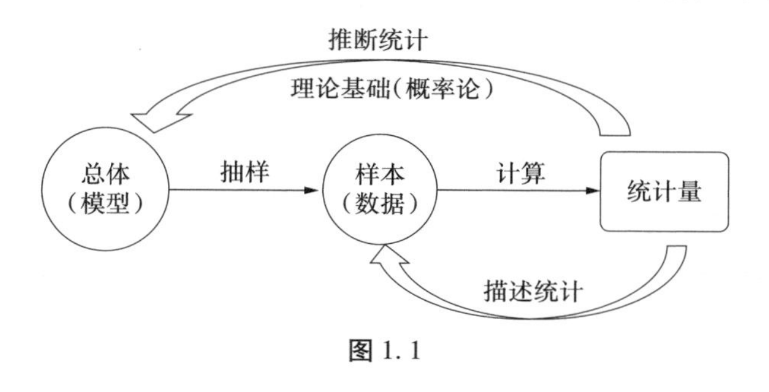

图1.1

1.3　数据的描述

统计是关于数据的科学.表格和图形是呈现数据的直接方式,能揭示数据的重要特征,如数据的范围、集中程度和对称性.通过图形和表格,对例1.2.1中的问题①进行分析.

例 1.3.1 把薪酬分为 4 个类别：≤9 万元、9 万 ~ 11 万元、11 万 ~ 13 万元、≥13 万元，并编制频数分布表，简称**频数表**，见表 1.3，这里每个类别的人数，就是对应类别的频数. 每个类别的观测个数占总数的比例，就是**相对频数**（或**频率**），反映该类别在总体中所占的比重. 有时人们感兴趣的是**累积频数**，将各类别的频数逐级累加起来，而**累积相对频数**就是将各类别的相对频数逐级累加起来.

表 1.3

等　级	频　数	相对频数(频率)/%	累积相对频数/%
≤9 万元	2	7	7
9 万 ~ 11 万元	14	47	54
11 万 ~ 13 万元	10	33	87
≥13 万元	4	13	100

相对频数可以用直方图或饼状图表示，如图 1.2 所示.

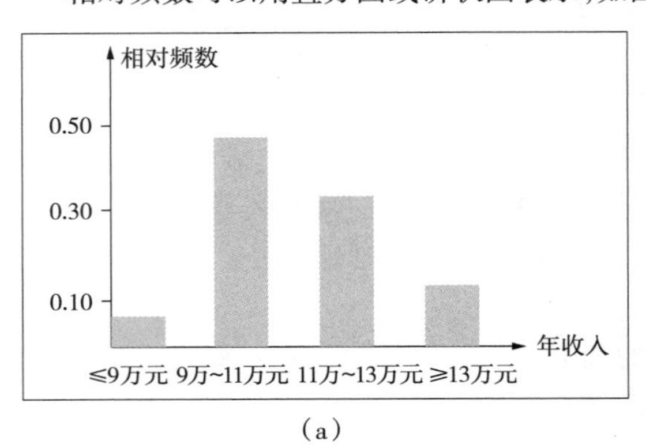

(a)

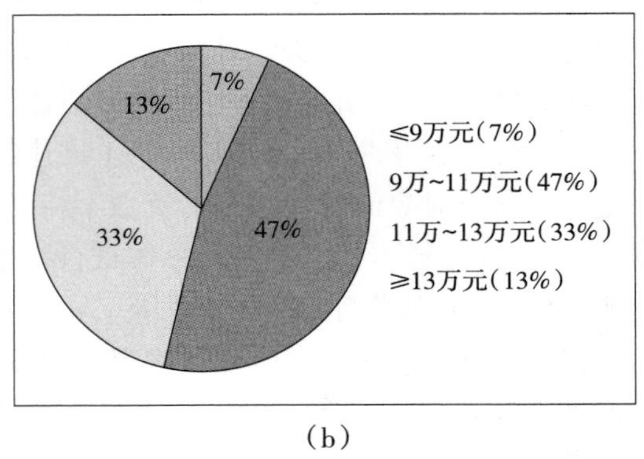

(b)

图 1.2

1.4　数据的汇总

面对海量的数据，人们常用数值方法进行定量描述. 常用方法有两种：①数据的集中趋势测度，即描述数据聚集的趋势或某些数据的中心位置，如图 1.3(a)所示；②数据的变异性测度，即描述数据的分散状况，如图 1.3(b)所示.

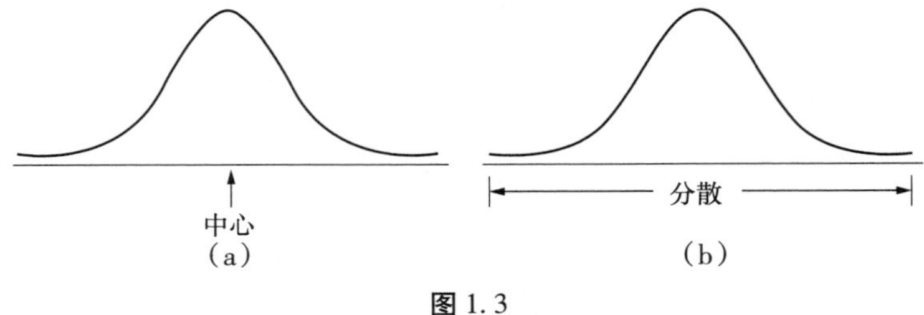

(a)　(b)

图 1.3

1.4.1　集中趋势的数值测度

最常用、最容易理解的反映数据集中趋势的统计量是数据集的算术平均数(简称为均值).

定义 1.4.1　设有 n 个样本值 $x_1,x_2,\cdots,x_n$，其**样本均值**定义为

$$\bar{x}=\frac{1}{n}\sum_{i=1}^{n}x_i. \tag{1.4.1}$$

另外,描述样本中心位置的统计量是样本中位数和样本众数.

定义 1.4.2　将样本值 $x_1,x_2,\cdots,x_n$ 从小到大排列 $x_1^* < x_2^* < \cdots < x_n^*$，处于中间的数值就是**样本中位数**,计算公式为

$$\tilde{x}=\begin{cases}x_{m+1}^*, & n=2m+1,\\ \frac{1}{2}(x_m^*+x_{m+1}^*), & n=2m.\end{cases} \tag{1.4.2}$$

定义 1.4.3　**样本众数**是指样本数据中出现次数最多的测量值.

例 1.4.1　计算下列样本测量值的样本均值、样本中位数和样本众数.

样本测量值:5,3,8,5,6.

解　$\bar{x}=\frac{1}{5}\sum_{i=1}^{5}x_i=\frac{1}{5}(5+3+8+5+6)=5.4.$

样本值从小到大排列:3,5,5,6,8,样本中位数和样本众数都是5.

样本均值和样本中位数是描述数据中心位置十分有用的统计量.样本均值对所有的样本值求平均,容易受离群值(远离数据一般水平的特别大或特别小的值)的影响.而样本中位数只利用一个或两个中间值,不受离群值的影响.例如,在分析某专业联盟中球员的薪酬时,其中几个顶级球星(如詹姆斯、科比等)的薪酬就是离群值,将对薪酬的均值产生比较大的影响,此时中位数能更准确地描述该联盟中球员平均薪酬的状况.样本均值和样本中位数哪个更实用取决于问题的实际背景.

样本均值和样本中位数可分别用 Excel 软件中的 AVERAGE 函数和 MEDIAN 函数得到.

例 1.4.2　利用 Excel 软件,计算例 1.2.1 中 30 名中层管理人员年薪的均值和中位数.

解　(1)将数据一次输入单元格 A1 至 A30.

(2)在某一空白单元格(如 B1)中输入"=AVERAGE(A1:A30)",得到样本均值 11.163,即平均年薪为 11.163 万元.

(3)在某一空白单元格(如 B2)中输入"=MEDIAN(A1:A30)",得到样本中位数 10.74,即年薪的中位数为 10.74 万元.

1.4.2　变异性的数值测度

集中趋势的测度提供了数据集的一部分描述,不包括数据集的变异性(分散)描述.例如,要比较一家大型建筑公司的两个子公司 A 和 B 的工程利润率(利润占总标价的百分比).假设两个子公司分别承包了 100 个工程,它们的平均利润相等,但是子公司 A 的利润率更加平稳(大多数工程的利润率集中在数据集中心的周围),而子公司 B 的利润率具有更大

的变异性(大多数工程的利润率取值更分散).通过变异性测度来描述数据集的分散程度,其中最简单的统计量是它的极差.

定义 1.4.4 样本数据集的**极差**等于它的最大测量值减去最小测量值.

数据集的极差很容易计算和理解.但是,当数据集很大时,它对数据变化的反应是不敏感的.有时两个数据集的极差相同,但是在数据变化上有很大不同.下面探讨一种比极差更灵敏的描述数据变异程度的方法,即样本方差和样本标准差.

如果样本值集中在样本均值周围,则对应较小的变异性;反之,对应较大的变异性.每个样本值 x_i 在样本均值 $\bar{x}$ 周围的集中程度通过绝对值 $|x_i - \bar{x}|$ 来量化.为便于计算,改用平方 $|x_i - \bar{x}|^2 = (x_i - \bar{x})^2$.一组样本值对样本均值的变异性,用所有样本函数值 $(x_i - \bar{x})^2$ 的平均值来度量,称为样本方差.

定义 1.4.5 设有 n 个样本值 $x_1, x_2, \cdots, x_n$,其**样本方差**定义为

$$s^2 = \frac{1}{n-1}\sum_{i=1}^{n}(x_i - \bar{x})^2. \tag{1.4.3}$$

这里平均值的分母是 $n-1$ 而不是 n,将在第 5 章具体说明.为消除样本方差表达式中因平方导致的量纲影响,可对样本方差进行开方处理.

定义 1.4.6 样本方差的算术平方根称为**样本标准差**,其表达式为

$$s = \sqrt{s^2} = \sqrt{\frac{1}{n-1}\sum_{i=1}^{n}(x_i - \bar{x})^2}. \tag{1.4.4}$$

例 1.4.3 计算例 1.4.1 中样本的方差和标准差.

解 $$\begin{aligned} s^2 &= \frac{1}{4}\sum_{i=1}^{5}(x_i - 5.4)^2 \\ &= \frac{1}{4}[(5-5.4)^2 + (3-5.4)^2 + (8-5.4)^2 + (5-5.4)^2 + (6-5.4)^2] \\ &= 3.3, \end{aligned}$$

$$s = \sqrt{s^2} \approx 1.82.$$

样本方差和样本标准差可分别用 Excel 软件中的 VAR 和 STDEV 函数得到.

例 1.4.4 计算例 1.2.1 中 30 名中层管理人员年薪的样本方差和样本标准差.

解 (1)在某一空白单元格(如 C1)中输入"=VAR(A1:A30)",得到样本方差 $s^2 = 2.067$.

(2)在某一空白单元格(如 C2)中输入"=STDEV(A1:A30)",得到样本标准差 $s = 1.44$.

1.4.3 相对位置的数值测度

用集中趋势和变异性可描述样本数据集的一般特性.除此之外,我们常常关心某个特定测量值在数据集中的相对位置.对某个测量值相对位置的一种测度是它的**样本百分位数**.粗略地说,对于 $0 \leqslant m \leqslant 100$,一个数据集的样本 $m\%$(下侧)分位数是指这样一个数值,该数据集里小于它的数据个数约占 $m\%$,中位数就是 50% 分位数.例如,称 2019 年 A 公司的年销售量在同类行业中的样本百分位数为 80%,表明同类行业中公司的年销售量比 A 公司低的约占 80%.

样本百分位数的确切定义有多种,结果略有差异.下面给出 Excel 软件中所采用的定义.

定义 1.4.7 将样本量为 n 的数据集由小到大排序，记为 $x_{(1)},x_{(2)},\cdots,x_{(n)}$，对于 $0\leqslant p\leqslant 1$，令

$$t=(n-1)p+1.$$

该数据集的**样本 100p%（下侧）分位数**定义为

(1)如果 t 是整数 i，它定义为数据集 $x_{(i)}$.

(2)如果 t 不是整数，$i<t<i+1$，它定义为两个相邻数据的加权平均值

$$x_{(i)}(i+1-t)+x_{(i+1)}(t-i).$$

可用 Excel 软件中的 PERCENTILE 函数计算样本百分位数.

定义 1.4.8（四分位数） 样本 25% 分位数称为第一个四分位数（下四分位数），样本 50% 分位数称为第二个四分位数（样本中位数或中间四分位数），样本 75% 分位数称为第三个四分位数（上四分位数）.

四分位数把样本数据集划分为四个部分，大约 25% 的数据小于第一个四分位数，25% 的数据在第一个四分位数和第二个四分位数之间，25% 的数据在第二个四分位数和第三个四分位数之间.

例 1.4.5 计算并解释例 1.2.1 中 30 名中层管理人员年薪的四分位数.

解 (1)在某一空白单元格（如 D1）中输入"=PERCENTILE（A1:A30,0.25）"，得到第一个四分位数 10.20.

(2)在某一空白单元格（如 D2）中输入"=PERCENTILE(A1:A30,0.50)"，得到第二个四分位数 10.74.

(3)在某一空白单元格（如 D3）中输入"=PERCENTILE(A1:A30,0.75)"，得到第三个四分位数 11.82.

得到数据集的四分位数以后，通过**箱线图**可直观展示数据集的分布信息. 如图 1.4 给出了例 1.4.5 中有关年薪的数据集箱线图. 先将一个矩形（箱子）拉开，它的上下两条边分别拉至下四分位数和上四分位数的位置，观测值的中间四分位数落在箱子内部，代表数据分布的中心位置. 盒子的长度等于上四分位数减去下四分位数，被称为数据集的四分位距. 这里数据集的四分位距为 1.62.

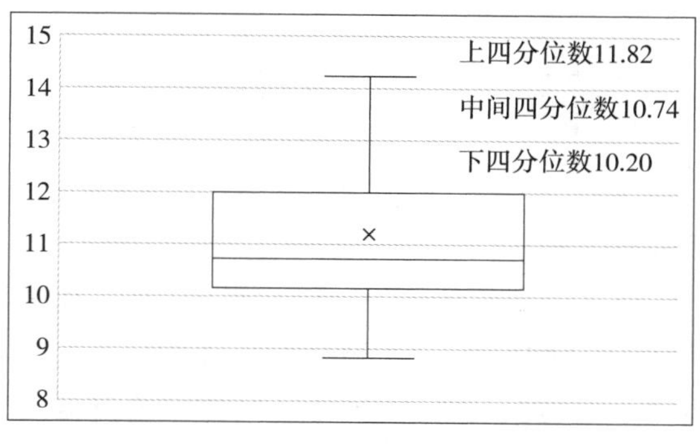

图 1.4

1.4.4 二元关系的图形描述

人们通常认为年龄和年薪是高度相关的，国民生产总值（GDP）和通货膨胀率也被认为

是有关系的.为关注两个变量之间的关系(常称为**二元关系**),选用**成对数据集**.表1.1中30名中层管理人员的年龄和年薪可用成对数据集表示,见表1.4.这里的每对数据都有一个x值和一个y值,第i对数据记为(x_i,y_i).

表1.4

编号	(年龄,年薪)	编号	(年龄,年薪)	编号	(年龄,年薪)
1	(45,10.14)	11	(38,10.18)	21	(46,12.29)
2	(47,11.45)	12	(47,12.59)	22	(38,10.47)
3	(46,11.63)	13	(50,14.01)	23	(50,13.88)
4	(38,9.82)	14	(52,11.88)	24	(37,11.43)
5	(45,10.63)	15	(38,9.86)	25	(40,10.38)
6	(37,9.95)	16	(42,10.32)	26	(38,8.92)
7	(40,10.85)	17	(45,11.26)	27	(47,13.49)
8	(37,10.34)	18	(37,8.85)	28	(45,12.57)
9	(42,11.62)	19	(40,11.24)	29	(52,14.22)
10	(36,10.27)	20	(39,10.57)	30	(38,9.78)

描述成对数据关系的一个有效方法是画**散点图**.散点图是一个二维图形,其中,一个变量的取值沿横轴建立,另一个变量的取值沿纵轴建立,图形中每个点的坐标对应一对数据(x_i,y_i).如图1.5所示的散点图描述了30名中层管理人员的年龄和年薪之间的关系,暗示了中层管理人员的年薪随着年龄的增大而增加的大体趋势.

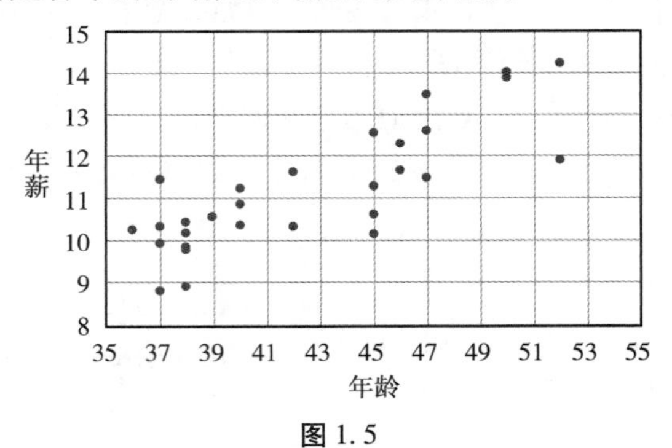

图1.5

一般来说,当一个变量随着另一个变量的增长呈递增趋势时,称这两个变量是"正相关的",如图1.5所示.另外,当一个变量随着另一个变量的增长呈递减趋势时,称这两个变量是"负相关的".为了定量描述这种关系,引入样本协方差和样本相关系数.

定义1.4.9 成对数据集$(x_i,y_i)(i=1,\cdots,n)$的**样本协方差**定义为

$$s_{xy}=\frac{1}{n-1}\sum_{i=1}^{n}(x_i-\bar{x})(y_i-\bar{y}). \qquad (1.4.5)$$

样本相关系数定义为

$$r_{xy}=\frac{s_{xy}}{s_x s_y}=\frac{\sum_{i=1}^{n}(x_i-\bar{x})(y_i-\bar{y})}{\sqrt{\sum_{i=1}^{n}(x_i-\bar{x})^2\sum_{i=1}^{n}(y_i-\bar{y})^2}},\tag{1.4.6}$$

其中 s_x 和 s_y 分别是 $x_1,x_2,\cdots,x_n$ 和 $y_1,y_2,\cdots,y_n$ 的样本标准差.

可使用 Excel 软件中的 COVAR 函数计算样本协方差,用 CORREL 函数计算样本相关系数.

例 1.4.6　计算表 1.4 中 30 名中层管理人员的年龄和年薪之间的样本协方差和样本相关系数.

解　(1)将 30 名中层管理人员的年龄值依次输入单元格 A1:A30,年薪值依次输入单元格 B1:B30.

(2)在某一空白单元格(如 C1)中输入"=COVAR(A1:A30,B1:B30) * 30/29",得到样本协方差 5.86(这里 COVAR 函数使用的系数是 $\frac{1}{n}$ 不是 $\frac{1}{n-1}$,需要加一个修正因子 $\frac{n}{n-1}$).

(3)在某一空白单元格(如 C2)中输入"=CORREL(A1:A30,B1:B30)",得到样本相关系数 0.82.

样本相关系数的取值范围在−1 和 1 之间,$|r_{xy}|$ 的大小度量两个变量之间线性关系的紧密程度,如图 1.6 所示.当 $r_{xy}=1$ 时,表明两个变量之间存在正的线性关系的概率为 1,可用一个变量的线性函数近似表示另一个变量;当 $r_{xy}=0.787$ 时,表明两个变量是正相关的,而且线性关系比较强;当 $r_{xy}=-0.503$ 时,表明两个变量是负相关的,而且线性关系比较弱;当 $r_{xy}=0$ 时,两个变量不相关,即不存在线性关系.

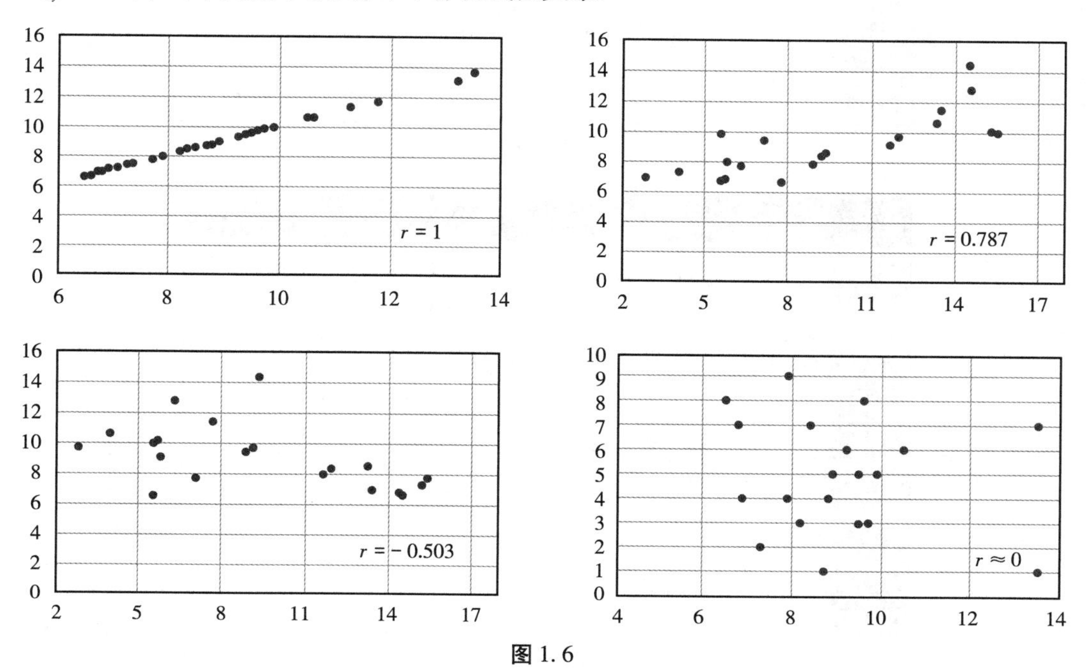

图 1.6

需要强调的是,相关系数只表明两个变量之间的线性关系.当相关系数趋近于 0 或等于 0 时,只说明两个变量的线性关系很弱,但不排除两个变量之间存在很强的非线性关系,如

$y=x^2$. 另外,相关关系不是因果关系. 例如,例 1.4.6 中年龄和年薪之间的相关系数是 0.82,只表明两个变量之间存在比较强的正线性相关性,但不能因此断定管理人员的年龄增加直接导致年薪的增加,这一情况的发生有可能是第三方因素引起的,有待进一步分析.

附　录

为便于操作,这里简单介绍 Excel 软件的统计应用. 本书主要应用它的函数计算功能(图 1.7)、统计制图功能(图 1.8)和数据分析功能(图 1.9).

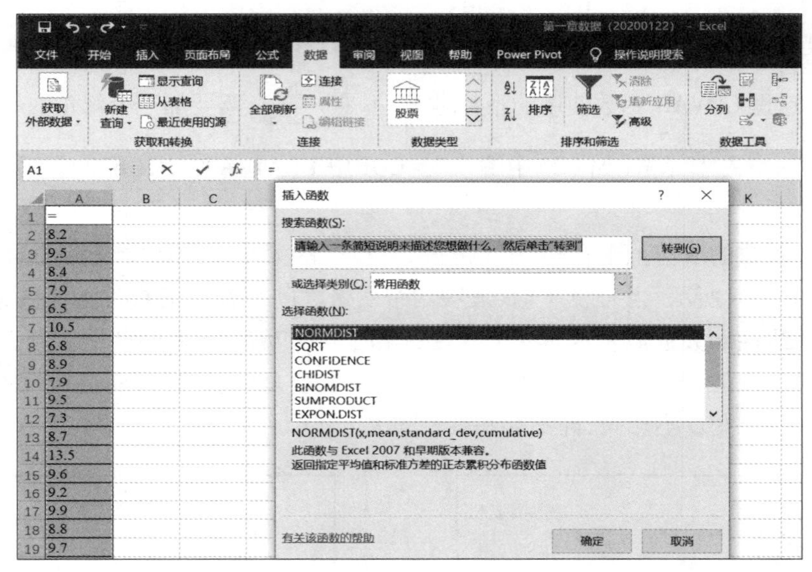

图 1.7

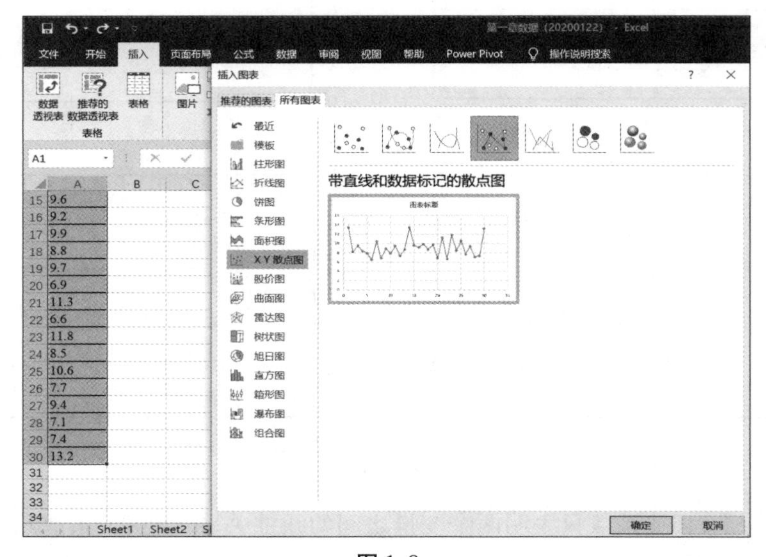

图 1.8

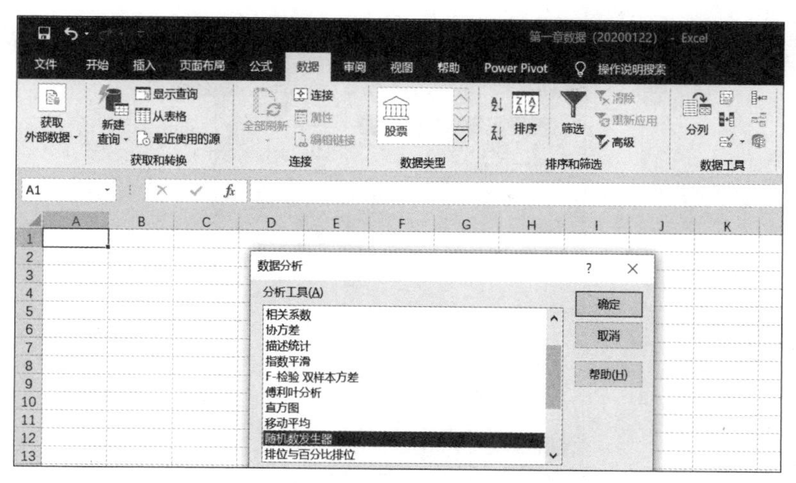

图 1.9

Excel 提供了一组强大的数据分析工具,称为“分析工具库”.当需要进行复杂的统计或工程分析时,可使用分析工具库节省步骤和时间,简易方便.“分析工具库”并未直接安装显示在 Excel 功能区中,需要启动加载项,并将加载项添加到功能区.安装的具体方法如下:

①打开 Excel,依次单击“文件”“选项”“加载项”“分析工具库”,如图 1.10 所示.

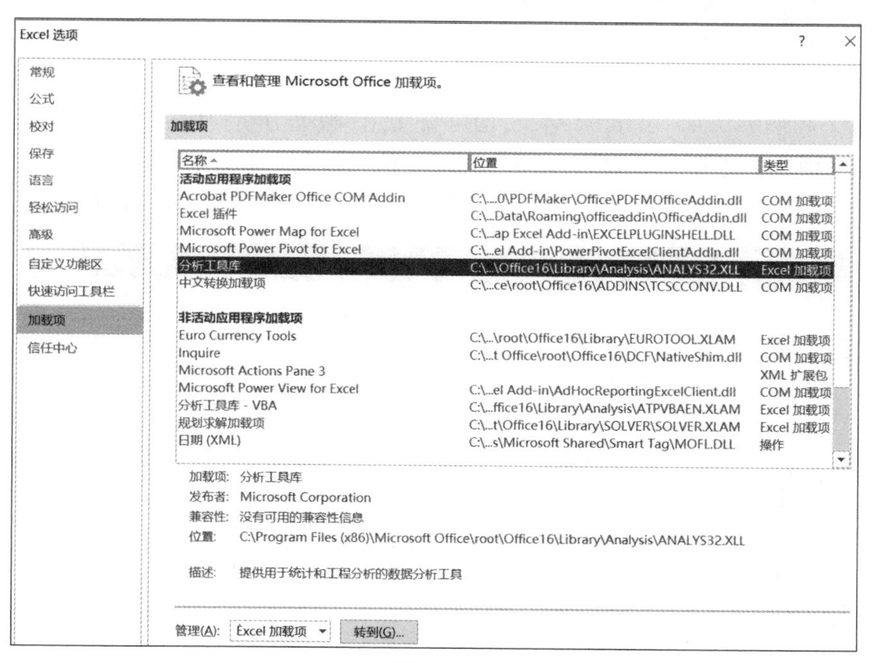

图 1.10

②单击“转到”按钮,弹出“加载宏”窗口,如图 1.11 所示.在该窗口中选择“分析工具库选项”,单击“确定”按钮.

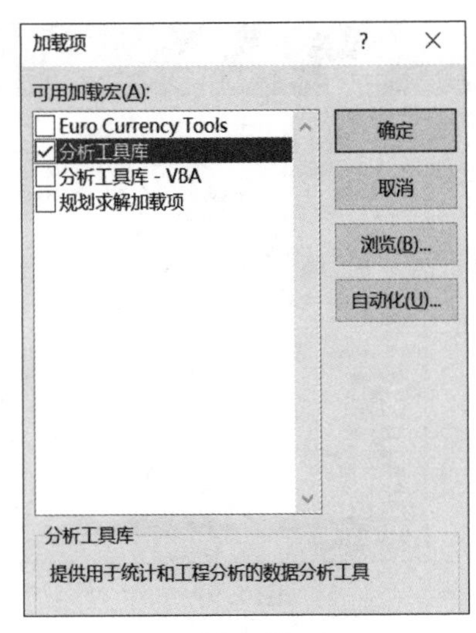

图 1.11

③单击“数据”选项卡,在最右侧出现“数据分析”按钮,如图 1.12 所示.

图 1.12

例 1.4.2 和例 1.4.4 中的计算结果,均可直接用“数据分析”中的“描述统计”功能得到. 在 Excel 表格中选中年薪的数据列,点击“数据分析”选项后弹出“数据分析”窗口,选择“描述统计”,进一步给出“输入区域”及“输出区域”,得到如图 1.13 所示的计算结果.

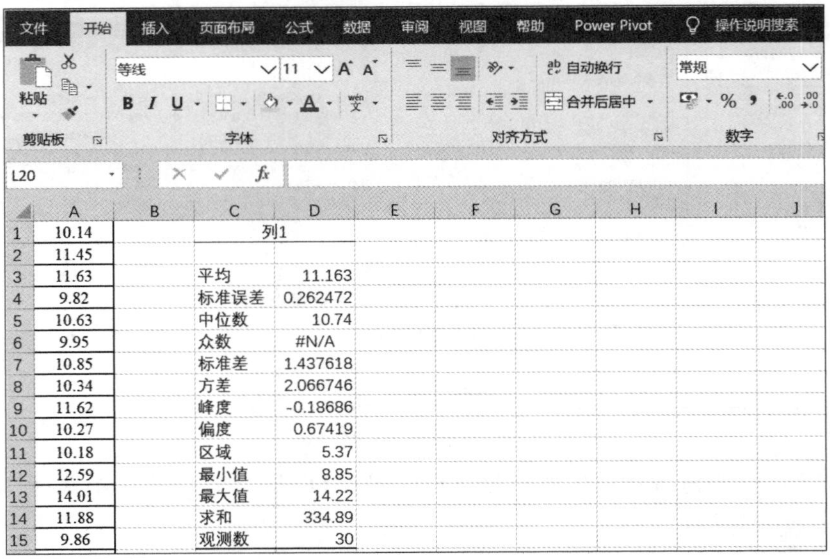

	A	B	C	D
1	10.14		列1	
2	11.45			
3	11.63		平均	11.163
4	9.82		标准误差	0.262472
5	10.63		中位数	10.74
6	9.95		众数	#N/A
7	10.85		标准差	1.437618
8	10.34		方差	2.066746
9	11.62		峰度	-0.18686
10	10.27		偏度	0.67419
11	10.18		区域	5.37
12	12.59		最小值	8.85
13	14.01		最大值	14.22
14	11.88		求和	334.89
15	9.86		观测数	30

图 1.13

本章小结

本章知识结构图如下：

第1章　概述

1.1　概率与统计的研究目标
　　研究客观世界随机现象的统计规律性(随机性)
1.2　概述
　　总体、个体、样本及统计推断
　　样本数据集
1.3　数据的描述
　　频数、相对频数、累积相对频数
　　直方图、饼形图
1.4　数据的汇总
　　集中趋势(样本均值、中位数、众数)
　　变异性(样本极差、方差、标准差)
　　相对位置(百分位点、四分位数、箱线图)
　　二元关系(样本协方差、样本相关系数)

本章主要内容如下：

为研究随机现象的统计规律性,我们将研究对象全部元素构成的集合称为总体,从总体中抽取一个子集构成样本.有效地收集、整理样本数据集,并对样本数据集进行分析研究,从而推断出总体的性质、特点和统计规律性,这就是统计分析的目的.统计分析涉及两个不同的阶段——描述统计和推断统计,其中推断统计主要建立在概率论的基础上.

统计是关于数据的科学.其中,表格和图形是呈现数据非常有用的直接方式,能揭示数据的重要特征,如频数、相对频数(频率)、累积相对频数、直方图、饼形图等.同时,面对海量的数据,常用数值方法进行定量描述,常用方法有:① 数据的集中趋势测度,如样本均值、中位数、众数;②数据的变异性测度,如样本极差、方差、标准差;③数据的相对位置测度,如百分位点、四分位数、箱线图;④两个变量的二元关系,如样本协方差、样本相关系数.

习　题

1. 现在要从全校 7 个学院共 14 000 名学生中抽取 70 名学生进行英语水平测试,以检查学校英语教学质量.你认为下列哪些抽样方式是适当的? 请说明理由.

(1)将 14 000 名学生按学号排序,抽取前 70 名学生.

(2)将 14 000 名学生按学号排序,在前 200 名中随机选取一名学生,然后依次每隔 200 位选取一名学生.

(3)将 14 000 名学生进行编号,把号签放在一个不透明的容器内搅拌均匀,从中逐个抽取 70 名作为样本.

(4)由每个学院上报 10 名学生参加测试.

2. 根据某网站发布的2018 年中国 A 股上市公司 CEO 薪酬榜,年报的 3 581 家 A 股上市公司中年薪超过百万的 CEO 共有 1 174 位. 为了解薪酬的分布规律,把薪酬分为 4 个类别:超过千万元(11 人)、500 万 ~999 万元(65 人)、200 万 ~499 万元(292 人)、100 万 ~199 万元(806 人).

(1)请写出该数据集的频数表、相对频数表、累积相对频数表.

(2)用直方图和饼状图表示相对频数.

3. 以下是 13 名学生的体质量数据(单位:kg):

51,54,56,60,56,54,51,59,56,54,51,59,56.

(1)请写出该数据集的频数表、相对频数表、累积相对频数表.

(2)用直方图和饼状图表示相对频数.

4. 如果 5 个数据的样本均值 $\bar{x}=10$, 样本方差 $s^2=12.5$, 而其中的 3 个数据为 6,8,12,问其余两个数据是多少?

5. 以下是 40 个元件的寿命的实测数据(单位:h):

12,21,26,08,41,04,36,34,21,18,43,16,08,22,27,40,10,24,32,52,

13,17,26,30,34,20,31,33,18,25,51,47,37,40,32,19,35,30,36,28.

利用 Excel 软件求样本中位数、样本众数、样本均值、样本方差和样本标准差.

6. 以下是 16 位学生"概率论与数理统计"课程的成绩:

67,68,69,73,73,74,77,78,81,82,82,84,88,89,90,92.

(1)利用 Excel 软件求样本中位数、样本均值、样本方差和样本标准差.

(2)从 65 开始,每 5 分 1 组进行分组,画出 30 位学生成绩的直方图.

7. 假如财务分析师对公司花在研发上的经费总额感兴趣,随机抽取某开发区 30 家高科技公司,并计算每家公司去年研发经费占总收入的百分比,见表 1.5.

表 1.5

13.5	8.4	10.5	7.9	8.7	9.2	9.7	6.6	10.6	7.1
8.2	7.9	6.8	9.5	13.5	9.9	6.9	11.8	7.7	7.4
9.5	6.5	8.9	7.3	9.6	8.8	11.3	8.5	9.4	13.2

(1)利用 Excel 软件求样本中位数、样本均值、样本方差和样本标准差.

(2)计算并解释这些公司的研发经费占总收入百分比的四分位数.

8. 给医院病人进行检查的每一种医疗工具称为一种因素,这些因素可能是静脉注射器、静脉注射液、针头、尿布、手推车等. 某医院最近想调查用于每个病人的医疗因素个数和住院时间(以天计)之间的关系,从病人资料库中随机抽查了25名痊愈出院的病人,得到成对数据集,见表1.6.

表1.6

序号	因素数量/个	住院时间/天	序号	因素数量/个	住院时间/天
1	231	9	14	78	3
2	323	7	15	525	9
3	113	8	16	121	7
4	208	5	17	248	5
5	162	4	18	233	8
6	117	4	19	260	4
7	159	6	20	224	7
8	169	9	21	472	12
9	55	6	22	220	8
10	77	3	23	383	6
11	103	4	24	301	9
12	147	6	25	262	7
13	230	6			

解决以下问题:

(1)利用Excel软件求每名病人的医疗因素个数的样本中位数、样本均值、样本方差和样本标准差.

(2)利用Excel软件求每名病人住院天数的样本中位数、样本均值、样本方差和样本标准差.

(3)计算并解释25名痊愈病人医疗因素个数的四分位数,并作箱线图.

(4)用散点图描述病人的医疗因素个数和住院天数之间的关系.

(5)计算病人医疗因素个数和住院天数之间的样本协方差和样本相关系数.

本章习题答案

案例研究

(**球员招聘**)某全明星篮球队是当地炙手可热的篮球队,是今年联赛的夺冠热门.在一场离奇的意外事故中,他们有一位队员倒下了.他们需要一位新队员,越快越好.新队员必须是全才,而且教练需要的是一位靠得住的投篮手. 只要球员取得他的信任,使他相信球员有能力投篮得分,他就会成为篮球队的一员. 教练整整一个星期都在试用球员,发现有 3 位球员可以考虑,该选择哪一位呢?

下面是 3 位球员的比赛得分:

A 球员:

每场比赛的得分	7	8	9	10	11	12	13
频　数	1	1	2	2	2	1	1

B 球员:

每场比赛的得分	7	9	10	11	13
频　数	1	1	4	2	1

C 球员:

每场比赛的得分	3	6	7	10	11	13	30
频　数	2	1	2	3	1	1	1

1. 为衡量球员的平均水平,计算每位球员比赛得分的样本均值、样本中位数和样本众数. 比较 B 球员和 C 球员的平均水平时,样本均值和样本中位数哪个更好?

2. 为衡量球员水平在稳定发挥方面的差异性,分别计算每位球员比赛得分的极差、四分位数和四分位距,并用箱线图绘制四分位数. 如果必须选择让 A 球员或 C 球员留在队里,你会选择哪一位?

3. 为进一步衡量球员水平的稳定性,分别计算每位球员比赛得分的样本方差和样本标准差. 哪一位球员是最靠得住的伙伴?

4. 化身教练,综合考虑,你会选择哪一位球员入队?

第 2 章 概率论的基础

实践中的概率

(**三门问题**)这是一个源自博弈论的数学游戏,出自美国的电视游戏节目“Let’s Make a Deal”. 这个游戏的玩法是:参赛者看见 3 扇关闭的门,其中一扇门后面藏有一辆汽车,另外两扇门后面各藏有一只山羊. 参赛者选中后面有车的那扇门就可以赢得汽车,选中后面有羊的那扇门就可以赢得山羊. 当参赛者选定其中一扇门但未去开启它的时候,主持人开启剩下两扇门中的一扇,露出其中一只山羊. 主持人继续问:参赛者要不要更换选择,即换另一扇仍然关上的门呢?

该问题转化为:换另一扇门是否会增加参赛者赢得汽车的可能性呢? 概率是表示某些结果(如赢得汽车)在一次试验中发生可能性大小的数,在进行推断和决策时起着非常重要的作用. 用条件概率可分析这个问题(例 2.3.10).

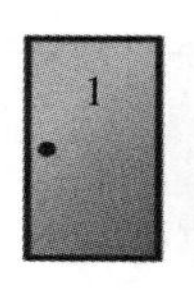

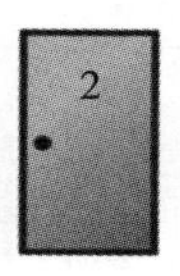

第 1 章已经介绍统计分析的一个重要分支是统计推断,即根据样本信息对总体进行推断并提供对总体的决策. 为了更好地进行统计决策,必须对统计推断的理论基础——概率论进行研究. 本书第 2 章至第 4 章将重点讨论概率论的重要内容.

2.1 概率论的基本概念

为找到随机现象的统计规律性,人们对随机现象加以研究所进行的大量重复的观察或试验,统称为**试验**. 其中最重要的是随机试验.

2.1.1 随机试验和样本空间

概率论中讨论具有以下特点的试验:

①(可重复性)可以在相同的条件下重复进行.

②(可知性)每次试验的可能结果不止一个,并且事先可以明确试验所有可能出现的结果.

③(不确定性)每次试验有且仅有一个结果发生,但在试验之前不能确定哪一个结果会出现.

具备上述 3 个特点的试验称为**随机试验**(**Random trial**),用 E 表示.

为分析随机试验结果的统计规律性,随机试验的所有结果用集合表示.随机试验 E 的所有结果组成的集合称为**样本空间**(Sample space),记为 S.样本空间的每一个元素,即 E 的每一个结果,称为**样本点**,用字母 ω 表示.如果只有两个试验结果,一般用大写字母 H 和 T 表示.表 2.1 列举了一些随机试验及其样本空间的具体例子.

表 2.1

随机试验	样本空间
E_1:掷一枚硬币,观察其正反面	$S_1 = \{H(正), T(反)\}$
E_2:在一批电视机中任意抽取一台,测试它的寿命	$S_2 = \{t \mid t \geqslant 0\}$
E_3:城市某一交通路口,指定 1 h 内的汽车流量	$S_3 = \{0,1,2,3,\cdots\}$
E_4:掷一枚骰子观测其点数	$S_4 = \{1,2,3,4,5,6\}$
E_5:记录某一地区一昼夜的最高温度和最低温度	$S_5 = \{(x,y) \mid a \leqslant x \leqslant y \leqslant b\}$,这里 x 表示最低温度,y 表示最高温度,并设温度在 a 和 b 之间

2.1.2 随机事件

在随机试验中,有时只关心部分结果构成的集合,即样本空间 S 的子集.

定义 2.1.1 随机试验 E 的样本空间 S 的子集称为 E 的**随机事件**(Random event),简称**事件**,通常用大写字母 $A,B,C,\cdots$ 表示.只含有一个结果构成的集合称为**基本事件**,含有两个或两个以上结果构成的集合称为**复合事件**.

在表 2.1 掷骰子的随机试验 E_4 中,样本空间 $S_4 = \{1,2,3,4,5,6\}$,奇数点集合 $C_1 = \{1,3,5\}$,偶数点集合 $C_2 = \{2,4,6\}$,即 C_1 由 3 个基本事件 $\{1\}$,$\{3\}$ 和 $\{5\}$ 组成,C_2 由 3 个基本事件 $\{2\}$,$\{4\}$ 和 $\{6\}$ 组成,C_1 和 C_2 是复合事件.需要注意的是,即使同一试验,试验目的不同导致样本空间也不同,相应事件是基本事件还是复合事件也会发生改变.同样在掷骰子试验中,如果只关心奇数点和偶数点,则样本空间 $S = \{$ 奇数,偶数 $\}$,$C_2 = \{$偶数$\}$ 是基本事件.

在每次试验中,当且仅当某个事件中的一个样本点出现时,称这一事件发生.例如,在掷骰子试验中,试验结果"出现 6 点",称事件 C_2 发生了.每次试验中都必然发生的事件,称为**必然事件**.样本空间 S 包含所有的样本点,它是 S 自身的子集,每次试验中都必然发生,它是一个必然事件，必然事件也用 S 表示. 在每次试验中不可能发生的事件称为**不可能事件**. 空集 $\varnothing$ 不包含任何样本点，在每次试验中都不可能发生，它是一个不可能事件.

例 2.1.1（消费者的市场反馈）　2018 年，某公司研发的新款车型正式进入市场. 市场部为了准确了解消费者的人群特征，针对购买该车型的前 10 000 名用户作问卷调查，包括年龄以及年薪两个方面. 表 2.2 列出的是用年龄和年薪表示的消费者人数，因为该表用两个变量（年龄和年薪）来划分，所以被称为双向表. 市场部将根据表中数据，分析消费者的年龄和年薪特征，从而制订出更好的营销战略.

表 2.2

年　龄	年　薪			
	<8 万元	8 万～15 万元	>15 万元	合计
<30 岁	500 人	1 200 人	1 000 人	2 700 人
30～50 岁	1 400 人	2 200 人	1 600 人	5 200 人
>50 岁	800 人	1 000 人	300 人	2 100 人
合计	2 700 人	4 400 人	2 900 人	10 000 人

在本案例中，为研究消费者的年龄和年收入，分别建立样本空间 $S_1=\{<30$ 岁,30～50 岁,>50 岁$\}$ 和 $S_2=\{<8$ 万元, 8 万～15 万元, >15 万元$\}$. 有关消费者年龄和年薪的双向表可用事件表示，见表 2.3.

表 2.3

年　龄	年　薪			
	$B_1=\{$<8 万元$\}$	$B_2=\{$8 万～15 万元$\}$	$B_3=\{$>15 万元$\}$	合计
$A_1=\{$<30 岁$\}$	500 人	1 200 人	1 000 人	2 700 人
$A_2=\{$30～50 岁$\}$	1 400 人	2 200 人	1 600 人	5 200 人
$A_3=\{$>50 岁$\}$	800 人	1 000 人	300 人	2 100 人
合计	2 700 人	4 400 人	2 900 人	10 000 人

由于事件是样本空间的子集，我们可以利用集合间的关系和运算来研究事件间的关系和运算，从而简化事件概率的计算.

2.1.3　事件间的关系和运算

如图 2.1 所示的韦恩图帮助我们对事件间的关系有一个直观认识，其中，方框表示样本空间 S，两个圆分别表示事件 A 和事件 B. 下面通过“事件发生”的含义以及集合的关系和运算，讨论事件间的关系及运算.

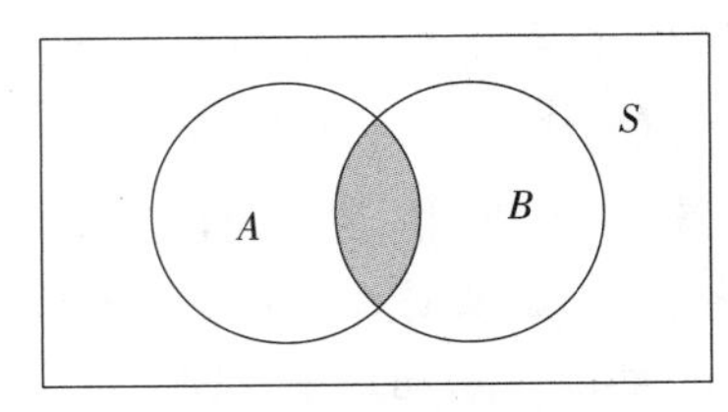

图 2.1

(1)事件的和(或并)

"事件 A 与事件 B 至少有一个发生"的事件称为 A 与 B 的并(和),记为 $A\cup B$. 在图 2.1 中,$A\cup B$ 对应两个圆的叠加. 由事件并的定义,可得

$$A\cup B=\{x\mid x\in A \text{ 或 } x\in B\}.$$

对任一事件 A,有

$$A\cup S=S, A\cup\varnothing=A.$$

$A=\bigcup_{i=1}^{n}A_i$ 表示"n 个事件 $A_1,A_2,\cdots,A_n$ 至少有一个发生"这一事件.

$A=\bigcup_{i=1}^{\infty}A_i$ 表示"可列无穷多个事件 A_i 至少有一个发生"这一事件.

(2)事件的积(或交)

"事件 A 与事件 B 同时发生"的事件称为 A 与 B 的交(积),记为 $A\cap B$(或 AB). 在图 2.1 中,$A\cap B$ 对应两个圆的交集. 由事件交的定义,可得

$$A\cap B=\{x\mid x\in A \text{ 且 } x\in B\}.$$

对任一事件 A,有

$$A\cap S=A, A\cap\varnothing=\varnothing.$$

$A=\bigcap_{i=1}^{n}A_i$ 表示"n 个事件 $A_1,A_2,\cdots,A_n$ 同时发生"这一事件.

$A=\bigcap_{i=1}^{\infty}A_i$ 表示"可列无穷多个事件 A_i 同时发生"这一事件.

(3)事件的差

"事件 A 发生而事件 B 不发生"的事件称为 A 与 B 的差,记为 $A-B$. 在图 2.1 中,$A-B$ 对应圆 A 减去 $A\cap B$ 以后剩下的部分. 由事件差的定义,可得

$$A-B=A-AB=\{x\mid x\in A \text{ 且 } x\notin B\}.$$

对任一事件 A,有 $A-A=\varnothing, A-\varnothing=A, A-S=\varnothing$.

例 2.1.2 考虑一个掷骰子试验,定义事件 $A=\{$掷到奇数点$\}$,$B=\{$掷到的点数小于等于 3$\}$. 假定骰子是均匀的,描述试验中的 $A\cup B, A\cap B$ 和 $A-B$.

解 $A=\{1,3,5\}, B=\{1,2,3\}$.

$$A\cup B=\{1,2,3,5\}, A\cap B=\{1,3\}, A-B=\{5\}.$$

例 2.1.3 在表 2.3 中,事件 $A_1=\{<30$ 岁$\}$,$B_3=\{>15$ 万元$\}$,分析 $A_1\cup B_3, A_1\cap B_3$, A_1-B_3 和 B_3-A_1 的具体含义.

解 $A_1\cup B_3=\{$年龄小于 30 岁或年薪高于 15 万元的消费者$\}$;

$A_1\cap B_3=\{$年龄小于 30 岁且年薪高于 15 万元的消费者$\}$;

$A_1 - B_3 = \{$年龄小于 30 岁且年薪不高于 15 万元的消费者$\}$;

$B_3 - A_1 = \{$年薪高于 15 万元且年龄不小于 30 岁的消费者$\}$.

(4)事件的包含及相等

如果事件 A 发生必然导致事件 B 发生,称事件 A 包含于事件 B(或事件 B 包含事件 A),记为 $A \subset B$(或 $B \supset A$),如图 2.2 所示.

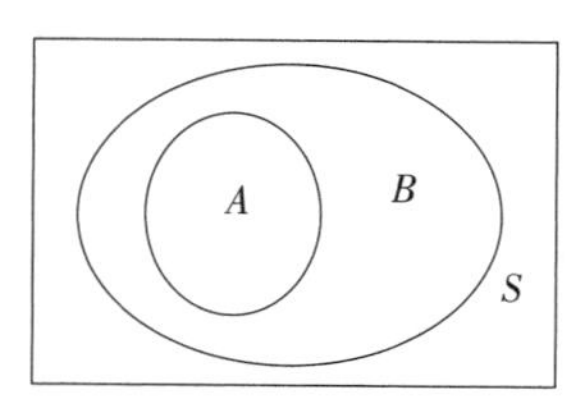

图 2.2

$A \subset B$ 的等价说法是,如果事件 B 不发生,则事件 A 必然不发生.

若 $A \subset B$ 且 $B \subset A$,则称事件 A 与 B 相等(或等价),记为 $A = B$.

为方便起见,规定对任一事件 A,有 $\varnothing \subset A$. 显然,$A \subset S$.

(5)事件的互不相容(互斥)

如果两个事件 A 与 B 不可能同时发生,则称事件 A 与 B 互不相容(互斥),记为 $A \cap B = \varnothing$,如图 2.3 所示.

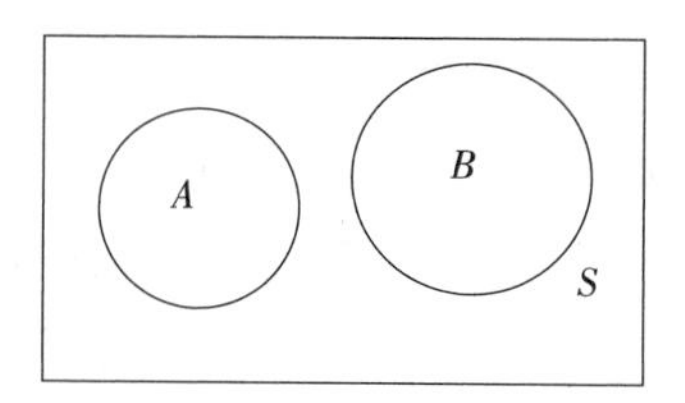

图 2.3

基本事件两两互不相容. 在例 2.1.1 中,事件 A_1, A_2, A_3 两两互不相容,事件 B_1, B_2, B_3 两两互不相容.

(6)对立事件(逆事件)

若 $A \cup B = S$ 且 $A \cap B = \varnothing$,则称事件 A 与 B 互为逆事件(对立事件). A 的对立事件记为 $\bar{A}$,$\bar{A}$ 是由所有不属于 A 的样本点组成的事件. 显然 $\bar{A} = S - A$,如图 2.4 所示. 由事件差的定义,结合图 2.1,可得:

$$A - B = A \cap \bar{B} = A\bar{B}$$

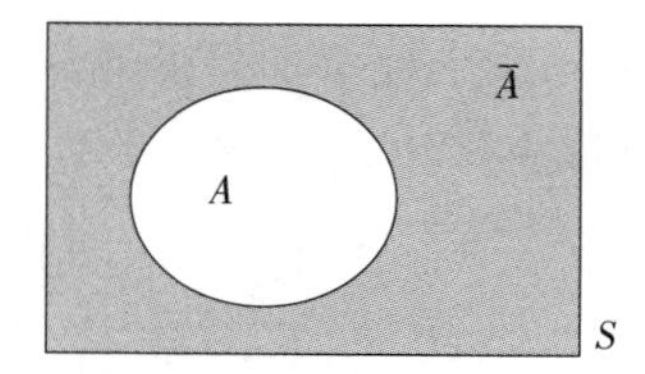

图 2.4

在一次试验中,若 A 发生,则 $\bar{A}$ 必不发生(反之亦然),即在一次试验中,A 与 $\bar{A}$ 两者只能发生其中之一,并且也必然发生其中之一. 显然有 $\bar{\bar{A}} = A$.

对立事件必为互不相容事件;反之,互不相容事件未必为对立事件.

在进行事件运算时,经常要用到下述定律.设 A, B, C 为事件,则有:

①(交换律) $A \cup B = B \cup A, A \cap B = B \cap A$.

②(结合律) $A \cup (B \cup C) = (A \cup B) \cup C, A \cap (B \cap C) = (A \cap B) \cap C$.

③(分配律) $A \cup (B \cap C) = (A \cup B) \cap (A \cup C)$,

$A \cap (B \cup C) = (A \cap B) \cup (A \cap C)$.

④(德·摩根对偶律) $\overline{A \cup B} = \bar{A} \cap \bar{B}, \overline{A \cap B} = \bar{A} \cup \bar{B}$.

对有限个或无穷可列个事件的情形有

$$\overline{\bigcup_{i=1}^{n} A_i} = \bigcap_{i=1}^{n} \overline{A_i},\ \overline{\bigcap_{i=1}^{n} A_i} = \bigcup_{i=1}^{n} \overline{A_i}.$$

$$\overline{\bigcup_{i=1}^{\infty} A_i} = \bigcap_{i=1}^{\infty} \overline{A_i},\ \overline{\bigcap_{i=1}^{\infty} A_i} = \bigcup_{i=1}^{\infty} \overline{A_i}.$$

例 2.1.4 设事件 A 表示“甲种产品畅销,且乙种产品滞销”,求其对立事件 $\bar{A}$.

解 设 $B=$ {甲种产品畅销}, $C=$ {乙种产品滞销},则 $A = B \cap C$, 有

$\bar{A} = \overline{B \cap C} = \bar{B} \cup \bar{C} =$ {甲种产品滞销或乙种产品畅销}.

例 2.1.5(洗车店营业) 假如某洗车店共有 3 个车间,其中,1 号和 2 号车间负责冲水与清洗,3 号车间负责烘干吸尘. $A_i (i = 1,2,3)$ 分别表示 i 号车间正常营业.试用事件间的关系和运算分别表示事件 $B=$ {洗车店正常营业}和事件 $C=$ {洗车店必须歇业}.思考:如果清洗车间扩充到 3 个、吸尘车间扩充到 2 个甚至更多呢?

解 (1) $B=$ {清洗和吸尘均正常营业} $=$ {清洗正常营业} $\cap$ {吸尘正常营业}

$= (A_1 \cup A_2) \cap A_3 = (A_1 \cap A_3) \cup (A_2 \cap A_3)$,

该结论表明,两条洗车流水线中只要有一条流水线正常营业,则洗车店正常营业.

$C=$ {洗车店必须歇业} $=$ {清洗歇业} $\cup$ {吸尘歇业}

$= (\overline{A_1 \cup A_2}) \cup \overline{A_3} = (\overline{A_1} \cap \overline{A_2}) \cup \overline{A_3} = (\overline{A_1} \cup \overline{A_3}) \cap (\overline{A_2} \cup \overline{A_3})$,

该结论表明,两条洗车流水线均不能正常营业,则洗车店必须歇业.

事件 B 和 C 互为逆事件,也可用德·摩根对偶律求事件 C.

$$C = \bar{B} = \overline{(A_1 \cap A_3) \cup (A_2 \cap A_3)} = \overline{(A_1 \cap A_3)} \cap \overline{(A_2 \cap A_3)}$$

$$= (\overline{A_1} \cup \overline{A_3}) \cap (\overline{A_2} \cup \overline{A_3}).$$

(2)如果清洗车间扩充到 3 个、吸尘车间扩充到 2 个, $A_i (i = 1,2,3)$ 分别表示 3 个清洗车间正常营业, $A_i (i = 4,5)$ 分别表示 2 个吸尘车间正常营业,则

$B=$ {洗车店正常营业} $= (A_1 \cup A_2 \cup A_3) \cap (A_4 \cup A_5)$,

$C=$ {洗车店歇业} $= (\overline{A_1} \cap \overline{A_2} \cap \overline{A_3}) \cup (\overline{A_4} \cap \overline{A_5})$.

或 $C = \bar{B} = \overline{(A_1 \cup A_2 \cup A_3) \cap (A_4 \cup A_5)} = \overline{(A_1 \cup A_2 \cup A_3)} \cup \overline{(A_4 \cup A_5)}$.

2.2　概率和古典概型

除必然事件与不可能事件外,任何一个事件在一次试验中都有可能发生,也有可能不发生.人们常常希望了解某些事件在一次试验中发生的可能性大小.例如,管理者在制订决策时常基于以下分析:

①因价格提高而导致销售量下降的“可能性”有多大?

②引入新的装配方法提高生产率的“可能性”有多大?

③某项投资获利的“可能性”有多大?

概率是表示事件在一次试验中发生的可能性大小的数,在进行推断时起着非常重要的作用.

如何计算事件的概率,历史上很多数学家进行了一系列研究,并逐步改进和完善.计算概率的主要方法有古典概率法、相对频率法、主观概率法、统计定义法、公理化定义法等.无论哪种方法,都必须满足概率的两个基本条件:

①每个事件发生的概率都介于0和1之间,样本空间S发生的概率为1.

②所有试验结果的概率之和必须等于1.

在本节,首先引入频率的概念,它描述了事件发生的频繁程度.通过频率的稳定性特征得到概率的统计定义,最后给出概率的公理化定义.

2.2.1　相对频率法

定义2.2.1　设在相同的条件下,进行了n次试验.若事件A在n次试验中发生了k次,则比值k/n称为事件A在这n次试验中发生的**频率**(Frequency),记为$f_n(A)=k/n$.

相对频率法适用于可以大量重复并能够取得各种试验结果发生频率的场合.

例2.2.1　在例2.1.1中,有关消费者年龄和年薪的双向表数据见表2.3,试用相对频率法计算得到各个事件的概率.

解　$f_n(A_1B_1)=\dfrac{500}{10\ 000}=5\%$, $f_n(A_1B_2)=\dfrac{1\ 200}{10\ 000}=12\%$,

$$f_n(A_1B_3)=\frac{1\ 000}{10\ 000}=10\%.$$

用同样的方法可得其他对应事件的概率,具体结果见表2.4.

表2.4

年　龄	年　薪			
	$B_1=\{<8$ 万元$\}$	$B_2=\{8$ 万 ~ 15 万元$\}$	$B_3=\{>15$ 万元$\}$	合计
$A_1=\{<30$ 岁$\}$	5%	12%	10%	27%
$A_2=\{30$ ~ 50 岁$\}$	14%	22%	16%	52%

续表

年　龄	年　薪			
	B_1 = {< 8 万元}	B_2 = {8 万 ~ 15 万元}	B_3 = {> 15 万元}	合计
A_3 = {> 50 岁}	8%	10%	3%	21%
合　计	27%	44%	29%	100%

由定义 2.2.1 容易推知,频率具有以下性质:

①对任一事件 A, 有 $0 \leqslant f_n(A) \leqslant 1$.

②对必然事件 S, 有 $f_n(S) = 1$.

③若事件 A 和 B 互不相容,则

$$f_n(A \cup B) = f_n(A) + f_n(B).$$

一般地,若 m 个事件 $A_1, A_2, \cdots, A_m$ 两两互不相容,则

$$f_n\left(\bigcup_{i=1}^{m} A_i\right) = \sum_{i=1}^{m} f_n(A_i).$$

事件 A 发生的频率 $f_n(A)$ 表示事件 A 发生的频繁程度. 频率越大,事件 A 发生就越频繁,在一次试验中发生的可能性也就越大,反之亦然. 因而,直观的想法是用频率 $f_n(A)$ 表示事件 A 在一次试验中发生的可能性大小. 但是,由于试验的随机性,即使同样进行 n 次试验,$f_n(A)$ 的值也不一定相同. 大量的试验证实,随着重复试验次数 n 的增加,频率 $f_n(A)$ 会逐渐稳定于某个常数附近,而偏离的可能性很小. 频率具有“稳定性”这一事实,说明了刻画事件 A 发生可能性大小的数——概率具有一定的客观存在性(严格来说,这是一个理想的假设,实际上并不能绝对保证在每次试验时条件都完全一样).

为研究频率的稳定性,德·摩根(De Morgan)、蒲丰(Buffon)和皮尔逊(Pearson)曾进行过大量掷硬币试验,所得结果见表 1.1,硬币出现正面的频率总在 0.5 附近摆动. 随着试验次数的增加,它逐渐稳定于 0.5,这个 0.5 反映正面出现的可能性大小. 每个事件都存在一个这样的常数与之对应,将频率 $f_n(A)$ 在 n 无限增大时逐渐趋向稳定的这个常数定义为事件 A 发生的概率,这就是概率的统计定义.

2.2.2　统计定义法

定义 2.2.2　设事件 A 在 n 次重复试验中发生的次数为 n_A,随着重复实验次数 n 的增加,频率值 $f_n(A) = \dfrac{n_A}{n}$ 逐渐稳定到一个实数 p,这个实数称为事件 A 发生的概率,记为 $P(A) = p$.

要注意的是,上述定义是对事件 A 发生可能性大小的数量描述,它指出了事件的概率是客观存在的,但是并没有提供确切计算概率的方法. 在实际中,不可能对每一个事件都做大量的试验,且不知道 n 取多大才行;如果 n 取很大,不一定能保证每次试验的条件都完全相同. 而且也没有理由认为,当试验次数分别为 $n+1$ 和 n 时,频率 $f_{n+1}(A)$ 总比频率 $f_n(A)$ 更准确、更逼近所求的概率.

由相对频率的性质,可得统计定义中的概率具有以下性质:

①对任意一个事件 A, 有 $0 \leqslant P(A) \leqslant 1$.

②设 S 为必然事件,则 $P(S)=1$.

③若 m 个事件 $A_1, A_2, \cdots, A_m$ 两两互不相容,则

$$P\left(\bigcup_{i=1}^{m} A_i\right)=\sum_{i=1}^{m} P(A_i).$$

为理论研究需要,从频率的稳定性和统计定义中概率的性质得到启发,给出概率的公理化定义.

2.2.3　概率的公理化定义

定义 2.2.3　设 S 为样本空间, A 为事件,对每一个事件 A 赋予一个实数,记为 $P(A)$. 如果 $P(A)$ 满足以下条件:

①(非负性) $P(A) \geqslant 0$.

②(规范性) $P(S)=1$.

③(可列可加性)对两两互不相容的可列无穷多个事件 $A_1, A_2, \cdots, A_n$, 有

$$P\left(\bigcup_{i=1}^{\infty} A_i\right)=\sum_{i=1}^{\infty} P(A_i), \tag{2.2.1}$$

则称实数 $P(A)$ 为事件 A 的**概率**(Probability).

在第 5 章中将证明,当 $n \to +\infty$ 时,频率 $f_n(A)$ 在一定意义下趋近于概率 $P(A)$. 基于这一事实,有理由用概率 $P(A)$ 来表示事件 A 在一次试验中发生的可能性大小. 这里事件的频率与概率有本质区别,频率是具有随机波动性的变数,而概率是常数. 而且当试验的次数 n 很大时,频率可作为概率的近似值.

由概率的公理化定义,可推出概率的以下性质:

① $P(\varnothing)=0$.

这个性质说明,不可能事件的概率为 0,但逆命题不一定成立.

②(有限可加性)若 $A_1, A_2, \cdots, A_n$ 为两两互不相容事件,则有

$$P\left(\bigcup_{i=1}^{n} A_i\right)=\sum_{i=1}^{n} P(A_i). \tag{2.2.2}$$

③(减法公式) $P(B-A)=P(B-AB)=P(B)-P(AB)$. $\quad$ (2.2.3)

推论　设 A 和 B 是两个事件,若 $A \subset B$, 则有

$$P(B-A)=P(B)-P(A), \quad P(B) \geqslant P(A).$$

④(逆概率公式)对任一事件 A, 有

$$P(\bar{A})=1-P(A). \tag{2.2.4}$$

在许多问题中,某事件的概率不容易计算时,常用逆概率公式.

⑤(加法公式)对任意两个事件 A 和 B, 有

$$P(A \cup B)=P(A)+P(B)-P(AB). \tag{2.2.5}$$

加法公式可通过韦恩图(图 2.1)来理解. 加法公式可推广到多个事件的情形. 设 A_1, A_2, A_3 为任意 3 个事件,则有

$$P(A_1 \cup A_2 \cup A_3) = P(A_1) + P(A_2) + P(A_3) - P(A_1A_2) - P(A_1A_3) - P(A_2A_3) + P(A_1A_2A_3).$$

一般地,设 $A_1, A_2, \cdots, A_n$ 为任意 n 个事件,可由归纳法证得

$$P(A_1 \cup \cdots \cup A_n) = \sum_{i=1}^{n} P(A_i) - \sum_{1 \leqslant i < j \leqslant n} P(A_iA_j) + \cdots + (-1)^{n-1}P(A_1A_2\cdots A_n).$$

例 2.2.2(入院病人分析) 某医院的记录表明:12% 的病人接受了外科治疗,14% 的病人接受了妇产科治疗,1% 的病人同时接受了两种治疗. 现有一个新的病人进入医院.

(1)她接受外科治疗或者妇产科治疗,或同时接受两种治疗的概率是多少?

(2)她只接受外科治疗但是不接受妇产科治疗的概率是多少?

(3)她既不接受外科治疗也不接受妇产科治疗的概率是多少?

解 $A=\{$病人接受外科治疗$\}$, $B=\{$病人接受妇产科治疗$\}$, 则

$$P(A) = 0.12, P(B) = 0.14, P(AB) = 0.01.$$

(1)$\{$病人接受外科或妇产科治疗、或同时接受两种治疗$\} = A \cup B$,

$$P(A \cup B) = P(A) + P(B) - P(AB) = 0.12 + 0.14 - 0.01 = 0.25.$$

(2)$\{$病人只接受外科治疗但是不接受妇产科治疗$\} = A - B$,

$$P(A - B) = P(A) - P(AB) = 0.12 - 0.01 = 0.11.$$

(3)$\{$病人既不接受外科治疗也不接受妇产科治疗$\} = \bar{A} \cap \bar{B}$,

$$P(\bar{A} \cap \bar{B}) = P(\overline{A \cup B}) = 1 - P(A \cup B) = 1 - 0.25 = 0.75.$$

例 2.2.3 假设以下事件,A 和 B 的概率分别为 $P(A) = 27\%$, $P(B) = 29\%$, 且 $P(A \cap B) = 10\%$, 计算 $P(\bar{A})$, $P(A \cup B)$, $P(A - B)$ 和 $P(B - A)$.

解 $P(\bar{A}) = 1 - P(A) = 1 - 27\% = 73\%$,

$P(A \cup B) = P(A) + P(B) - P(A \cap B) = 27\% + 29\% - 10\% = 46\%$,

$P(A - B) = P(A) - P(A \cap B) = 27\% - 10\% = 17\%$,

$P(B - A) = P(B) - P(AB) = 29\% - 10\% = 19\%$.

2.2.4 古典概型

定义 2.2.4 若随机试验 E 满足以下两个条件:

①(有限性)样本空间 S 中的样本点(基本事件)总数有限, $S = \{e_1, e_2, \cdots, e_n\}$.

②(等可能性)每次试验中各个基本事件发生的可能性相同,

$$P\{e_1\} = P\{e_2\} = \cdots = P\{e_n\},$$

则称这样的试验为古典概型(或等可能概型).

由定义可知,基本事件 $\{e_1\}, \{e_2\}, \cdots, \{e_n\}$ 两两互不相容,有

$$1 = P(S) = P\{e_1\} + P\{e_2\} + \cdots + P\{e_n\},$$

因每个基本事件发生的可能性相同,故有

$$P\{e_i\} = \frac{1}{n}, \ (i = 1,2,\cdots,n). \tag{2.2.6}$$

设事件 A 中包含 n_A 个基本事件,则有

$$P(A) = \frac{n_A}{n}. \tag{2.2.7}$$

称古典概型中事件 A 发生的概率为古典概率. 当样本空间的元素较多时,一般不再将样本空间 S 中的元素一一列出,只需分别求出 S 和 A 中所包含的元素个数(即基本事件个数),再由式(2.2.7)求出事件 A 的概率. 通常可利用排列、组合及乘法原理、加法原理的知识计算 n_A 和 n, 进而求得相应的概率. 以下简单介绍计数原理、排列和组合的基本知识.

①(非重复的选排列)从 n 个不同元素中,每次取出 k 个不同的元素,按一定的顺序排成一列称为选排列,选排列的种数记为

$$P_n^k = n(n-1)(n-2)\cdots(n-k+1).$$

②(可重复的排列)从 n 个不同的元素中每次取出一个元素后放回,共取 $k(k < n)$ 次,则 k 个元素排成一列的所有可能排法为 n^k.

③(组合)从 n 个不同的元素中任取 $k(k \leqslant n)$ 个元素,不管其顺序合成一组,所有可能取法用 C_n^k 表示,且 $C_n^k = \frac{P_n^k}{k!}$.

④(加法原理)完成某件事情有 n 类方法(各类方法彼此独立),在第一类方法中有 m_1 种方法,在第二类方法中有 m_2 种方法,以此类推,在第 n 类方法中有 m_n 种方法,则完成这件事共有 $N = m_1 + m_2 + \cdots + m_n$ 种不同的方法.

⑤(乘法原理)完成某件事情需要先后分成 n 个步骤,做第一步有 m_1 种方法,第二步有 m_2 种方法,以此类推,第 n 步有 m_n 种方法,则完成这件事共有 $N = m_1 \times m_2 \times \cdots \times m_n$ 种不同的方法,特点是各个步骤逐步完成.

例 2.2.4 箱中装有 a 只白球, b 只黑球,现作不放回抽取,每次一只. 求第 k 次恰取到白球的概率.

解 基本事件总数为 P_{a+b}^k. 第 k 次必取到白球,可为 a 只白球中任一只,有 P_a^1 种不同的取法,其余被抽取的 $k-1$ 只球可以是其余 $a+b-1$ 只球中的任意 $k-1$ 只,共有 P_{a+b-1}^{k-1} 种不同的取法. 由乘法原理,第 k 次恰取到白球的取法有 $P_a^1 P_{a+b-1}^{k-1}$ 种,所求概率为

$$p = \frac{P_a^1 P_{a+b-1}^{k-1}}{P_{a+b}^k} = \frac{a}{a+b}.$$

值得注意的是, p 与 k 无关,也就是说其中任一次抽球,抽到白球的概率都等于 $\frac{a}{a+b}$, 跟第一次抽到白球的概率相同,而跟抽球的先后次序无关(如购买福利彩票时,尽管购买的先后次序不同,但各人得奖的机会是一样的).

例 2.2.5 有 n 个人,每个人都以同样的概率 $1/N$ 被分配在 $N(n < N)$ 间房中的任何一间,求恰好有 n 个房间,每个房间各住一人的概率.

解 每个人有 N 种分法,这是可重复排列问题,n 个人共有 N^n 种不同分法. 每个房间各住一人,这是非重复的选排列问题,选排列的种数为 P_N^n. 所求概率为

$$p=\frac{P_N^n}{N^n}.$$

许多直观背景不相同的实际问题,都和本例有相同的数学模型,如生日问题. 假设每人的生日在一年 365 天中的任一天是等可能的,那么随机选取 $n(n\leqslant 365)$ 个人,他们的生日各不相同的概率为

$$p_1=\frac{P_{365}^n}{365^n},$$

n 个人中至少有两个人生日相同的概率为

$$p_2=1-\frac{P_{365}^n}{365^n}.$$

2.2.5 几何概型

上述古典概型的计算,只适用于具有等可能性的有限样本空间. 若试验结果无穷多,显然不适合. 为克服样本空间有限的局限性,将古典概型加以推广. 首先看一个约会问题.

例 2.2.6 两人相约在某天下午 2:00—3:00 在预定地方见面,先到者要等候 20 min,过时则离去. 如果每个人在指定的 1 h 内任一时刻到达是等可能的,求约会的两人能够见面的概率.

解 设 x,y 为两人到达预定地点的时刻,那么两人到达时间的一切可能结果落在边长为 60(单位:min)的正方形内,这个正方形就是样本空间 S. 两人能会面的充要条件是 $|x-y|\leqslant 20$,即

$$x-y\leqslant 20 \text{ 且 } y-x\leqslant 20.$$

令事件 A 表示"两人能会到面",区域如图 2.5 所示.

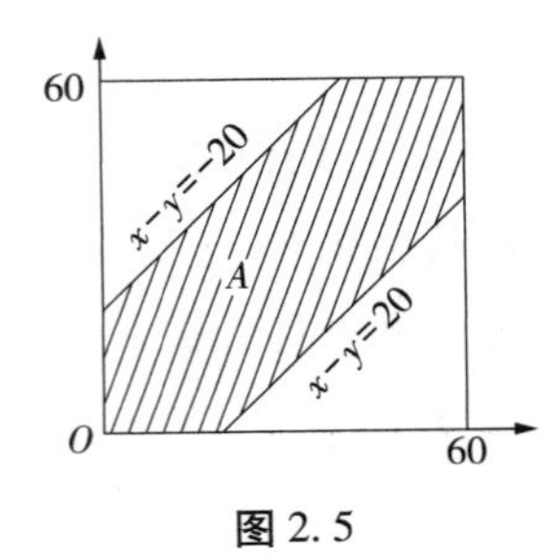

图 2.5

$$P(A)=\frac{A\text{ 的面积}}{S\text{ 的面积}}=\frac{60^2-40^2}{60^2}=\frac{5}{9}.$$

例 2.2.6 属于几何概型的问题,具有一般性. 假设试验具有以下特点:

①样本空间 S 是一个几何区域,这个区域大小可以度量(如长度、面积、体积等),并把 S 的度量记为 $m(S)$.

②向区域 S 内任意投掷一个点,落在区域内任一个点处都是"等可能的",或者假设"落

在 S 中的任何区域 A 内的可能性与 A 的度量 $m(A)$ 成正比,与 A 的位置和形状无关”.

不妨也用 A 表示事件“投掷点落在区域 A 内”,那么事件 A 的概率可用公式

$$P(A)=\frac{m(A)}{m(S)}$$

计算,称它为**几何概型**.

2.3　条件概率

2.3.1　条件概率的定义

一个事件发生的概率经常会受到与之相关事件的影响.

例 2.3.1　在例 2.1.1 中,收入 8 万～15 万元的消费人群数量最多(4 400 人),其中年龄为 30～50 岁的消费者有 2 200 人. 在收入为 8 万～15 万元的消费群体中,年龄为 30～50 岁的概率是多少? 即在 $B_2=\{8万～15万元\}$ 已经发生的前提条件下,求事件 $A_2=\{30～50岁\}$ 发生的概率,这称为条件概率,记为 $P(A_2|B_2)$,读作“事件 B_2 发生的条件下事件 A_2 发生的概率”.

解　$P(A_2|B_2)=\dfrac{2\,200}{4\,400}=\dfrac{2\,200/10\,000}{4\,400/10\,000}$.

由表 2.4 可得 $P(A_2B_2)=\dfrac{2\,200}{10\,000}$,$P(B_2)=\dfrac{4\,400}{10\,000}$,代入上式可得

$$P(A_2|B_2)=\frac{P(A_2B_2)}{P(B_2)}.$$

定义 2.3.1　设 A,B 为两个事件,且 $P(B)>0$,则称 $P(AB)/P(B)$ 为事件 B 已发生的条件下事件 A 发生的**条件概率**,记为 $P(A|B)$,即

$$P(A|B)=\frac{P(AB)}{P(B)}. \tag{2.3.1}$$

韦恩图帮助我们对条件概率有一个更加直观的认识,如图 2.6 所示. 一旦事件 B 发生,唯一能观测到事件 A 发生的区域是 $A\cap B$. 比率 $P(AB)/P(B)$ 提供了在事件 B 已经发生的条件下事件 A 发生的条件概率.

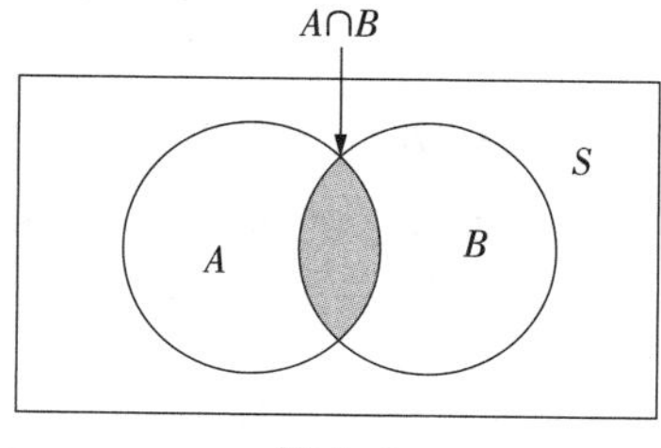

图 2.6

计算条件概率 $P(A|B)$ 的方法有两种:① 在样本空间 S 中,计算 $P(AB)$ 和 $P(B)$,然后按定义 2.3.1 求出 $P(A|B)$;②在样本空间 S 的缩减样本空间 S_B 中计算事件 A 发生的概

率,就得 $P(A \mid B)$.

例 2.3.2 在例 2.2.1 中,根据表 2.4 中的数据,计算收入在 15 万元以上的消费者中,不同年龄段人群的概率分布.

解 该问题是求条件概率 $P(A_1 \mid B_3)$, $P(A_2 \mid B_3)$ 和 $P(A_3 \mid B_3)$.

$$P(A_1 \mid B_3) = \frac{P(A_1B_3)}{P(B_3)} = \frac{10\%}{29\%} \approx 34.5\%,$$

$$P(A_2 \mid B_3) = \frac{P(A_2B_3)}{P(B_3)} = \frac{16\%}{29\%} \approx 55.2\%,$$

$$P(A_3 \mid B_3) = \frac{P(A_3B_3)}{P(B_3)} = \frac{3\%}{29\%} \approx 10.3\%.$$

收入在 15 万元以上的消费者中,消费者的年龄小于 30 岁、30 ~ 50 岁、大于 50 岁的概率分别为 34.5%, 55.2%, 10.3%.

易验证,条件概率 $P(A \mid B)$ 符合概率定义的 3 条公理,即:

①对任一事件 A, 有 $P(A \mid B) \geqslant 0$.

② $P(S \mid B) = 1$.

③ $P(\bigcup_{i=1}^{\infty} A_i \mid B) = \sum_{i=1}^{\infty} P(A_i \mid B)$.

其中 $A_1, A_2, \cdots, A_n$ 为两两互不相容的事件. 这说明条件概率符合定义 2.2.3 中概率应满足的 3 个条件,故条件概率满足概率的所有性质. 例如,对任意事件 A_1 和 A_2, 有

$$P(A_1 \cup A_2 \mid B) = P(A_1 \mid B) + P(A_2 \mid B) - P(A_1A_2 \mid B).$$

又如,对任意事件 A, 有

$$P(\bar{A} \mid B) = 1 - P(A \mid B).$$

例 2.3.3 人寿保险公司需要知道存活到某一个年龄段的人在下一年仍然存活的概率. 根据统计资料,某城市的人由出生活到 50 岁以上的概率为 0.907 18,活到 51 岁以上的概率为 0.901 35. 问现在已经 50 岁的人,能够活到 51 岁以上的概率是多少? 该城市已经 50 岁的人将在满 51 岁之前死亡的概率是多少?

解 设 X 为人的寿命,记 $A = \{X \geqslant 50 \text{ 岁}\}$, $B = \{X \geqslant 51 \text{ 岁}\}$, 则

$$B \subset A,\ P(A) = 0.907\ 18,\ P(B) = 0.901\ 35.$$

$$P(B \mid A) = \frac{P(A \cap B)}{P(A)} = \frac{P(B)}{P(A)} = \frac{0.901\ 35}{0.907\ 18} \approx 0.993\ 57,$$

$$P(\bar{B} \mid A) = 1 - P(B \mid A) \approx 1 - 0.993\ 57 = 0.006\ 43.$$

现在已经 50 岁的人,能够活到 51 岁以上的概率为 0.993 57. 该城市已经 50 岁的人将在满 51 岁之前死亡的概率约为 0.006 43,即在平均意义下,该年龄段每 1 000 人中间约有 6.43 人死亡.

例 2.3.4(消费者投诉调查) 消费者对产品的投诉一直受到各大生产商的高度关注. 某厨房电器生产商对消费者的大量投诉进行调查,发现这些投诉可以分为 6 类,见表 2.5. 如果接到一个消费者的投诉,已知这个产品还在保修期内,求投诉原因分别源于电器故障、机

械故障或外观缺陷的概率.

表2.5

	投诉的原因			
	B_1 = {电器故障}	B_2 = {机械故障}	B_3 = {外观缺陷}	合计
A_1 = {保修期内}	18%	13%	32%	63%
A_2 = {超过保修期}	12%	22%	3%	37%
合　计	30%	35%	35%	100%

解　$P(B_1 \mid A_1)=\dfrac{P(A_1B_1)}{P(A_1)}=\dfrac{0.18}{0.63}\approx 0.286,$

$$P(B_2 \mid A_1)=\frac{P(A_1B_2)}{P(A_1)}=\frac{0.13}{0.63}\approx 0.206,$$

$$P(B_3 \mid A_1)=\frac{P(A_1B_3)}{P(A_1)}=\frac{0.32}{0.63}\approx 0.508.$$

在保修期内有一半以上的投诉是由外观缺陷引起的.

2.3.2　乘法公式

由条件概率的定义 $P(B\mid A)=\dfrac{P(AB)}{P(A)}$,$P(A)>0$,两边同时乘以 $P(A)$ 可得 $P(AB)=P(A)P(B\mid A)$,由此可得乘法公式.

定理2.3.1(乘法公式)　设 $P(A)>0$,有

$$P(AB)=P(A)P(B\mid A). \tag{2.3.2}$$

同样地,若 $P(B)>0$,有

$$P(AB)=P(B)P(A\mid B). \tag{2.3.3}$$

乘法公式也可推广到多个事件的情况. 例如,设 A, B, C 为3个事件,且 $P(AB)>0$, 则有

$$P(ABC)=P(A)P(B\mid A)P(C\mid AB). \tag{2.3.4}$$

一般地,设有 n 个事件 $A_1,A_2,\cdots,A_n$, 若 $P(A_1A_2\cdots A_{n-1})>0$,则有

$$P(A_1A_2\cdots A_n)=P(A_1)P(A_2\mid A_1)P(A_3\mid A_1A_2)\cdots P(A_n\mid A_1A_2\cdots A_{n-1}).$$

事实上,由 $A_1\supset A_1A_2\supset\cdots\supset A_1A_2\cdots A_{n-1}$, 有

$$P(A_1)\geqslant P(A_1A_2)\cdots\geqslant P(A_1A_2\cdots A_{n-1})>0.$$

例2.3.5(小麦行情分析)　小麦的投资商需要考虑两个问题: A = {小麦明年能够赢利}, B = {明年会出现严重干旱}. 基于已有信息,投资商相信如果发生一场严重的干旱,小麦赢利的概率为0.05,并且有0.1的概率会发生干旱. 基于已知条件,求发生严重干旱并且会赢利的概率是多少?

解　$P(A\mid B)=0.05$,$P(B)=0.1$.

$$P(AB)=P(B)P(A\mid B)=0.1\times 0.05=0.005.$$

发生严重干旱并且会赢利的概率为 0.005.

例 2.3.6(**抽样检测**) 在例 2.3.4 中,如果该电器保修期内被投诉的概率为 0.2,其中投诉原因分别源于电器故障、机械故障或外观缺陷的概率不变,求该电器在保修期内且因机械故障被投诉、保修期内且因外观缺陷被投诉的概率分别是多少?

解 $P(A_1)=0.2, P(B_2 \mid A_1)=0.206, P(B_3 \mid A_1)=0.508.$

$$P(A_1B_2)=P(A_1)P(B_2 \mid A_1)=0.2\times 0.206=0.0412.$$

$$P(A_1B_3)=P(A_1)P(B_3 \mid A_1)=0.2\times 0.508=0.1016.$$

该电器在保修期内且因机械故障被投诉的概率为 0.041 2,该电器在保修期内且因外观缺陷被投诉的概率为 0.101 6.

2.3.3 全概率公式和贝叶斯公式

全概率公式和贝叶斯公式是用来计算概率的重要公式.

例 2.3.7 某工厂的两车间生产同型号轮胎. 据以往经验,第 1,2 号车间的次品率分别为 0.15 和 0.12. 两个车间成品混堆在一起且无区分标志. 假设第 1,2 号车间生产的成品比例为 2∶3.

(1)在仓库中随机取一件成品,确定它是次品的概率.

(2)仓库中随机取一件成品,若是次品,它来自哪个车间的可能性更大?

解 (1)以 $A_i(i=1,2)$ 表示事件{产品由第 i 间车间生产},则

$$A_1 \cap A_2=\varnothing,\ A_1 \cup A_2=S,$$

A_1 和 A_2 把样本空间切分成两部分,如图 2.7 所示. $B=\{次品\}=B\cap S=B\cap(A_1\cup A_2)=(BA_1)\cup(BA_2)$.

因为 $A_1\cap A_2=\varnothing$,所以 $(BA_1)\cap(BA_2)=\varnothing$,即 A_1 和 A_2 把事件 B 切割成互斥的两个子事件. 由已知条件可得

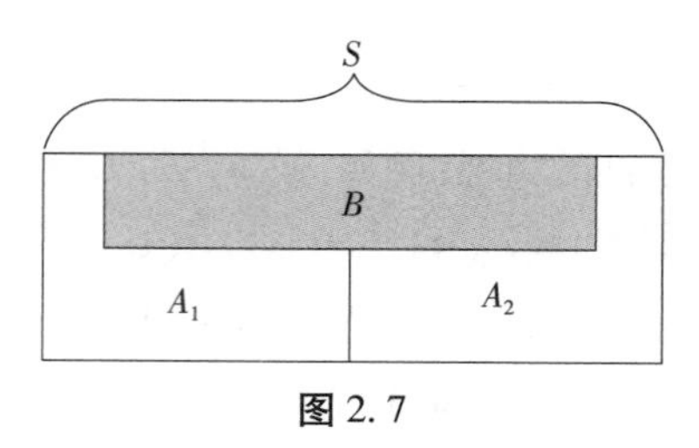

图 2.7

$$P(A_1)=\frac{2}{5}, P(A_2)=\frac{3}{5}, P(B \mid A_1)=0.15, P(B \mid A_2)=0.12.$$

$$\begin{aligned}P(B)&=P(BA_1)+P(BA_2)=P(A_1)P(B \mid A_1)+P(A_2)P(B \mid A_2)\\&=\frac{2}{5}\times 0.15+\frac{3}{5}\times 0.12=0.132.\end{aligned}$$

在仓库中随机取一件成品,是次品的概率为 0.132.

(2)随机取到的成品是次品,要判断来自哪一个生产线的可能性更大,这里次品已发生,是条件概率问题. 由条件概率的定义及乘法公式,有

$$P(A_1 \mid B)=\frac{P(A_1B)}{P(B)}=\frac{P(A_1)P(B \mid A_1)}{P(B)}=\frac{\frac{2}{5}\times 0.15}{0.132}\approx 0.4545,$$

$$P(A_2 \mid B)=\frac{P(A_2B)}{P(B)}=\frac{P(A_2)P(B \mid A_2)}{P(B)}=\frac{\frac{3}{5}\times 0.12}{0.132}\approx 0.5455.$$

$P(A_1 \mid B) < P(A_2 \mid B)$，取到的次品来自 2 号车间的可能性更大.

在例 2.3.7 的问题(1)中，为了求复杂事件 B 的概率，用 A_1 和 A_2 把事件 B 分解为两个互斥的简单事件之和，通过概率的加法法则和乘法法则分别计算这些简单事件的概率，然后求和得到事件 B 的概率，这就是有名的全概率公式，它是概率论中广泛使用的计算方法.

定义 2.3.2(样本空间的划分)　设 S 为样本空间，$A_1,A_2,\cdots,A_n$ 为 S 的一组事件，若满足

① $A_iA_j=\varnothing$，$(i\neq j,i,j=1,2,\cdots,n)$.

② $\bigcup\limits_{i=1}^{n}A_i=S$.

则称 $A_1,A_2,\cdots,A_n$ 为样本空间 S 的一个划分，也称为完备事件组.

A 和 $\bar{A}$ 就是 S 的一个划分. 若 $A_1,A_2,\cdots,A_n$ 是 S 的一个划分，那么每次试验，事件 $A_1,A_2,\cdots,A_n$ 中必有一个且仅有一个发生. 在例 2.3.7 中，A_1 和 A_2 构成样本空间的一个划分；如果有 n 个车间，则 $A_1,A_2,\cdots,A_n$ 构成样本空间的一个划分.

定理 2.3.2(全概率公式)　设 B 为样本空间 S 中的任何一个事件，$A_1,A_2,\cdots,A_n$ 为 S 的一个划分，且 $P(A_i)>0(i=1,2,\cdots,n)$，则有

$$P(B)=P(A_1)P(B \mid A_1)+\cdots+P(A_n)P(B \mid A_n)=\sum_{i=1}^{n}P(A_i)P(B \mid A_i) \quad (2.3.5)$$

称上述公式为**全概率公式**.

证明

$$\begin{aligned}P(B)&=P(BS)=P(BA_1\cup BA_2\cup\cdots\cup BA_n)\\&=P(BA_1)+P(BA_2)+\cdots+P(BA_n)\\&=P(A_1)P(B \mid A_1)+\cdots+P(A_n)P(B \mid A_n)\\&=\sum_{i=1}^{n}P(A_i)P(B \mid A_i).\end{aligned}$$

全概率公式表明，在许多实际问题中事件 B 的概率不易直接求得，如果容易找到样本空间 S 的一个划分 $A_1,A_2,\cdots,A_n$，且 $P(A_i)$ 和 $P(B \mid A_i)$ 为已知或容易求得，就可根据全概率公式求出 $P(B)$. 如何找划分 $A_1,A_2,\cdots,A_n$，要具体问题具体分析.

为解决例 2.3.7 中的问题(2)，我们把条件概率公式和全概率公式相结合，这个方法由贝叶斯发现，故称为贝叶斯定理.

定理 2.3.3(贝叶斯定理)　设 $A_1,A_2,\cdots,A_n$ 为样本空间 S 的一个划分，且 $P(A_i)>0(i=1,2,\cdots,n)$. 对任意的随机事件 $B\subset S$，若 $P(B)>0$，则

$$P(A_i \mid B)=\frac{P(A_i)P(B \mid A_i)}{\sum\limits_{j=1}^{n}P(A_j)P(B \mid A_j)},i=1,2,\cdots,n. \quad (2.3.6)$$

上述公式称为**贝叶斯(Bayes)公式**,也称为**逆概率公式**.

证 由条件概率公式和全概率公式,有

$$P(A_i \mid B)=\frac{P(A_iB)}{P(B)}=\frac{P(A_i)P(B \mid A_i)}{\sum_{j=1}^{n} P(A_j)P(B \mid A_j)}.$$

在长达200多年的时间里,贝叶斯方法一直广受争议.直到20世纪60年代,该方法在决策制订中的应用才逐渐引起人们的重视.

例2.3.8(保险诊断) 假设保险公司认为投保人可分为两类:一类易出事故(人口比例约为0.3);另一类不易出事故.统计表明,一个易出事故者在一年内发生事故的概率为0.004,而不易出事故者在一年内发生事故的概率为0.002.

(1)现有一新人来投保,求该人在购买保单后一年内将出事故的概率.

(2)假设某投保人购买保单后一年内出了事故,求他是易出事故者的概率.

解 (1)令事件$A_1=\{$投保人为易出事故者$\}$,$A_2=\{$投保人为不易出事故者$\}$,$B=\{$投保人在一年内出事故$\}$,则A_1和A_2构成样本空间的一组划分.由已知条件,可得

$$P(A_1)=0.3, P(A_2)=0.7, P(B \mid A_1)=0.004, P(B \mid A_2)=0.002.$$

由全概率公式,

$$\begin{aligned} P(B) &= P(BA_1)+P(BA_2)=P(A_1)P(B \mid A_1)+P(A_2)P(B \mid A_2) \\ &= 0.3\times 0.004+0.7\times 0.002=0.0026. \end{aligned}$$

投保的新人在购买保单后一年内将出事故的概率为0.002 6.

(2)假设一个投保人在购买保单后一年内出了事故,这是一个条件概率的问题.由贝叶斯公式,

$$P(A_1 \mid B)=\frac{P(A_1B)}{P(B)}=\frac{P(A_1)P(B \mid A_1)}{P(B)}=\frac{0.3\times 0.004}{0.0026}\approx 0.462.$$

一个投保人在购买保单后一年内出了事故,那么他是易出事故者的概率为0.462,远大于第一类人的人口比例0.3.投保人如果在第一年发生了事故,保险公司将在第二年增加该投保人的保险费用.

例2.3.9(股票分析) 假设某时期内影响某只股票价格变化的因素只有银行存款利率的变化.经分析,该时期内利率下调的概率为20%,利率不变的概率为40%,利率上调的概率为40%.根据经验,利率下调时该股票上涨的概率为80%,利率不变时该股票上涨的概率为40%,利率上调时该股票上涨的概率为20%.

(1)求这只股票上涨的概率.

(2)假如这只股票上涨了,试分析银行利率下调的概率是多少?

解 (1)令$A_1=\{$利率下调$\}$,$A_2=\{$利率不变$\}$,$A_3=\{$利率上调$\}$,$B=\{$股票上涨$\}$,则A_1,A_2,A_3是导致结果B出现的3种直接原因,且构成样本空间的一个划分.

$$P(A_1)=0.2, P(A_2)=0.4, P(A_3)=0.4,$$
$$P(B \mid A_1)=0.8, P(B \mid A_2)=0.4, P(B \mid A_3)=0.2.$$

由全概率公式,

$$P(B)=P(A_1)P(B\mid A_1)+P(A_2)P(B\mid A_2)+P(A_3)P(B\mid A_3)=0.4,$$

即这只股票上涨的概率为 0.4.

(2)由贝叶斯公式,

$$P(A_1\mid B)=\frac{P(A_1B)}{P(B)}=\frac{P(A_1)P(B\mid A_1)}{P(B)}=\frac{0.2\times 0.8}{0.4}=0.4,$$

即这只股票上涨了,此时银行利率上调的概率为 0.4.

例 2.3.10　分析“三门问题”.

解　设参赛者已经选定 1 号门,而主持人打开的是 2 号门(因主持人知道哪扇门后面有汽车,故他的选择是根据参赛者所打开的门来确定的).

$$A_i=\{第\ i\ 扇门后面有汽车\},P(A_i)=\frac{1}{3},i=1,2,3.$$

A_1,A_2,A_3 构成样本空间的一个划分. $B=\{$主持人打开第二扇门$\}$,则

$$P(B\mid A_1)=\frac{1}{2},P(B\mid A_2)=0,P(B\mid A_3)=1.$$

$$P(B)=P(A_1)P(B\mid A_1)+P(A_2)P(B\mid A_2)+P(A_3)P(B\mid A_3)=\frac{1}{3}\left(\frac{1}{2}+0+1\right)=\frac{1}{2}.$$

$$P(A_1\mid B)=\frac{P(A_1)P(B\mid A_1)}{P(B)}=\frac{1}{3},$$

$$P(A_3\mid B)=\frac{P(A_3)P(B\mid A_3)}{P(B)}=\frac{2}{3}.$$

参赛者不换门赢得汽车的概率为 1/3, 换门赢得汽车的概率为 2/3, 参赛者应该更换选择. 这个问题也称为蒙提霍尔悖论. 虽然这个问题的答案在逻辑上并不自相矛盾,但违反直觉,曾引起热烈的讨论.

全概率公式和贝叶斯公式在解决某些复杂事件的概率问题中起到了十分重要的作用. 如果事件 B 视为某过程的结果,而把 S 的一个划分 $A_1,A_2,\cdots,A_n$ 视为导致该结果的若干原因(情况或途径),每一种原因发生的概率 $P(A_i)$ 和每一种原因对结果 B 的影响程度 $P(B\mid A_i)$ 为已知(或容易求得). 已知原因推断结果发生的概率,用全概率公式;已知结果推断原因发生的概率,用贝叶斯公式. 如讨论病毒导致腹泻的发病率,随机选一射手射中目标的命中率等.

例 2.3.11(癌症筛查)　由以往的临床记录,某种诊断癌症的试验具有以下效果:被诊断者有癌症,试验反应为阳性的概率为 0.95;被诊断者没有癌症,试验反应为阴性的概率为 0.95. 现对自然人群进行普查,设被试验的人群中患有癌症的概率为 0.005. 已知试验反应为阳性,该被诊断者确有癌症的概率是多少?

解　设 $A=\{$患有癌症$\}$, $\bar{A}=\{$没有癌症$\}$, $B=\{$试验反应为阳性$\}$,由条件得

$$P(A)=0.005,P(\bar{A})=0.995,P(B\mid A)=0.95,P(\bar{B}\mid\bar{A})=0.95.$$

由条件概率的性质,

$$P(B\mid\bar{A})=1-P(\bar{B}\mid\bar{A})=1-0.95=0.05.$$

由贝叶斯公式,

$$P(A|B)=\frac{P(AB)}{P(B)}=\frac{P(A)P(B|A)}{P(A)P(B|A)+P(\bar{A})P(B|\bar{A})}=0.087.$$

上述结果表明，患有癌症的被诊断者试验反应为阳性的概率为95%，没有患癌症的被诊断者试验反应为阴性的概率为95%，这些概率都是由历史数据分析得到，产生于检验人员做随机试验之前，称为**先验概率**. 而在得到试验结果反应为阳性的前提下，该被诊断者确有癌症的概率为0.087，称为**后验概率**（根据试验结果重新加以修正的概率）. 此项试验也表明，用它作为普查，正确性诊断只有8.7%（即1 000人具有阳性反应的人中大约只有87人的确患有癌症）. 若把 $P(B|A)$ 和 $P(A|B)$ 弄混淆，将会造成误诊的不良后果.

在获得新的信息之后应用贝叶斯定理对事件的概率进行修正，这种方法被广泛应用在决策分析中. 具体思路如下：

①对所关心的特定事件发生的概率给出一个初始的估计（或决策者的主观估计），称为先验概率.

②从样本、专业报告、产品测试等信息中获取有关该事件的新信息.

③根据最新信息，应用贝叶斯定理计算该事件的后验概率并作决策.

乘法公式、全概率公式、贝叶斯公式称为条件概率的3个重要公式，它们在解决复杂事件的概率问题中起到十分重要的作用.

2.4　随机事件的相互独立性

独立性是概率统计中的一个重要概念.

例2.4.1　某公司有员工100名，其中35岁以下的青年人40名. 该公司每天在所有员工中随机选出一人为当天的值班员，而无论其是否在前一天刚好值过班.

(1)已知第一天选出的是青年人，试求第二天选出青年人的概率.

(2)求第二天选出青年人的概率.

解　(1)以事件 A_1,A_2 分别表示第一天、第二天选出的是青年人，则

$$P(A_1)=\frac{40}{100}=0.4,P(A_1A_2)=\frac{40}{100}\cdot\frac{40}{100}=0.16,$$

$$P(A_2|A_1)=\frac{P(A_1A_2)}{P(A_1)}=0.4.$$

已知第一天选出是青年人，第二天选出青年人的概率为0.4.

(2) $P(A_2)=P(A_1A_2)+P(\bar{A}_1A_2)=0.4\times0.4+0.6\times0.4=0.4.$

第二天选出青年人的概率为0.4.

这里 $P(A_2|A_1)=P(A_2)$，即事件 A_1 对事件 A_2 发生的概率没有影响.

设 A_1,A_2 为两个事件，若 $P(A_1)>0$，可定义 $P(A_2|A_1)$. 一般情形下，$P(A_2)\neq P(A_2|A_1)$，即事件 A_1 的发生对事件 A_2 发生的概率有影响. 在特殊情况下，一个事件的发生对另一个事件发生的概率没有影响，如例2.4.1，此时乘法公式 $P(A_1A_2)=P(A_1)P(A_2|A_1)=$

$P(A_1)P(A_2)$.

定义 2.4.1　若事件 A_1 和 A_2 满足

$$P(A_1A_2) = P(A_1)P(A_2), \tag{2.4.1}$$

则称事件 A_1 和 A_2 相互独立.

例 2.4.2　在例 2.3.4 的消费者投诉调查问题中,事件 A_1 = {保修期内产品被投诉},事件 B_3 = {由于产品外观缺陷导致投诉},事件 A_1 和 B_3 是否相互独立?

解　用两种方法判断事件 A_1 和 B_3 的相互独立性.

(1) $P(A_1) = 0.63$, $P(B_3) = 0.35$, $P(A_1B_3) = 0.32$.

$P(A_1B_3) \neq P(A_1)(B_3)$, 事件 A_1 和 B_3 不相互独立.

(2)根据例 2.3.4 的计算结果, $P(B_3 \mid A_1) \approx 0.508 \neq P(B_3)$, 即事件 A_1 对事件 B_3 有影响,事件 A_1 和 B_3 不相互独立.

必然事件 S 和不可能事件 $\varnothing$ 都与任意随机事件 A 相互独立. 需要注意的是,互不相容与相互独立是两个完全不同的概念. 两事件互不相容,在韦恩图上表示为不相交, $P(A \cup B) = P(A) + P(B)$; 两事件相互独立不易用图形表示.

若 $P(A) > 0, P(B) > 0$, 如果事件 A 和 B 相互独立,有 $P(AB) = P(A)P(B) > 0$, $AB \neq \varnothing$, 即事件 A 和 B 相容;反之,如果事件 A 和 B 互不相容,即 $AB = \varnothing$,则 $P(AB) = 0$, 而 $P(A)P(B) > 0$, 则 $P(AB) \neq P(A)P(B)$, 即事件 A 和 B 不相互独立. 这就是说,当 $P(A) > 0$ 且 $P(B) > 0$ 时,事件 A 和 B 相互独立与互不相容不能同时成立.

定理 2.4.1　若事件 A 和 B 相互独立,则下列各对事件也相互独立:

$$\mathrm{A} \text{ 与 } \bar{B},\ \bar{A} \text{ 与 } \mathrm{B},\ \bar{A} \text{ 与 } \bar{B}.$$

该定理还可叙述为:如果事件 A 与 B 相互独立,把其中任意一个或两个换为逆事件,其结果依然相互独立.

定理 2.4.2　若事件 A 和 B 相互独立,且 $0 < P(A) < 1$, 则

$$P(B \mid A) = P(B \mid \bar{A}) = P(B). \tag{2.4.2}$$

该定理的正确性由乘法公式、相互独立性定义容易推出.

在实际应用中,还经常遇到多个事件之间的相互独立性问题. 例如,对 3 个事件的独立性可作以下定义:

定义 2.4.2　设 A_1, A_2, A_3 是 3 个事件,如果满足等式

$$P(A_1A_2) = P(A_1)P(A_2),$$
$$P(A_1A_3) = P(A_1)P(A_3),$$
$$P(A_2A_3) = P(A_2)P(A_3),$$
$$P(A_1A_2A_3) = P(A_1)P(A_2)P(A_3),$$

则称 A_1, A_2, A_3 为相互独立的事件.

这里要注意,若事件 A_1, A_2, A_3 仅满足定义中的前 3 个等式,则称 A_1, A_2, A_3 是两两相互独立的. 由此可知, A_1, A_2, A_3 相互独立,则 A_1, A_2, A_3 是两两相互独立的,反之,则不一定成立.

定义 2.4.3　对 n 个事件 $A_1, A_2, \cdots, A_n$, 若以下 $2^n - n - 1$ 个等式成立,

$$P(A_iA_j)=P(A_i)P(A_j),1\leqslant i<j\leqslant n,$$
$$P(A_iA_jA_k)=P(A_i)P(A_j)P(A_k),1\leqslant i<j<k\leqslant n,$$
$$\cdots\cdots$$
$$P(A_1A_2\cdots A_n)=P(A_1)P(A_2)\cdots P(A_n),$$

则称 $A_1,A_2,\cdots,A_n$ 是相互独立的事件.

由定义可知,事件的相互独立性具有以下性质:

①若事件 $A_1,A_2,\cdots,A_n(n\geqslant 2)$ 相互独立,则其中任意 $k(2\leqslant k\leqslant n)$ 个事件也相互独立.

②若 n 个事件 $A_1,A_2,\cdots,A_n(n\geqslant 2)$ 相互独立,将 $A_1,A_2,\cdots,A_n$ 中任意多个事件换成它们的逆事件,所得的 n 个事件仍然相互独立.

在实际应用中,对事件的独立性,常常不是根据定义来判断,而是根据问题的实际意义——任意一个事件的发生不影响另一个事件的发生来判断,如产品的抽样问题.

例 2.4.3(多样性训练) 《今日美国》杂志发现,在所有开展了多样性训练的美国企业中,有 38% 的企业表示他们开展该训练的目的是保持竞争力.

(1)随机抽取一个包含两家企业的样本,求两家企业开展多样性训练的目的都是保持竞争力的概率是多少?

(2)随机抽取一个包含 10 家企业的样本,求 10 家企业开展多样性训练的目的都是保持竞争力的概率是多少?

(3)随机抽取一个包含 10 家企业的样本,求 10 家企业中至少有一家开展多样性训练的目的是保持竞争力的概率是多少?

解 $A_i=\{$第 i 家企业开展多样性训练的目的是保持竞争力$\}$. 假设任何一家企业开展多样性训练的原因都不大可能影响另一家企业,即 A_i 相互独立.

(1) $P(A_1\cap A_2)=P(A_1)P(A_2)=0.38\times 0.38=0.144.$

(2) $P(A_1\cap A_2\cap\cdots\cap A_n)=P(A_1)\cdots P(A_{10})=0.38^{10}=0.000\,062\,8.$

这里概率值非常小,说明 10 家企业全部出于保持竞争力的目的开展多样性训练几乎是不可能的. 如果 10 家企业都认为开展多样性训练的目的是保持竞争力,则需要重新估计在计算中使用的 0.38,这种方法在统计推断中有重要应用.

(3)
$$\begin{aligned}P(A_1\cup\cdots\cup\cdots A_{10})&=1-P(\overline{A_1\cup\cdots\cup\cdots A_{10}})\\&=1-P(\overline{A_1})\cdots P(\overline{A_{10}})\\&=1-(1-0.38)^{10}=0.991\,6.\end{aligned}$$

例 2.4.4(保险赔付) 设有 n 个车主向保险公司购买重大交通事故险(保险期为一年),假定投保人在一年内发生重大交通事故的概率为 0.000 1.

(1)求保险公司赔付的概率.

(2)当 n 为多大时,使得以上赔付的概率超过 1/2.

解 (1)记事件 $A_i=\{$第 i 个投保人出现意外$\}$ $(i=1,2,\cdots,n)$, 由实际问题可假设事件 A_i 相互独立, $B=\{$保险公司赔付$\}=\bigcup\limits_{i=1}^{n}A_i$.

$$
\begin{aligned}
P(B) &= P(\bigcup_{i=1}^{n} A_i) \\
&= 1 - P(\overline{A_1 \cup \cdots \cup \cdots A_n}) \\
&= 1 - P(\overline{A_1})\cdots P(\overline{A_n}) \\
&= 1 - (1 - 0.000\,1)^n \\
&= 1 - 0.999\,9^n
\end{aligned}
$$

当某事件的概率难以计算时，常计算它的逆事件的概率.

(2) $P(B) \geqslant 0.5$，即 $1 - 0.999\,9^n \geqslant 0.5$，

$$n \geqslant \frac{\ln 0.5}{\ln 0.999\,9} \approx 6\,932.$$

当投保人数大于 6 932 人时，保险公司有大于一半的概率赔付.

综合上述两个例题，若 $A_1, A_2, \cdots, A_n$ 是相互独立的事件，求 $A_1, A_2, \cdots, A_n$ 中至少有一个事件发生的概率的方法如下：

$$P(A_1 \cup \cdots \cup A_n) = 1 - P(\overline{A_1 \cup \cdots \cup A_n}) = 1 - P(\overline{A_1})\cdots P(\overline{A_n}).$$

特别地，如果 $P(A_1) = \cdots = P(A_n) = p$，则

$$P(A_1 \cup \cdots \cup A_n) = 1 - (1-p)^n.$$

当 $n \to \infty$ 时，上述概率的极限值为 1，即小概率事件迟早是要发生的. 试用这个性质，可分析俗语“常在河边走，哪有不湿鞋”中蕴含的道理.

本章小结

本章知识结构图如下：

第 2 章　概率论的基础

2.1　概率论的基本概念

随机现象：统计规律性

↑

随机试验→样本空间→随机事件→关系与运算 $\begin{cases} A - B, A \subset B, AB, \\ A \cup B, \text{互逆}, \text{互斥} \\ \overline{\bigcup_{i=1}^{n} A_i} = \bigcap_{i=1}^{n} \overline{A_i},\ \overline{\bigcap_{i=1}^{n} A_i} = \bigcup_{i=1}^{n} \overline{A_i} \end{cases}$

2.2　概率和古典概型

相对频率 $f_n(A) = \dfrac{n_A}{n} \xrightarrow{n \to \infty}$ 统计定义 P(A)

↓

公理化定义：非负性，规范性，可列可加性→性质 $\begin{cases} 0 \leqslant P(A) \leqslant 1, P(S) = 1 \\ P(B - A) = P(B) - P(AB) \\ P(\bar{A}) = 1 - P(A) \\ P(A \cup B) = P(A) + P(B) - P(AB) \end{cases}$

2.3 条件概率

$P(A|B)=\dfrac{P(A\cap B)}{P(B)}$ ⟶ 乘法公式 $P(AB)=P(A)P(B|A)$

样本空间划分 $\begin{cases}\text{全概率公式：} P(B)=\sum\limits_{i=1}^{n}P(A_i)P(B|A_i)\ \text{（由因求果）}\\ \text{贝叶斯公式：} P(A_i|B)=\dfrac{P(A_i)P(B|A_i)}{\sum\limits_{j=0}^{n}P(A_j)P(B|A_j)}\ \text{（执果溯因）}\to\text{贝叶斯推断}\end{cases}$

2.4 随机事件的相互独立性

$P(AB)=P(A)P(B)$ ⟶ 多个事件之间的相互独立性.

本章主要内容如下：

为研究随机现象的统计规律性，我们做随机试验，并把随机试验中所有试验结果组成的集合S称为样本空间，S的子集称为随机事件. 由于事件是一个集合，所以事件之间的关系和运算可以用集合间的关系和运算来处理. 集合间的关系和运算是读者熟悉的，重要的是要知道它们在概率论中的含义.

我们不仅要明确一个试验中可能会发生哪些事件，更重要的是知道这些事件在一次试验中发生的可能性大小. 事件发生的频率的稳定性表明刻画事件发生可能性大小的数——概率是客观存在的. 我们从频率的稳定性和频率的性质得到启发，给出了概率的公理化定义，并由此得到概率的一些基本性质.

古典概型是满足只有有限个基本事件且每个基本事件发生的可能性相等的概率模型. 计算古典概型中事件 A 的概率，关键是弄清试验的基本事件的具体含义. 计算基本事件总数和事件 A 中包含的基本事件数的方法灵活多样，没有固定模式，一般可利用排列、组合等知识计算. 将古典概型中只有有限个基本事件推广到有无穷个基本事件的情况，并保留等可能性的条件，就得到几何概型.

条件概率定义为

$$P(A|B)=\frac{P(AB)}{P(B)},P(B)>0.$$

计算条件概率 $P(A|B)$ 通常有两种方法：一是按定义，先算出 $P(B)$ 和 $P(AB)$，再求出 $P(A|B)$；二是在缩减样本空间 S_B 中计算事件 A 的概率，即得到 $P(A|B)$.

由条件概率定义可得乘法公式

$$P(AB)=P(B)P(A|B),\ P(B)>0.$$

在解题中要注意 $P(A|B)$ 和 $P(AB)$ 之间的联系和区别. 全概率公式

$$P(B)=P(A_1)P(B|A_1)+\cdots+P(A_n)P(B|A_n)=\sum_{i=1}^{n}P(A_i)P(B|A_i)$$

是概率论中最重要的公式之一. 由全概率公式和条件概率定义得到贝叶斯公式

$$P(A_i \mid B) = \frac{P(A_i)P(B \mid A_i)}{\sum_{j=1}^{n} P(A_j)P(B \mid A_j)}, i = 1,2,\cdots,n.$$

若把全概率公式中的 B 视作“果”，而把 S 的每一划分 A_i 视作“因”，则全概率公式反映“由因求果”的概率问题，$P(A_i)$ 是根据以往信息和经验得到，称为先验概率. 而贝叶斯公式则是“执果溯因”的概率问题，即在“结果” B 已发生的条件下寻找 B 发生的“原因”，公式中 $P(A_i \mid B)$ 是得到“结果” B 后求出，称为后验概率.

独立性是概率论中一个非常重要的概念，很多内容都是在独立性的前提下讨论的. 若事件 A_1 和 A_2 满足

$$P(A_1A_2) = P(A_1)P(A_2),$$

则称事件 A_1 和 A_2 相互独立. 在实际应用中，还经常遇到多个事件之间的相互独立性问题，而且我们常常根据问题的实际意义——任意一个事件的发生不影响另一事件的发生来判断，如产品的抽样问题. 就解题而言，独立性有助于简化概率计算. 若事件 $A_1,A_2,\cdots,A_n(n \geqslant 2)$ 相互独立，有

$$P(A_1A_2\cdots A_n) = P(A_1)P(A_2)\cdots P(A_n).$$

$$P(A_1 \cup \cdots \cup A_n) = 1 - P(\overline{A_1})\cdots P(\overline{A_n}).$$

习　题

1. 写出下述各随机试验的样本空间 S：

(1) 同时掷两颗质地均匀的骰子，确定两骰子的点数之和.

(2) 袋中有 5 白球、3 黑球、4 红球，从中任取一球，确定球的颜色.

(3) 在某时间段内，购物中心收到某商品求购电话的次数.

(4) 对某工厂出厂的产品进行检查，合格的盖上“正品”，不合格的盖上“次品”，如果连续查出两个次品就停止检查，或检查 4 个产品就停止检查. 记录检查的结果(为便于描述，查出合格品记为“1”，查出次品记为“0”).

2. 设某公司参加竞标，$A = \{$第一次竞标成功$\}$，$B = \{$第二次竞标成功$\}$，求以下竞标结果的具体表示：

$C = \{$两次竞标成功$\}$，$D = \{$两次竞标失败$\}$，$E = \{$只有一次竞标成功$\}$，$F = \{$至少一次竞标成功$\}$，$G = \{$第一次失败且第二次成功$\}$.

3. 已知 $P(A) = 0.4$，$P(B) = 0.25$，$P(A - B) = 0.25$，求：

$$P(AB),\ P(A \cup B),\ P(B - A),\ P(\bar{A}\bar{B}).$$

4. 设 A 和 B 是两事件且 $P(A) = 0.6$，$P(B) = 0.7$. 问：

(1) 在什么条件下 $P(AB)$ 取到最大值，最大值是多少？

(2) 在什么条件下 $P(AB)$ 取到最小值，最小值是多少？

5. $P(A) = P(B) = P(C) = 1/4$，$P(AB) = P(BC) = 0$，$P(AC) = 3/16$.

(1)求事件 A,B,C 至少发生其一的概率.

(2)求事件 A,B,C 都不发生的概率.

6. 这学期末 *Alice* 即将大学毕业. 经过两家公司面试后,她估计 A 公司给她工作机会的概率为 0.8,B 公司给她工作机会的概率为 0.6,两家公司都给她工作机会的概率为 0.5. 那么她在这两家公司中至少获得一个工作机会的概率是多少?

7. 某人有资金投资 4 个风险项目中的两个,每个项目大约需要投入相同的资金. 这 4 个项目中有两个会成功,两个会失败,但是具体哪两个并不知道. 如果随机选择两个风险项目,则选到一个成功项目、至少选到一个成功项目、两个项目都将失败的概率分别是多少?

8. 在彩票游戏中,有一种选"6"的彩票,即从一系列数 $(1 \sim N)$ 中选取 6 个数字,这个 N 取决于发行彩票的城市. 某城市设定 N 为 53,买一张彩票的价钱是 2 元,如果你选择的 6 个数字和中奖数字一致,将获得的回报是 1 000 万元人民币. 求选"6"彩票中奖的概率是多少?

9. 为提高选"6"彩票的中奖率,某"彩票专家"推荐了用于增加中奖概率的"滚动下注法",即选择的数字要多于 6. 例如,首先选择 7 个数字,然后从 7 个数字中选择 6 个数字得到 7 组不同的组合数,用这些组合数进行滚动下注. 求滚动下注中奖的概率是多少?

10. 房间里有 10 个人,分别佩戴着从 1 号到 10 号的纪念章,任意选 3 个人记录其纪念章的号码.

(1)求最小的号码为 5 的概率.

(2)求最大的号码为 5 的概率.

11. 从 5 双不同鞋子中任取 4 只,4 只鞋子中至少有两只配成一双的概率是多少?

12. 王同学和李同学约定某日下午 1:00—2:00 在校图书馆会面,约定先到的人在等待 20 *min* 后离开,求他们能够会面的概率.

13. 假定制造商为某种型号的计算机电缆设定的长度规格为 2 000 *mm* ± 10 *mm*. 该行业内,众所周知的是,尺寸偏小的电缆和尺寸偏大的电缆一样,如果达不到规格要求都属于次品. 由于随机性,生产出来的电缆长度超过 2 010 *mm* 的概率等于长度不足 1 990 *mm* 的概率. 已知生产流中能达到规格要求的概率为 0.99. 求:

(1)随机抽到一根尺寸偏大的电缆的概率是多少?

(2)随机抽到一根尺寸超过 1 990 *mm* 的电缆的概率是多少?

14. 假设某配件分别由 4 个厂商提供. 随机抽取一个,观察由哪个厂商提供,是否合格. 生产部根据相对频率法获得概率值(表 2.6),计算以下事件的概率:

表 2.6

是否合格	车间			
	$A_1=\{1\}$	$A_2=\{2\}$	$A_3=\{3\}$	$A_4=\{4\}$
$B_1=\{$合格$\}$	0.19	0.27	0.285	0.19
$B_2=\{$不合格$\}$	0.01	0.03	0.015	0.01

(1)产品不是 1 号车间的概率.

(2)产品来自1号和2号车间的概率.

(3)产品来自1号车间而且是合格品的概率?

(4)产品是不合格品的概率?

(5)产品来自1号车间的条件下是不合格品的概率?

(6)产品来自2号车间的条件下是不合格品的概率?

15. 某航班准点起飞的概率为0.83,准点降落的概率为0.8,准点起降的概率为0.78.

(1)求准点起飞的航班准点到达的概率.

(2)求准点到达的航班准点起飞的概率.

16. 考察某地区历史资料知,从某次特大洪水发生以后在30年内发生特大洪水的概率为80%,在40年内发生特大洪水的概率为85%,现已知该地区30年未发生特大洪水,问未来10年内将发生特大洪水的概率是多少?

17. 某酒店为了针对入住酒店的商务旅客提高服务质量,对打高尔夫球的企业经理进行了一项研究. 研究表明,55%的经理承认他们在打高尔夫球时作弊. 此外,20%的经理承认他们曾经在打高尔夫球时作弊并且在洽谈业务时说谎. 若已知某经理在打高尔夫球时作了弊,那么他在洽谈业务时说过谎的概率是多少?

18. 某福利机构雇用了10名员工负责分发半价食物券. 机构主管周期性地随机选择两名员工的记录来核实他们是否有违规行为. 事实上,有3名员工经常有违规行为,但是主管并不知道. 试求被抽到的员工有违规行为的概率.

19. 某款发动机由甲、乙、丙3条生产线生产,各自次品率分别为1%,0.5%,0.4%. 假设甲、乙、丙3条生产线的产品分别占总产量的25%,35%,40%. 问:

(1)所有发动机的次品率为多少?

(2)假如质检时查到了有次品,该如何判断出到底来自哪一条生产线,或者哪一条生产线上的可能性最大?

20. 据以往资料表明,某3口之家,患某种传染病的概率有以下规律: $P(A)=P\{$孩子得病$\}=0.6$, $P(B|A)=P\{$母亲得病|孩子得病$\}=0.5$, $P(C|AB)=P\{$父亲得病|母亲及孩子得病$\}=0.4$. 求母亲及孩子得病但父亲未得病的概率.

21. 设有一台机床,在正常运行时产品的合格率为90%,在非正常时产品的合格率为30%. 由历史数据显示:每天上班开动机床时,机床是正常运行的概率为75%. 检验人员为了检验机床是否正常,开动机床生产出了一件产品,经检验,该产品为合格品,问此时机床处于正常状态的概率是多少?

22. 某款轮胎做质量检测. 第1年没有破的概率为0.9,若第1年没有破第2年破的概率为0.2,若前两年没有破但是第3年破的概率为0.3,试求轮胎两年没有破的概率及3年没有破的概率.

23. 一种自动的监控系统应用了高科技的影像设备和微处理技术来探测入侵者. 定型的系统已经被研制出来并在兵工厂的周围投入使用. 这个系统能探测到95%的入侵者,但是系统的设计师认为这个概率随着天气的变化而改变. 这个系统能够自动记录每次入侵者被探测到时的天气状况. 基于一系列对照试验,即入侵者在不同的天气状况下入侵工厂,获得以下信息:已知在系统探测到入侵者的情况下,75% 是晴天,20% 是多云,5% 是有雨. 当系统未能探测到入侵者时,60% 是晴天,30% 是多云,10% 是有雨. 求在已知天气的情况下,探测到入侵者的概率(假定工厂有入侵者).

24. 某小镇只有 1 辆消防车和 1 辆救护车以备急需时使用. 在出现消防警报时,消防车能够到位的概率为 0.98;在呼叫救护时,救护车能够到位的概率为 0.92. 在发生火灾并引起伤亡的事故中,求消防车和救护车能够同时到位的概率,假定两者独立.

25. 设 A 和 B 相互独立,若 $P(A)=0.6, P(B)=0.7$, 求 $P(A-B)$ 和 $P(A\cup B)$.

26. 假设单次试验的成功率为 p $(0<p<1)$, 将此试验独立重复试验 3 次,试分别求其中仅失败一次以及至少失败一次的概率.

27. 已知 $P(A)=0.2, P(B)=0.3$, 在下列假设下,求 A 和 B 至少有一个事件发生的概率.

(1)如果 A 和 B 互不相容.

(2)如果 A 和 B 相互独立.

28. 设高射炮每次击中飞机的概率为 0.2,问至少需要多少门这种高射炮同时独立发射(每门射一次)才能使击中飞机的概率达到 95% 以上?

29. 设有 n 个车主向保险公司购买涉水险(保险期为一年),假定投保人在一年内发生意外的概率为 0.000 2.

(1)求保险公司赔付的概率.

(2)当 n 为多大时,使得以上赔付的概率超过 1/3?

30. 设某轮胎生产线上的产品次品率为 0.02(假设以下抽样结果相互独立).

(1)若随机抽取了 10 个轮胎,问抽到次品的概率是多少?

(2)若随机抽取了 n 个轮胎,问抽到次品的概率是多少?

31. A,B,C 三人在同一办公室工作,房间有三部电话,据统计知,打给 A,B,C 的电话的概率分别为 2/5,2/5, 1/5. 他们三人常因工作外出, A,B,C 三人外出的概率分别为 1/2, 1/2, 1/4,设三人的行动相互独立.

(1)求无人接电话的概率.

(2)求被呼叫人在办公室的概率.

(3)若某一时间段打进了 3 个电话,求这 3 个电话打给同一人的概率以及打给不同人的概率.

本章习题答案

案例研究

SUV 车型是一款运动型多功能车,其市场份额已形成“三足鼎立”之势:进口 *SUV* 车、合资 *SUV* 车、自主 *SUV* 车. *A* 公司是中国一家自主品牌汽车生产企业,它的高层决策者除了考虑通过自有资金加大对 *SUV* 车型的研发和市场投入外,也在考虑与一家来自法国的汽车企业共同研发,推出一个全新品牌的 *SUV* 车型. 这样不仅可以获得该法国企业在车型研发上的技术支持,还可以借助该企业的品牌和市场渠道优势来弥补 *A* 公司在这些方面的不足,以节约部分市场营销投入. 然而,如果全新的 *SUV* 车型没有得到市场认可,*A* 公司巨大的投资将会付之东流.

A 公司的高层决策者认为有 4 个方面的不确定因素决定着该公司在 *SUV* 市场上的营销成败:

(1)国际知名汽车品牌是否会使用竞争性的价格席卷中国 *SUV* 市场;

(2)未来市场是否会对 *A* 公司推出的 *SUV* 车型有高的需求;

(3)*A* 公司的自主品牌形象相对于国际知名品牌是否会对新推出的 *SUV* 车型起负面影响;

(4)*A* 公司是否能够保证必要的资金供应.

A 公司的高层决策者认为所有这些事件几乎彼此独立,于是在自主投入和考虑与法国公司合作这两种决策方案下,估计了各种事件的概率(表 2.7). *A* 公司的高层决策者估计:如果 4 个方面的因素都是积极的,那么新推出的 *SUV* 车型有 90% 的机会成功;如果 4 个因素中的任何 3 个因素是积极的,并且仅有 1 个因素是不利的,那么有 50% 的机会成功;如果有两个或者更多的因素是不利的,那么没有任何成功的可能性.

根据所给出的概率估计值,使用本章的概率计算方法分别计算两种决策下推出的 *SUV* 车型成功的概率,并对 *A* 公司的高层管理者提出决策方案的建议.

表 2.7

积极因素	发生的概率 (自主投入时)	发生的概率 (与法国企业合作时)
国际知名汽车品牌不会使用竞争性的价格席卷中国 *SUV* 市场	0.70	0.70
未来市场对 *A* 公司推出的 *SUV* 车型有高的需求	0.65	0.65
A 公司的自主品牌形象不会对新推出的 *SUV* 车型起负面影响	0.40	0.60
A 公司能够保证必要的资金供应	0.80	0.90

第 3 章 随机变量的概率分布及数字特征

实践中的概率

（**金融资产组合**）在金融投资过程中，所有投资活动必然存在风险，而且不同投资项目的风险大小、每个人能够承受的风险程度和对风险的偏好都不相同. 该如何利用金融工具，通过风险管理的方式来降低所拥有资产的投资风险，最终在收益和风险之间寻求平衡呢？很多理财顾问建议采用金融资产组合，将资金按照一定的比例投资不同的资产. 马科维茨选择期望收益率来衡量未来实际收益率的平均水平，以收益率的方差或标准差来衡量风险.

本章将采用马科维茨的办法，分析不同投资模式的收益率和风险问题.

3.1 随机变量及其分布函数

3.1.1 随机变量的定义

在第 2 章中讨论的有些随机事件直接用数量来标志，如抽样检验灯泡质量试验中灯泡的寿命、某汽车 4S 店每天的汽车销量、某车站上午 8:00—10:00 的乘客人数、消费者每月的价格指数等. 而有些随机事件不是直接用数量来标志的，如性别抽查试验中所抽到的性别、消费者对某项产品的购买意愿等.

为了更深入地研究各种与随机现象有关的理论和应用，将样本空间的元素与实数对应起来，即将随机试验的每个可能结果 e 都用一个实数 $X(e)$ 来表示. 例如，在性别抽查试验中用实数“1”表示“男性”，用“0”表示“女性”. 正如裁判员在运动场上不叫运动员的名字而叫号码一样，两者建立了一种对应关系，在数学上理解为定义了一种实值函数. 一般来讲，此处的实数 X 值将随 e 的不同而变化，它的取值因 e 的随机性而具有随机性，这种取值具有随机性的变量称为随机变量.

定义 3.1.1 设随机试验的样本空间为 S，如果对 S 中的每一个元素 e，有一个实数 $X(e)$ 与之对应(见图3.1)，这样就得到一个定义在 S 上的实值单值函数 $X=X(e)$，称为**随机变量**(Random variable).

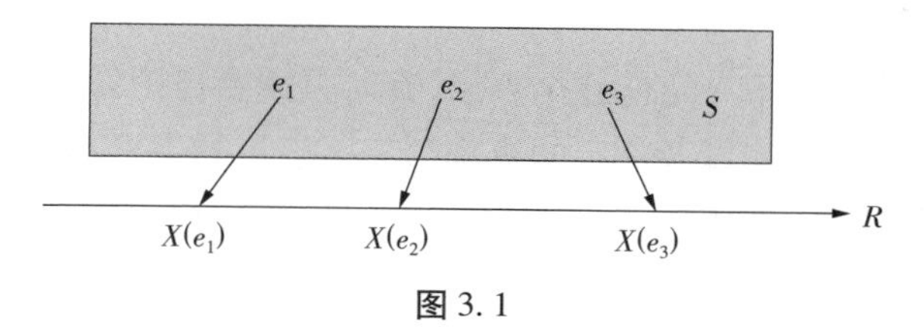

图 3.1

$X=X(e)$ 称为随机变量，基于两点原因：第一，它是定义在样本空间 S 上的函数，是因变量；第二，随机变量的取值由试验结果确定，因试验的各个结果发生有一定的概率，故随机变量的取值有一定的概率，这个性质显示随机变量与普通函数之间有着本质的差异. 另外，普通函数定义在实数集或实数集的一个子集上，而随机变量定义在样本空间上(样本空间的元素不一定是实数).

通常，以大写字母如 $X,Y,Z,W,\cdots$ 表示随机变量，以小写字母如 $x,y,z,w,\cdots$ 表示随机变量的取值. 事件 $\{X=a\}$ 的含义是使得随机变量 X 取 a 值的所有样本点构成的集合，即

$$\{X=a\}=\{\omega \mid X(\omega)=a\}\subset S.$$

根据随机变量取值的不同，定义两种类型的随机变量：离散型随机变量和连续型随机变量. 离散型随机变量所取的可能值是有限个或无限可列个，所有取值可以逐个一一列举，如随机变量 X 记为"某批产品中取到次品的个数""某急救站收到的呼叫数""产品抽样时直至抽到次品的次数"等. 连续型随机变量的取值可能连续地充满某个区间甚至整个数轴，如随机变量 X 记为"轮胎的使用寿命""测量某零件尺寸时的误差"等. 后续章节将分别研究这两类随机变量，另一类奇异型随机变量这里不作介绍.

随机变量概念的产生是概率论发展史上的重大事件. 引入随机变量后，随机试验中的各种事件就可用随机变量来描述. 对随机现象统计规律性的研究，就由对事件及其概率的研究转化为对随机变量及其取值规律的研究.

例 3.1.1 将一枚硬币抛掷3次，观察出现正面 (H) 和反面 (T) 的情况.

(1)求恰好有2次正面的概率.

(2)求至多有1次正面的概率.

解 样本空间 $S=\{HHH, HHT, HTH, THH, HTT, THT, TTH, TTT\}$，以 X 记3次投掷得到正面 H 的次数，则 X 是样本空间 S 上的随机变量. 样本点和随机变量的函数值见表3.1.

表 3.1

ω	HHH	HHT	HTH	THH	HTT	THT	TTH	TTT
$X(\omega)$	3	2	2	2	1	1	1	0

$$A=\{\text{恰好 2 次正面}\}=\{X=2\},\quad B=\{\text{至多 1 次正面}\}=\{X\leqslant 1\}.$$

$$P(A)=P\{X=2\}=P\{HHT, HTH, THH\}=\frac{3}{8}.$$

$$P(B)=P\{X\leqslant 1\}=P\{HTT,\ THT,\ TTH,TTT\}=\frac{4}{8}=\frac{1}{2}.$$

3.1.2 随机变量的分布函数

随机变量 X 的可能取值不一定能逐个列出,有时只需要讨论 X 落在某个区间的概率,并不需要知道 X 取某个值的概率以及确定的概率分布.例如,求某高校学生的身高介于 1.6 m 和 1.7 m 之间的概率,如果用随机变量 X 表示学生的身高,即求 $P\{1.6<X\leqslant 1.7\}$ 的大小.这类问题可归结为研究随机变量 X 落在区间 $(x_1,x_2]$ 上的概率 $P\{x_1<X\leqslant x_2\}$.

$$\begin{aligned}P\{x_1<X\leqslant x_2\}&=P\{X\leqslant x_2\}-P\{X\leqslant x_1\}\\&=P\{X\leqslant x\}\big|_{x=x_2}-P\{X\leqslant x\}\big|_{x=x_1},\end{aligned}$$

对概率 $P\{x_1<X\leqslant x_2\}$ 的讨论就归结为计算概率值 $P\{X\leqslant x\}$.不难看出,概率值 $P\{X\leqslant x\}$ 随着 x 的不同而变化,它是 x 的函数,称为分布函数.

定义 3.1.2 设 X 是随机变量,x 为任意实数,函数

$$F(x)=P\{X\leqslant x\},\tag{3.1.1}$$

称为 X 的**分布函数**(Distribution function).

分布函数的几何意义如图 3.2 所示.若把 X 看作数轴上随机点的坐标,则分布函数 $F(x)$ 在 x 处的函数值就表示 X 落在区间 $(-\infty,x]$上的概率.

x 　 $F(x)=P\{X\leqslant x\}$ 　 0 　 1 　 R

图 3.2

对任意实数 $x_1,x_2(x_1<x_2)$,有

$$P\{x_1<X\leqslant x_2\}=P\{X\leqslant x_2\}-P\{X\leqslant x_1\}=F(x_2)-F(x_1).\tag{3.1.2}$$

若已知 X 的分布函数,就能知道 X 落在任何一个区间 $(x_1,x_2]$ 上的概率.在这个意义上,分布函数完整地描述了随机变量的统计规律性.

分布函数具有以下基本性质:

① $F(x)$ 为单调不减的函数.

② $0\leqslant F(x)\leqslant 1$,且 $\lim\limits_{x\to+\infty}F(x)=1$,常记为 $F(+\infty)=1$.

$\lim\limits_{x\to-\infty}F(x)=0$,常记为 $F(-\infty)=0$.

当区间端点 x 沿数轴无限向左移动 $(x\to-\infty)$ 时,"X 落在 x 左边"这一事件趋于不可能事件,概率 $P\{X\leqslant x\}=F(x)$ 趋于0.当 x 无限向右移动 $(x\to+\infty)$ 时,事件"X 落在 x 右边"趋于必然事件,概率 $P\{X\leqslant x\}=F(x)$ 趋于1.

③ $F(x+0)=F(x)$,即 $F(x)$ 为右连续函数.

反过来可以证明,任何一个满足上述3个性质的函数,一定可以作为某个随机变量的分布函数.

利用分布函数可以方便地计算事件的概率.例如,

$$P\{X>a\}=1-P\{X\leqslant a\}=1-F(a),$$

$$P\{X < a\} = F(a-0),$$
$$P\{X = a\} = F(a) - F(a-0).$$

引进随机变量和分布函数以后,就能利用高等数学的许多结果和方法来研究各种随机现象.随机变量和分布函数是概率论的两个重要而基本的概念.

3.2　离散型随机变量及其分布

3.2.1　离散型随机变量及其分布

对离散型随机变量进行完整的描述,需要指定随机变量的可能取值以及与每个取值的概率.

例 3.2.1　某公司为调查汽车销量情况,现抽取 100 天的汽车销售量(表 3.2),其中 X 表示每天销售的汽车台数.由相对频率法,得到随机变量 X 的概率分布,即 X 的可能取值为 0,1,2,这些取值相应的概率分别为 0.2,0.6,0.2.它完整地描述了随机变量 X 的分布信息,称为离散型随机变量 X 的概率分布.

表 3.2

X:汽车销售台数	0	1	2
出现天数 n_k	20	60	20
$P\{X=k\} \approx \frac{n_k}{n}$	0.2	0.6	0.2

定义 3.2.1　若随机变量 X 所有可能取值是有限个或无限可列个,即 $X = x_k(k=1,2,\cdots)$,则称随机变量 X 为**离散型随机变量**(Discrete Random Variable,简记为 D.R.V).称

$$P\{X = x_k\} = p_k,(k=1,2,\cdots) \tag{3.2.1}$$

为离散型随机变量 X 的**概率分布**或**分布律**.分布律常用表 3.3 表示.

表 3.3

X	x_1	x_2	x_3	$\cdots$	x_k	$\cdots$
$P\{X=x_k\}=p_k$	p_1	p_2	p_3	$\cdots$	p_k	$\cdots$

由概率的定义,p_k 满足以下两个性质:

①(非负性) $p_k \geqslant 0(k=1,2,\cdots)$;

②(归一性) $\sum\limits_{k=1}^{\infty} p_k = 1$.

反之,任意一个具有以上两个性质的数列 $\{p_k\}$ $(k=1,2,\cdots)$,一定可以作为某个离散

型随机变量的分布律. 为了直观地表达分布律,作分布律图,如图 3.3 所示,其中 x_k 处垂直于 x 轴的线段高度为 p_k,它表示 X 取 x_k 的概率值.

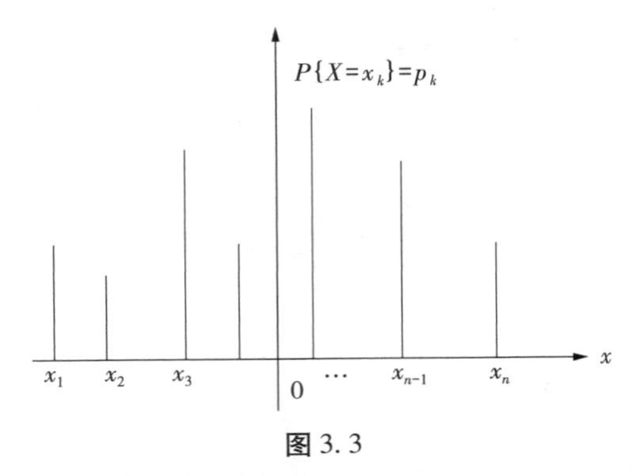

图 3.3

随机事件 $\{X = x_n\} = \{\omega | X(\omega) = x_n\}$,且互不相容. 如果 $X(e_1,\cdots,e_k) = x_n$,则 $P\{X = x_n\} = P\{e_1,\cdots,e_k\}$.

例 3.2.2 某投资者计划投资某大型股票基金或政府长期债券基金. 理财顾问认为未来的经济形势可能有 4 种情形:衰退、缓慢增长、稳定增长、快速增长,预期概率分别为:

$P\{$衰退$\}=0.15$, $P\{$缓慢增长$\}=0.30$, $P\{$稳定增长$\}=0.40$, $P\{$快速增长$\}=0.15$.

为在收益和风险之间寻求平衡,理财顾问建议投资者把大型股票基金和政府长期债券各购买一半. 该投资者根据不同经济形势下的实际收益情况,制订表 3.4,其中,随机变量 X 表示大型股票基金的投资收益率,随机变量 Y 表示政府长期债券基金的投资收益率,随机变量 Z 表示资产组合 $0.5X + 0.5Y$ 的投资收益率. 该表给出了离散型随机变量 X,Y,Z 的概率分布.

表 3.4 收益率 单位:%

经济形势	衰退	缓慢增长	稳定增长	快速增长
不同经济形势的预期概率	0.15	0.30	0.40	0.15
大型股票基金 X 的投资收益率	-20	10	20	40
政府长期债券基金 Y 的投资收益率	30	8	4	2
资产组合 $Z = 0.5X + 0.5Y$ 的投资收益率	5	9	12	21

有些离散型随机变量的概率分布比较容易得到,而且许多不同研究领域的随机变量具有相同的特点. 根据试验的类型将随机变量进行分类,推导出每种类型的概率分布,并借助数学软件简化计算. 第 4 章将详细给出不同类型随机变量的概率分布及其性质.

设离散型随机变量 X 的分布律见表 3.3. 由分布函数的定义可知

$$F(x) = P\{X \leqslant x\} = \sum_{x_k \leqslant x} P\{X = x_k\} = \sum_{x_k \leqslant x} p_k, \tag{3.2.2}$$

此处的和式 $\sum\limits_{x_k \leqslant x}$ 表示对所有满足 $x_k \leqslant x$ 的 k 求和,形象地讲就是对那些满足 $x_k \leqslant x$ 所对应的 p_k 累加.

例 3.2.3　根据例 3.2.1 中随机变量 X 的分布律,计算以下结果:

(1)求事件 $\{X \leqslant 0\}$,$\{X < 2\}$,$\{-2 \leqslant X \leqslant 6\}$ 的概率.

(2)求随机变量 X 的分布函数,并用图形表示.

解　(1)$P\{X \leqslant 0\} = P\{X = 0\} = 0.2$;

$P\{X < 2\} = P\{X = 0\} + P\{X = 1\} = 0.2 + 0.6 = 0.8$;

$P\{-2 \leqslant X \leqslant 6\} = P\{X = 0\} + P\{X = 1\} + P\{X = 2\} = 1.$

(2)当 $x<0$ 时, $F(x) = 0$;

当 $0 \leqslant x < 1$ 时, $F(x) = P\{X = 0\} = 0.2$;

当 $1 \leqslant x < 2$ 时, $F(x) = P\{X = 0\} + P\{X = 1\} = 0.2 + 0.6 = 0.8$;

当 $x \geqslant 2$ 时, $F(x) = P\{X = 0\} + P\{X = 1\} + P\{X = 2\} = 1.$

综上所述,

$$F(x) = \begin{cases} 0, & x < 0, \\ 0.2, & 0 \leqslant x < 1, \\ 0.8, & 1 \leqslant x < 2, \\ 1, & x \geqslant 2. \end{cases}$$

分布函数 $F(x)$ 的图形如图 3.4 所示,它是一条阶梯状右连续曲线,在 $x = 0,1,2$ 处有跳跃,其跳跃高度分别为 0.2,0.6,0.2, 这条曲线从左至右依次从 $F(x) = 0$ 逐步升级到 $F(x) = 1$.

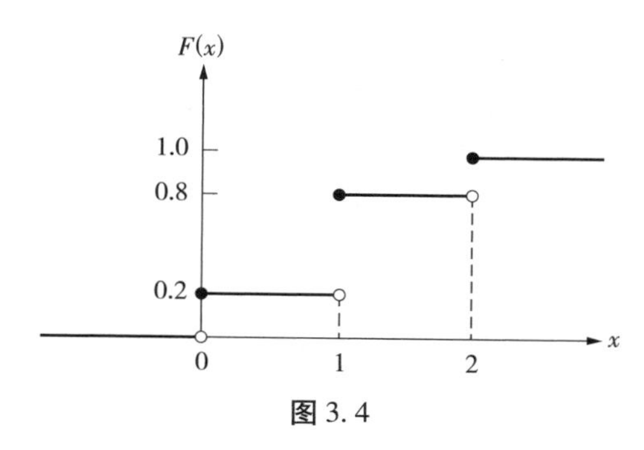

图 3.4

定义一个随机变量及其概率分布的最大好处是,一旦掌握其概率分布,决策者对各种感兴趣事件的概率计算就变得相对简单.设离散型随机变量 X 的分布律见表 3.3,可归纳出 X 的以下性质.

①随机变量 X 落在实数轴上任何区间 $[a,b]$ 上的概率都表示为

$$P\{a \leqslant X \leqslant b\} = \sum_{a \leqslant x_i \leqslant b} P\{X = x_i\} = \sum_{a \leqslant x_i \leqslant b} p_i.$$

②用式 (3.2.2) 可求出随机变量 X 的分布函数 $F(x)$, 它是一个右连续函数.从图像上看,分布函数 $F(x)$ 表示一条阶梯状右连续曲线,在 $X = x_k (k = 1,2,\cdots)$ 处有跳跃,跳跃的高度恰为 $p_k = P\{X = x_k\}$, 从左至右,由水平直线 $F(x) = 0$ 分别按阶高 $p_1, p_2, \cdots$ 升至水平直线 $F(x) = 1$.

③若已知离散型随机变量 X 的分布函数 $F(x)$, 则 X 的分布律也可由分布函数所确定,

$$p_k = P\{X = x_k\} = F(x_k) - F(x_k - 0).$$

3.2.2 离散型随机变量函数的概率分布

设 X 是离散型随机变量，$Y = g(X)$ 是 X 的函数. 则 $Y = g(X)$ 也是离散型随机变量，其概率分布由 X 的概率分布所确定.

例 3.2.4 在例 3.2.1 中，若员工每个月的工资采用底薪加提成的方式：底薪 2 500 元，保底销量为一台，在此基础上每增加一台得到提成 500 元. 工资用随机变量 Y 表示，则 Y 是销售额 X 的函数，$Y = 2\,500 + 500(X - 1)$ 是一个新的随机变量. 求 Y 的概率分布.

解 代入销售额 X 的概率分布，可得工资 Y 的概率分布，见表 3.5.

表 3.5

p_k	0.2	0.6	0.2
X	0	1	2
Y	2 000	2 500	3 000

例 3.2.5 设随机变量 X 分布律见表 3.6，求随机变量函数 $Y = (X - 1)^2$ 的分布律.

表 3.6

p_k	0.2	0.3	0.1	0.4
X	−1	0	1	2

解 随机变量 X 和 Y 的对应关系见表 3.7.

表 3.7

X	−1	0	1	2
$Y = (X - 1)^2$	4	1	0	1

求 Y 取每个值的概率.

$$P\{Y = 0\} = P\{X = 1\} = 0.1;$$
$$P\{Y = 1\} = P\{X = 0\} + P\{X = 2\} = 0.7;$$
$$P\{Y = 4\} = P\{X = -1\} = 0.2.$$

随机变量函数 Y 的分布律见表 3.8.

表 3.8

$Y = (X - 1)^2$	0	1	4
p_k	0.1	0.7	0.2

例 3.2.4 和例 3.2.5 中的问题归结为，已知离散型随机变量 X 的概率分布，求随机变量函数 $Y = f(X)$ 的概率分布. 具体方法是，分别求出随机变量 X 每一个值对应的 Y 值，取值不

相同的项概率不变,取值相同项的概率做加法.

3.3　连续型随机变量及其分布

3.2 节研究了离散型随机变量,它的可能取值及其相对应的概率能被逐个列出. 本节研究的连续型随机变量不具有这样的性质,它的可能取值连续充满某个区间甚至整个数轴. 例如,测量一个工件长度,理论上讲长度值 X 可以取区间 $[0, +\infty)$ 上的任何值. 此外,连续型随机变量取某特定值的概率总是零(关于这点将在以后说明). 对连续型随机变量不能用离散型随机变量那样的方法进行研究.

例 3.3.1　设某厂生产某款儿童鞋的规定尺寸为 25.40 cm,某批产品的最小尺寸为 25.20 cm,最大尺寸为 25.70 cm. 儿童鞋的尺寸用随机变量 X 表示,则 X 在区间 $(25.20, 25.70]$ 上连续取值,是连续型随机变量. 为确定随机变量 X 的概率分布,现从这批产品中任取 200 件,得到 200 个测量值,分成 10 组后得到的数据见表 3.9.

表 3.9

分　组	频数	频率	分　组	频数	频率
(25.20,25.25]	2	0.01	(25.45,25.50]	47	0.235
(25.25,25.30]	7	0.035	(25.50,25.55]	27	0.135
(25.30,25.35]	17	0.085	(25.55,25.60]	25	0.125
(25.35,25.40]	21	0.105	(25.60,25.65]	9	0.045
(25.40,25.45]	43	0.215	(25.65,25.70]	2	0.01

根据表中每一组的频率,得到柱形图如图 3.5(a)所示,其中,横坐标是随机变量 X 的取值,纵坐标是比值“频率/组距”. 随着观测值的数量逐渐增多且趋于无穷大,如果令各组距无限减小且趋于 0,把柱形图的柱形端点相连接,获得一条连续曲线,如图 3.5(b)所示. 设曲线的函数表达式为 $y=f(x), x\in[25.20,25.70]$.

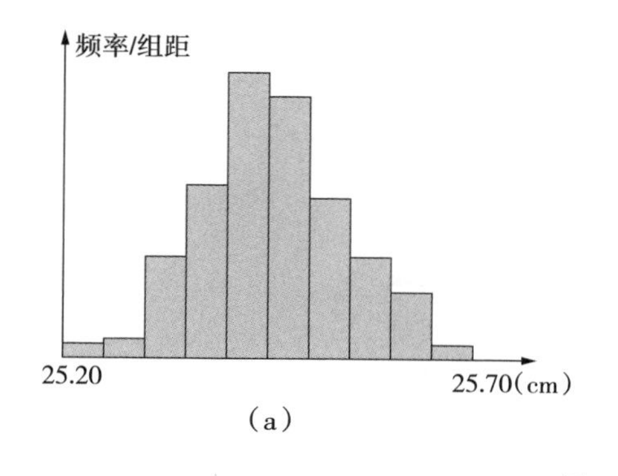

(a)

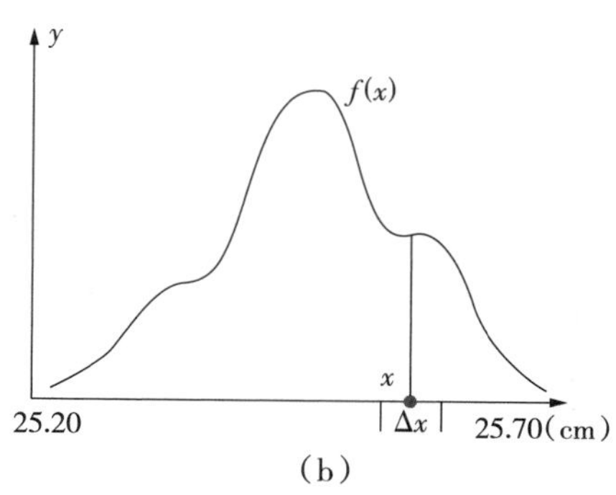

(b)

图 3.5

为求 $f(x)$ 的表达式,在区间 $[25.20,25.70]$ 上任取一点 x, 再在 x 的邻域上任取一小段(区间长度记为 Δx), 随机变量 X 落在这一小段的频率和概率分别记为 Δg 和 ΔP. 当观测值的数量趋于无穷大且 $\Delta x \to 0$, 由大数定律(见定理 5.3.2)可得

$$f(x) = \lim_{\Delta x \to 0} \frac{\Delta g}{\Delta x} = \lim_{\Delta x \to 0} \frac{\Delta P}{\Delta x}, \qquad f(x) \geqslant 0.$$

$f(x)$ 在 x 点的值,恰好是随机变量 X 落在该区间上的概率与区间长度之比的极限,反映随机变量 X 在 x 处概率变化的快慢,称为概率密度函数.

给定任何一个区间 $G \subset [25.20,25.70]$, 如何求随机变量 X 落在区间 G 上的概率呢?为解决这个问题,首先对区间 G 作分割:把 G 切割成 n 段,每段长度记为 $\Delta x_i (1 \leqslant i \leqslant n)$, 随机变量 X 落在对应区间的概率记为 ΔP_i. 记 $\delta = \max\limits_{1 \leqslant i \leqslant n} \{x_i\}$, 由定积分的定义,可得

$$P\{X \in G\} = \lim_{\delta \to 0} \sum_{i=1}^{n} \Delta P_i = \lim_{\delta \to 0} \sum_{i=1}^{n} \frac{\Delta P_i}{\Delta x_i} \cdot \Delta x_i = \int_G f(x)\,\mathrm{d}x. \tag{3.3.1}$$

随机变量 X 落在区间 G 上的概率,等于概率密度函数 $f(x)$ 在区间 G 上的定积分. 同样地,分布函数 $F(x) = P\{X \leqslant x\}$ 表示随机变量 X 落在区间 $(-\infty, x]$ 上的概率,等于概率密度函数 $f(x)$ 在区间 $(-\infty, x]$ 上的广义积分. 以此作为连续型随机变量的定义.

定义 3.3.1 若对随机变量 X 的分布函数 $F(x)$, 存在非负函数 $f(x)$, 使对任意实数 x 有

$$F(x) = \int_{-\infty}^{x} f(t)\,\mathrm{d}t, x \in (-\infty, +\infty), \tag{3.3.2}$$

则称 X 为**连续型随机变量**(简记为 C. R. V.),其中 $f(x)$ 称为随机变量 X 的概率密度函数,简称**概率密度或密度函数**(Density function).

由式(3.3.2)可知,改变密度函数 $f(x)$ 在个别点的函数值,不影响分布函数 $F(x)$ 的取值,不改变密度函数在个别点的值(如在 $x = 0$ 上 $f(x)$ 的值). 连续型随机变量 X 的分布函数 $F(x)$ 是连续函数,它等于由曲线 $y = f(x)$、x 轴与 $X = x$ 所围区域的面积,如图 3.6 所示. 由分布函数的性质 $F(-\infty) = 0, F(+\infty) = 1$ 及 $F(x)$ 的单调不减性可知, $F(x)$ 是一条位于直线 $y = 0$ 与 $y = 1$ 之间的单调不减的连续(但不一定光滑)曲线.

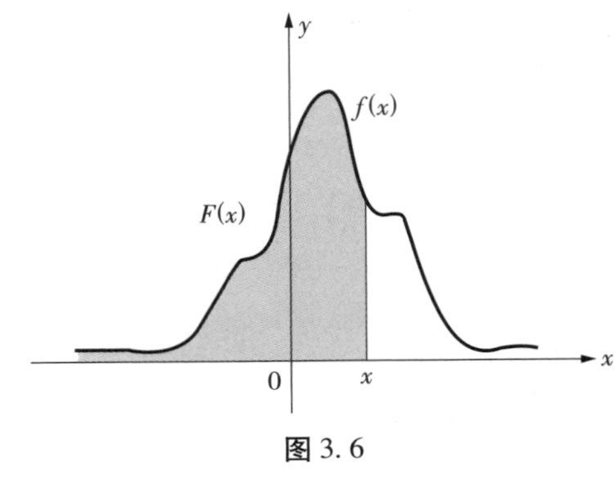

图 3.6

由定义 3.3.1,密度函数 $f(x)$ 具有以下性质:

①(非负性)$f(x) \geqslant 0$.

②(规范性)$\int_{-\infty}^{+\infty} f(x)\mathrm{d}x = 1$.

③$P\{x_1 < X \leqslant x_2\} = F(x_2) - F(x_1) = \int_{x_1}^{x_2} f(x)\mathrm{d}x \quad (x_1 < x_2)$.

④若$f(x)$在x点处连续,则$F'(x) = f(x)$.

根据定积分的几何意义,由性质②知,介于曲线$y=f(x)$与x轴之间的区域面积为1,如图3.7(a)所示;由性质③知,X落在区间$[a,b]$的概率$P\{a \leqslant X \leqslant b\}$等于区间$[a,b]$之上、曲线$y=f(x)$之下的曲边梯形面积,如图3.7(b)所示.

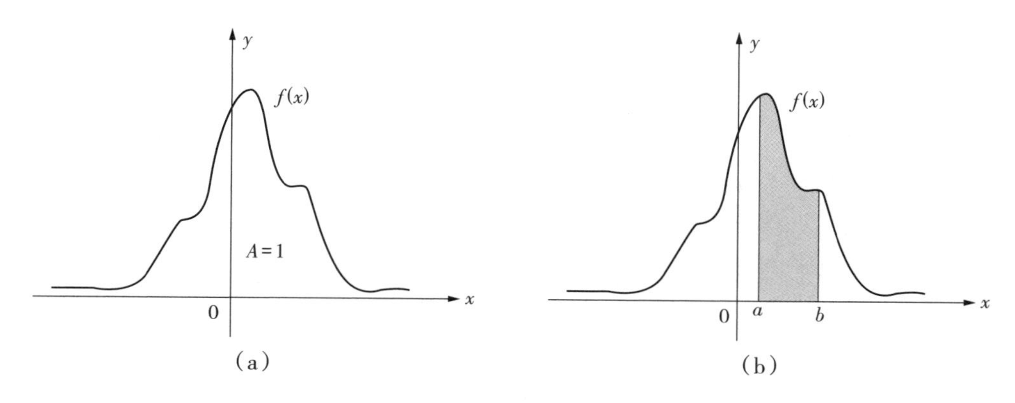

图3.7

概率密度函数不是概率,它反映概率变化的快慢,是概率的变化率,可以大于1.由式(3.3.1)可知,随机变量X落在任何一个区间G上的概率都等于概率密度函数$f(x)$在区间G上的积分,即

$$P\{X \in G\} = \int_G f(x)\mathrm{d}x \tag{3.3.3}$$

当ε充分小时,有

$$P\left\{a - \frac{\varepsilon}{2} \leqslant X \leqslant a + \frac{\varepsilon}{2}\right\} = \int_{a-\frac{\varepsilon}{2}}^{a+\frac{\varepsilon}{2}} f(x)\mathrm{d}x \approx \varepsilon f(a).$$

因此,连续型随机变量取值落在任意一点x上的概率为0,它落在某区间的概率与区间的端点无关.此外还要说明的是,事件$\{X = a\}$几乎不可能发生,但并不保证绝不会发生,它是“零概率事件”而不是不可能事件.

例3.3.2　设连续型随机变量X的分布函数为

$$F(x) = \begin{cases} 0, & x < 0, \\ Ax^2, & 0 \leqslant x < 1, \\ 1, & x \geqslant 1. \end{cases}$$

(1)确定系数A.

(2)求随机变量X落在区间$[0.3,0.7]$内的概率.

(3)求随机变量X的密度函数.

解 (1)连续型随机变量 X 的分布函数 $F(x)$ 是连续函数，

$$\lim_{x\to 1-0} F(x)=F(1),\qquad \lim_{x\to 1-0} Ax^2=A=1.$$

(2) $P\{0.3<X<0.7\}=F(0.7)-F(0.3)=0.7^2-0.3^2=0.4.$

(3) X 的密度函数为

$$f(x)=F'(x)=\begin{cases}2x, & 0\leqslant x<1,\\ 0, & 其他.\end{cases}$$

例 3.3.3 设随机变量 X 具有密度函数

$$f(x)=\begin{cases}kx, & 0\leqslant x<3,\\ 2-\dfrac{x}{2}, & 3\leqslant x\leqslant 4,\\ 0, & 其他.\end{cases}$$

(1)确定常数 k.

(2)求 $P\left\{1<X\leqslant\dfrac{7}{2}\right\}$.

(3)求随机变量 X 的分布函数 $F(x)$.

解 (1)由 $\int_{-\infty}^{\infty} f(x)\mathrm{d}x=1$，得

$$\int_0^3 kx\mathrm{d}x+\int_3^4\left(2-\frac{x}{2}\right)\mathrm{d}x=1,$$

解得 $k=1/6$，随机变量 X 的密度函数为

$$f(x)=\begin{cases}\dfrac{x}{6}, & 0\leqslant x<3,\\ 2-\dfrac{x}{2}, & 3\leqslant x\leqslant 4,\\ 0, & 其他.\end{cases}$$

(2) $P\left\{1<X\leqslant\dfrac{7}{2}\right\}=\int_1^{\frac{7}{2}} f(x)\mathrm{d}x=\int_1^3\dfrac{x}{6}\mathrm{d}x+\int_3^{\frac{7}{2}}\left(2-\dfrac{x}{2}\right)\mathrm{d}x=\dfrac{41}{48}.$

(3)当 $x<0$ 时，$F(x)=\int_{-\infty}^{x} f(t)\mathrm{d}t=0$；

当 $0\leqslant x<3$ 时，$F(x)=\int_{-\infty}^{x} f(t)\mathrm{d}t=\int_0^x\dfrac{t}{6}\mathrm{d}t=\dfrac{x^2}{12}$；

当 $3\leqslant x<4$ 时，$F(x)=\int_{-\infty}^{x} f(t)\mathrm{d}t=\int_0^3\dfrac{t}{6}\mathrm{d}t+\int_3^x\left(2-\dfrac{t}{2}\right)\mathrm{d}t=-\dfrac{x^2}{4}+2x-3$；

当 $x\geqslant 4$ 时，$F(x)=\int_{-\infty}^{x} f(t)\mathrm{d}t=1.$

分布函数 $F(x)$ 的表达式为

$$F(x)=\begin{cases}0, & x<0,\\ \dfrac{x^2}{12}, & 0\leqslant x<3,\\ -\dfrac{x^2}{4}+2x-3, & 3\leqslant x<4,\\ 1, & x\geqslant 4.\end{cases}$$

3.4　二维随机变量的分布及随机变量的独立性

3.4.1　二维随机变量的基本概念

为更好地研究随机现象的统计规律性,很多随机试验的结果需要由几个随机变量来描述. 例如,发射一枚炮弹需要同时研究弹着点的几个坐标,研究市场供给模型时需要同时考虑商品供给量、消费者收入和市场价格等因素,观察金融市场上的股票基金和债券基金需要考虑一年的收益率,等等. 这些问题都需要考虑几个随机变量,而且随机变量之间存在着某种联系,需要把它们作为一个整体来研究.

这里着重研究两个随机变量的情况. 例如,为分析某汽车销售员的业务水平,建立样本空间 $S=\{e\}=\{$每天的业务成绩$\}$,每天的业务成绩不仅包括每天的销量,还包括每天接待顾客的人数. 用随机变量 X 表示每天的汽车销量,随机变量 Y 表示每天接待的顾客人数. 随机变量 X 和 Y 作为衡量业绩水平的两个不同的指标,彼此之间还存在某种联系,把 X 和 Y 看成一个整体,即二维随机变量 (X,Y). 首先介绍二维随机变量的基本概念和性质,并在 3.6 节展示如何利用协方差度量两个随机变量之间的线性关系强弱. 本节大部分结果可以推广到任意 n 维随机变量的情况.

定义 3.4.1　设 S 为随机试验 E 的样本空间,若对 S 中的每个样本点 ω, 给一对实数 $(X(\omega),\ Y(\omega))$ 与之对应(见图 3.8),则称 (X,Y) 为**二维随机变量**,也称**二维随机向量**.

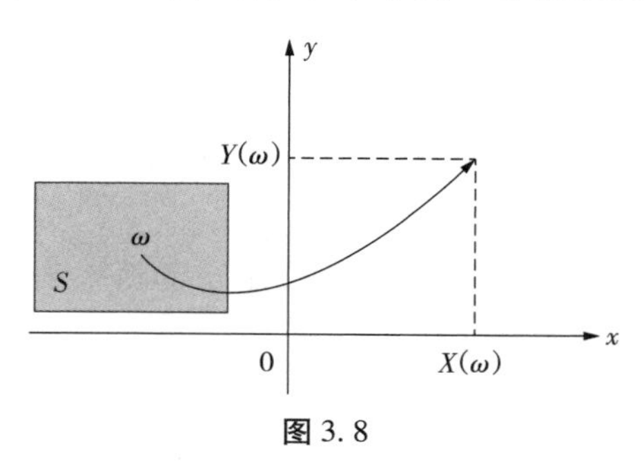

图 3.8

二维随机变量 (X,Y) 的性质不仅与 X 和 Y 有关,还依赖于两个随机变量之间的相互关系.

定义 3.4.2　设 (X,Y) 为二维随机变量,对任意的实数 x 和 y, 二元函数

$$F(x,y)=P(X\leqslant x,Y\leqslant y)(-\infty<x<+\infty,-\infty<y<+\infty),\quad(3.4.1)$$

称为二维随机变量 (X,Y) 的**联合分布函数**.

如果将二维随机变量 (X,Y) 看作平面上随机点的坐标,那么联合分布函数 $F(x,y)$ 表示随机点 (X,Y) 落在以点 (x,y) 为右上顶点而位于该点左下方无穷矩形区域内的概率,如图 3.9 所示.

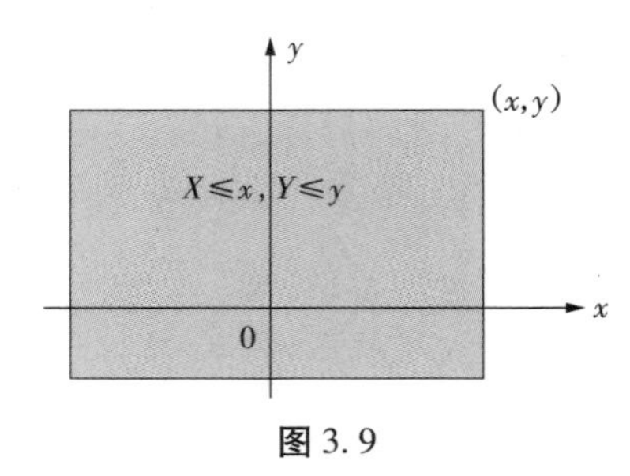

图 3.9

联合分布函数 $F(x,y)$ 具有以下性质:

①(有界性) $0\leqslant F(x,y)\leqslant 1$.

②(单调性) $F(x,y)$ 关于变量 x 和 y 单调不减.

对任意固定的 y 值,当 $x_1<x_2$ 时,有 $F(x_1,y)\leqslant F(x_2,y)$;

对任意固定的 x 值,当 $y_1<y_2$ 时,有 $F(x,y_1)\leqslant F(x,y_2)$.

③对任意的 x 和 y 值, $F(x,-\infty)=0$, $F(-\infty,y)=0$, $F(+\infty,+\infty)=1$.

④对任意的 $x_1<x_2,y_1<y_2$,随机变量 (X,Y) 落在矩形区域 $I=\{x_1<X\leqslant x_2,y_1<Y\leqslant y_2\}$ 的概率可以表示为

$$P\{x_1<X\leqslant x_2,y_1<Y\leqslant y_2\}=F(x_2,y_2)-F(x_1,y_2)-F(x_2,y_1)+F(x_1,y_1).$$

二维随机变量 (X,Y) 是一个整体,但是它的分量 X 和 Y 是一维随机变量,各自有独立的分布特征. X 和 Y 各自的分布函数称为边缘分布函数,分别记为 $F_X(x),F_Y(y)$. 如果已知二维随机变量 (X,Y) 的联合分布函数为 $F(x,y)$,如何求边缘分布函数 $F_X(x),F_Y(y)$?

$$F_X(x)=P\{X\leqslant x\}=P\{X\leqslant x,Y<+\infty\}=F(x,+\infty)=\lim_{y\to+\infty}F(x,y).$$

同样,可以求出随机变量 Y 的边缘分布函数

$$F_Y(y)=P\{Y\leqslant y\}=P\{X<+\infty,Y\leqslant y\}=F(+\infty,y)=\lim_{x\to+\infty}F(x,y).$$

上述结果表明,通过对联合分布函数为 $F(x,y)$ 中的一个变量取极限,可以得到另一个变量的边缘分布函数.

定义 3.4.3 设二维随机变量 (X,Y) 的联合分布函数为 $F(x,y)$,则二维随机变量 (X,Y) 关于 X 和 Y 的**边缘分布函数**分别表示为

$$F_X(x)=\lim_{y\to+\infty}F(x,y),F_Y(y)=\lim_{x\to+\infty}F(x,y).\quad(3.4.2)$$

3.4.2 二维离散型随机变量

例 3.4.1 某销售员的业务水平用二维随机变量 (X,Y) 表示,见表 3.10,其中,随机变量 X 表示每天的汽车销量, Y 表示每天接待的顾客人数. 二维随机变量 (X,Y) 的取值具有

哪些规律性？该如何表示？

表 3.10

Y \ X	0	1	2
10	0.1	0.1	0.1
15	0.1	0.1	0.05
20	0.15	0.15	0.15

解　由表3.10可知，二维随机变量 (X,Y) 的所有可能取值成对出现，每对数值对应一个概率值，如 $P\{X=0,Y=10\}=0.1$. 归纳起来，每对数取值的概率都可表示为 $P(X=x_i,Y=y_j)=p_{ij}(i,j=1,2,\cdots)$.

定义 3.4.4　若二维随机变量 (X,Y) 所有可能取值是有限对或无限可列对，则称 (X,Y) 为二维离散型随机变量，它的所有可能取值记为 (x_i,y_j)，$i,j=1,2,\cdots$，

$$P(X=x_i,Y=y_j)=p_{ij}(i,j=1,2,\cdots), \tag{3.4.3}$$

称 $p_{ij}(i,j=1,2,\cdots)$ 为二维离散型随机变量 (X,Y) 的**联合分布律**.

二维离散型随机变量的联合分布律具有以下性质：

①（非负性）$0 \leqslant p_{ij} \leqslant 1, i,j=1,2,\cdots$.

②（规范性）$\sum\limits_{i=1}^{\infty}\sum\limits_{j=1}^{\infty}p_{ij}=1$.

二维离散型随机变量的联合分布律也可用表格表示，见表3.11.

表 3.11

Y \ X	x_1	x_2	…	x_i	…
y_1	p_{11}	p_{12}	…	p_{1i}	…
y_2	p_{12}	p_{22}	…	p_{i2}	…
⋮	⋮	⋮		⋮	
y_j	p_{1j}	p_{2j}	…	p_{ij}	…
⋮	⋮	⋮		⋮	

例 3.4.2　例3.4.1中的联合分布律已知，求随机事件 $\{0<X\leqslant 2,Y=15\}$，$\{0<X\leqslant 2,Y>15\}$ 的概率.

解　$P\{0<X\leqslant 2,Y=15\}=P\{X=1,Y=15\}+P\{X=2,Y=15\}=0.15$,

$P\{0<X\leqslant 2,Y>15\}=P\{X=1,Y=20\}+P\{X=2,Y=20\}=0.30$.

求二维随机变量 (X,Y) 落在某区域的概率，就是找到落在该区域的点，把这些点对应的概率加起来.

例 3.4.3　在例3.4.1中，分别求出随机变量 X 或 Y 的分布律.

解　$P\{X=0\}=P\{X=0,Y=10\}+P\{X=0,Y=15\}+P\{X=0,Y=20\}$

$$= p_{11} + p_{12} + p_{13} = 0.35,$$

$$P\{X = 1\} = P\{X = 1, Y = 10\} + P\{X = 1, Y = 15\} + P\{X = 1, Y = 20\}$$
$$= p_{21} + p_{22} + p_{23} = 0.35,$$

$$P\{X = 2\} = P\{X = 2, Y = 10\} + P\{X = 2, Y = 15\} + P\{X = 2, Y = 20\}$$
$$= p_{31} + p_{32} + p_{33} = 0.30,$$

$$P\{Y = 10\} = P\{X = 0, Y = 10\} + P\{X = 1, Y = 10\} + P\{X = 2, Y = 10\}$$
$$= p_{11} + p_{21} + p_{31} = 0.30,$$

$$P\{Y = 15\} = P\{X = 0, Y = 15\} + P\{X = 1, Y = 15\} + P\{X = 2, Y = 15\}$$
$$= p_{12} + p_{22} + p_{32} = 0.25,$$

$$P\{Y = 20\} = P\{X = 0, Y = 20\} + P\{X = 1, Y = 20\} + P\{X = 2, Y = 20\}$$
$$= p_{13} + p_{23} + p_{33} = 0.45.$$

这里求随机变量 X 或 Y 的分布律,称为**边缘分布律**.

定义 3.4.5 若二维随机变量 (X,Y) 的联合分布律为 $p_{ij}(i,j = 1,2,\cdots)$,则二维随机变量 (X,Y) 关于 X 和 Y 的边缘分布律分别为

$$P\{X = x_i\} = \sum_{j=1}^{\infty} p_{ij}(i = 1,2,\cdots),$$
$$P\{Y = y_j\} = \sum_{i=1}^{\infty} p_{ij}(j = 1,2,\cdots). \tag{3.4.4}$$

记
$$p_{i\cdot} = \sum_{j=1}^{\infty} p_{ij} = P\{X = x_i\}(i = 1,2,\cdots),$$
$$p_{\cdot j} = \sum_{i=1}^{\infty} p_{ij} = P\{Y = y_j\}(j = 1,2,\cdots),$$

分别称 $p_{i\cdot}\ (i = 1,2,\cdots)$ 和 $p_{\cdot j}(j = 1,2,\cdots)$ 为 (X,Y) 关于 X 和 Y 的边缘分布律.

记号 $p_{i\cdot}$ 是由 p_{ij} 关于 j 求和后得到的, $p_{\cdot j}$ 是由 p_{ij} 关于 i 求和后得到的. 在表 3.11 中,若已知二维随机变量 (X,Y) 的联合分布律求边缘分布律,只要对相应的行或列上的联合分布律求和即可.

例 3.4.4 在例 3.4.1 中,当日销量为 2 台时,求接待顾客人数 Y 的概率分布?

解 该问题转化为,求 $X = 2$ 时随机变量 Y 的条件分布律. 用条件概率公式,

$$P(Y = 10 \mid X = 2) = \frac{P(X = 2, Y = 10)}{P(X = 2)} = \frac{0.1}{0.3} = \frac{1}{3},$$

$$P(Y = 15 \mid X = 2) = \frac{P(X = 2, Y = 15)}{P(X = 2)} = \frac{0.05}{0.3} = \frac{1}{6},$$

$$P(Y = 20 \mid X = 2) = \frac{P(X = 2, Y = 20)}{P(X = 2)} = \frac{0.15}{0.3} = \frac{1}{2}.$$

由条件概率公式,得到二维离散型随机变量的条件分布律的计算方法.

定义 3.4.6 二维随机变量 (X,Y) 的联合分布律为 $p_{ij}(i,j=1,2,\cdots)$. 在给定条件 $Y=y_j$ 时,若 $P\{Y = y_j\} > 0$, 则随机变量 X 的条件分布律为

$$P\{X = x_i \mid Y = y_j\} = \frac{P\{X = x_i, Y = y_j\}}{P\{Y = y_j\}} = \frac{p_{ij}}{p_{\cdot j}}(i,j = 1,2,\cdots). \tag{3.4.5}$$

同样,在给定条件 $X = x_i$ 时,若 $P\{X = x_i\} > 0$,则随机变量 X 的条件分布律为

$$P\{Y = y_j \mid X = x_i\} = \frac{P\{X = x_i, Y = y_j\}}{P\{X = x_i\}} = \frac{p_{ij}}{p_{i\cdot}}(i,j = 1,2,\cdots). \tag{3.4.6}$$

例 3.4.5　在一个汽车工厂中,一辆汽车有两道工序由机器人完成,其一是紧固 3 个螺栓,其二是焊接两处焊点. 以 X 表示螺栓紧固得不良的数目,以 Y 表示焊点焊接得不良的数目. 据以往积累的资料知, (X,Y) 的联合分布律见表 3.12.

表 3.12

Y \ X	0	1	2	3
0	0.840	0.030	0.020	0.010
1	0.060	0.010	0.008	0.002
2	0.010	0.005	0.004	0.001

(1)求随机变量 X 和 Y 的边缘分布律.

(2)求 $X = 1$ 时 Y 的条件分布律,求 $Y = 0$ 时 X 的条件分布律.

解　(1)求 X(或 Y) 的边缘分布律,即对应列(或行)上的联合分布律相加,结果放在边缘上,见表 3.13. 而且 X(或 Y) 的边缘分布律之和等于 1.

表 3.13

Y \ X	0	1	2	3	$P\{Y = j\}$
0	0.840	0.030	0.020	0.010	0.900
1	0.060	0.010	0.008	0.002	0.080
2	0.010	0.005	0.004	0.001	0.020
$P\{X = i\}$	0.910	0.045	0.032	0.013	1

(2)利用条件分布律公式,可得 $X = 1$ 时 Y 的条件分布律

$$P\{Y = 0 \mid X = 1\} = \frac{P\{X = 1, Y = 0\}}{P\{X = 1\}} = \frac{0.030}{0.045} = \frac{2}{3}.$$

$$P\{Y = 1 \mid X = 1\} = \frac{P\{X = 1, Y = 1\}}{P\{X = 1\}} = \frac{0.010}{0.045} = \frac{2}{9}.$$

$$P\{Y = 2 \mid X = 1\} = \frac{P\{X = 1, Y = 2\}}{P\{X = 1\}} = \frac{0.005}{0.045} = \frac{1}{9}.$$

$X = 1$ 时 Y 的条件分布律见表 3.14.

表 3.14

$Y = k$	0	1	2
$P\{Y = k \mid X = 1\}$	$\frac{2}{3}$	$\frac{2}{9}$	$\frac{1}{9}$

同样可求得 $Y=0$ 时 X 的条件分布律见表3.15.

表3.15

$X=k$	0	1	2	3
$P\{X=k \mid Y=0\}$	$\frac{14}{15}$	$\frac{1}{30}$	$\frac{1}{45}$	$\frac{1}{90}$

3.4.3 二维连续型随机变量

在例2.1.1的“消费者的市场反馈”案例中,如果用随机变量 X 和 Y 分别表示消费者的年龄和年薪,则 X 和 Y 都是连续型随机变量,(X,Y) 构成一个二维连续型随机变量.

定义3.4.7 设二维随机变量 (X,Y) 的联合分布函数 $F(x,y)$,如果存在非负的函数 $f(x,y)$,使得对任意的实数 x,y,有

$$F(x,y)=\int_{-\infty}^{y}\int_{-\infty}^{x}f(u,v)\,\mathrm{d}u\mathrm{d}v \tag{3.4.7}$$

则称 (X,Y) 为二维连续型随机变量,函数 $f(x,y)$ 称为二维连续型随机变量 (X,Y) 的**联合概率密度函数**,简称为**联合概率密度**.

二维连续型随机变量 (X,Y) 由其联合概率密度唯一确定.联合概率密度同样反映概率变化的快慢,它具有以下性质:

①(非负性)$f(x,y)\geqslant 0$.

②(规范性)$\int_{-\infty}^{+\infty}\int_{-\infty}^{+\infty}f(x,y)\,\mathrm{d}x\mathrm{d}y=1$.

③设 G 是 xOy 平面上的区域,点 (X,Y) 落在区域 G 内的概率

$$P\{(X,Y)\in G\}=\iint_G f(x,y)\,\mathrm{d}x\mathrm{d}y.$$

④若 $f(x,y)$ 在点 (x,y) 处连续,则有 $\dfrac{\partial^2 F(x,y)}{\partial x\partial y}=f(x,y)$.

基于二重积分的几何意义,对联合概率密度的上述性质作以下说明:

①几何意义上,$z=f(x,y)$ 表示空间曲面,而且曲面位于 xOy 平面的上方.

②介于空间曲面 $z=f(x,y)$ 和 xOy 平面之间的空间区域的体积为1.

③ $P\{(X,Y)\in G\}$ 的值等于以 G 为底、曲面 $z=f(x,y)$ 为顶的曲顶柱体的体积.

二维连续型随机变量 (X,Y) 关于 X 的边缘分布函数表达式为

$$F_X(x)=F(x,+\infty)=\int_{-\infty}^{x}\left(\int_{-\infty}^{+\infty}f(u,v)\,\mathrm{d}v\right)\mathrm{d}u. \tag{3.4.8}$$

两边关于 x 求导,可得随机变量 X 的边缘概率密度

$$f_X(x)=\int_{-\infty}^{+\infty}f(x,y)\,\mathrm{d}y. \tag{3.4.9}$$

同样地,随机变量 Y 的边缘分布函数和边缘概率密度分别为

$$F_Y(y)=F(+\infty,y)=\int_{-\infty}^{y}\left(\int_{-\infty}^{+\infty}f(u,v)\,\mathrm{d}u\right)\mathrm{d}v, \tag{3.4.10}$$

$$f_Y(y)=\int_{-\infty}^{+\infty} f(x,y)\,\mathrm{d}x. \tag{3.4.11}$$

例 3.4.6　考虑某款商务车的电瓶寿命 X 和发动机寿命 Y，设二维随机变量 (X,Y) 具有联合概率密度

$$f(x,y)=\begin{cases} Ae^{-(2x+y)}, & x>0,y>0, \\ 0, & \text{其他}. \end{cases}$$

(1)确定常数 A 的值.

(2)求随机事件 $\{0<X<1,0<Y<2\}$ 的概率.

(3)求随机变量 X 和 Y 的边缘概率密度.

解　(1)由密度函数的性质，得

$$\int_{-\infty}^{+\infty}\int_{-\infty}^{+\infty} f(x,y)\,\mathrm{d}x\mathrm{d}y=1,$$

$$\int_{0}^{+\infty}\int_{0}^{+\infty} Ae^{-(2x+y)}\,\mathrm{d}x\mathrm{d}y=\frac{A}{2},A=2.$$

$$\begin{aligned}(2)\ P\{0<X<1,0<Y<2\}&=\int_0^2\int_0^1 f(x,y)\,\mathrm{d}x\mathrm{d}y\\&=2\int_0^2\int_0^1 e^{-(2x+y)}\,\mathrm{d}x\mathrm{d}y\\&=\int_0^1(2e^{-2x})\,\mathrm{d}x\cdot\int_0^2(e^{-y})\,\mathrm{d}y\\&=(1-e^{-2})^2.\end{aligned}$$

(3) $f_X(x)=\int_{-\infty}^{+\infty} f(x,y)\,\mathrm{d}y$.

当 $x\leqslant 0$, $f(x,y)=0$, $f_X(x)=0$；

当 $x>0$, $f_X(x)=\int_{-\infty}^{+\infty} f(x,y)\,\mathrm{d}y=\int_0^{+\infty}2e^{-(2x+y)}\,\mathrm{d}y=2e^{-2x}$.

随机变量 X 的边缘概率密度为

$$f_X(x)=\begin{cases}0, & x\leqslant 0,\\ 2e^{-2x}, & x>0.\end{cases}$$

同理可得随机变量 Y 的边缘概率密度

$$f_Y(y)=\int_{-\infty}^{+\infty} f(x,y)\,\mathrm{d}x=\begin{cases}0, & y\leqslant 0,\\ e^{-y}, & y>0.\end{cases}$$

3.4.4　二维随机变量的独立性

两个事件 A 和 B 相互独立，当且仅当 $P(AB)=P(A)P(B)$，由此分析随机变量的相互独立性. 设 X 和 Y 为两个随机变量，若对任意实数集 A 和 B，有

$$P\{X\in A,Y\in B\}=P\{X\in A\}\cdot P\{X\in B\}$$

则称随机变量 X 和 Y 相互独立. 相互独立性的实际意义是，其中一个变量的取值对另一个变量的取值没有影响.

对任意实数对 x 和 y，取事件 $A=\{X\leqslant x\}$ 和 $B=\{Y\leqslant y\}$，则随机变量 X 和 Y 相互独立，等价于事件 A 和 B 相互独立，即

$$P\{X\leqslant x,Y\leqslant y\}=P\{X\leqslant x\}\cdot P\{Y\leqslant y\}.$$

上述结果可进一步作为随机变量 X 和 Y 相互独立的定义.

定义 3.4.8 设 $F(x,y),F_X(x),F_Y(y)$ 分别为二维随机变量 (X,Y) 的联合分布函数及边缘分布函数. 若对任意实数对 x 和 y，有

$$F(x,y)=F_X(x)\cdot F_Y(y), \tag{3.4.12}$$

则称随机变量 X 和 Y 相互独立.

类似地，对二维离散型随机变量 X 和 Y，取随机事件 $A=\{X=x_i\}$ 和 $B=\{Y=y_j\}$，则随机变量 X 和 Y 相互独立，等价于

$$P\{X=x_i,Y=y_j\}=P\{X=x_i\}\cdot P\{Y=y_j\}，即\ p_{ij}=p_{i\cdot}\cdot p_{\cdot j}. \tag{3.4.13}$$

对二维连续型随机变量 X 和 Y，对等式 (3.4.12) 两边分别关于 x 和 y 求导，可得

$$f(x,y)=f_X(x)\cdot f_Y(y). \tag{3.4.14}$$

例 3.4.7 由销售员业务水平的联合分布律(表 3.10)，确定随机事件 X 和 Y 是否相互独立.

解 随机事件 X 和 Y 相互独立，必须满足：

对任意的数对 i,j，都有 $p_{ij}=p_{i\cdot}\cdot p_{\cdot j}$.

$$p_{11}=0.1,\ p_{1\cdot}\cdot p_{\cdot 1}=0.35\times 0.30=0.105,\ p_{11}\neq p_{1\cdot}\cdot p_{\cdot 1}.$$

随机事件 X 和 Y 不相互独立.

例 3.4.8 在例 3.4.6 中，商务车的电瓶寿命 X 和发动机寿命 Y 是否相互独立？

解 由联合概率密度和边缘概率密度的表达式，代入可得 $f(x,y)=f_X(x)\cdot f_Y(y)$，连续型随机事件 X 和 Y 相互独立.

两个随机变量的联合分布及相互独立性可以推广到多个随机变量的情形.

设 $F(x_1,x_2,\cdots,x_n)$ 是 n 维随机变量 $(X_1,X_2,\cdots,X_n)$ 的联合分布函数，$F_{X_i}(x_i)$ 是随机变量 X_i 的边缘分布函数 $(i=1,\cdots,n)$. 若对任意实数对 $(x_1,\cdots,x_n)$，有

$$F(x_1,x_2,\cdots,x_n)=F_{X_1}(x_1)F_{X_2}(x_2)\cdots F_{X_n}(x_n), \tag{3.4.15}$$

则称 n 个随机变量 $X_1,X_2,\cdots,X_n$ 相互独立.

类似地，对 n 维离散型随机变量 $(X_1,X_2,\cdots,X_n)$，若其联合分布律等于边缘分布律的乘积，即

$$P\{X_1=x_1,\cdots,X_n=x_n\}=\prod_{i=1}^{n}P\{X_i=x_i\}, \tag{3.4.16}$$

则称 n 个离散型随机变量 $X_1,X_2,\cdots,X_n$ 相互独立. 对 n 维连续型随机变量 $(X_1,X_2,\cdots,X_n)$，若其联合概率密度等于边缘概率密度的乘积，即

$$f(x_1,x_2,\cdots,x_n)=\prod_{i=1}^{n}f_{X_i}(x_i), \tag{3.4.17}$$

则称 n 个连续型随机变量 $X_1,X_2,\cdots,X_n$ 相互独立.

例 3.4.9 假定某公司的股票价格连续一段时间内每天的涨幅是独立同分布的随机变

量，其分布律见表 3.16. 求该公司的股票价格在接下来连续 3 天的涨幅均为正数的概率是多少？

表 3.16

涨幅	<-10%	-10% ~ -5%	-5% ~ 0	0 ~ 5%	5% ~ 10%	>10%
概率	0.1	0.1	0.2	0.3	0.2	0.1

解　股票价格每天的涨幅用随机变量 X 表示，则每天涨幅为正数的概率为

$$P\{X>0\}=P\{0<X\leqslant 5\%\}+P\{5\%<X<10\%\}+P\{X\geqslant 10\%\}=0.6.$$

连续 3 天的涨幅均为正数的概率表示为

$$\begin{aligned}P\{X_1>0,X_2>0,X_3>0\}&=P\{X_1>0\}P\{X_2>0\}P\{X_3>0\}\\&=0.6^3=0.216.\end{aligned}$$

3.5　随机变量的数学期望

3.5.1　数学期望的定义

例 3.5.1　假设某批灯泡共 5 万只，每只灯泡寿命用随机变量 X（单位:h）表示. 为了评估这批灯泡的平均使用寿命，现从中随机抽取 100 只，测试结果见表 3.17. 该如何分析这批灯泡的平均使用寿命？

表 3.17

寿命 X/ h	$x_1=1\,050$	$x_2=1\,100$	$x_3=1\,150$	$x_4=1\,200$	$x_5=1\,250$
灯泡数/ 频数	$n_1=6$	$n_2=20$	$n_3=32$	$n_4=26$	$n_5=16$
频　率	$f_1=\frac{6}{100}$	$f_2=\frac{20}{100}$	$f_3=\frac{32}{100}$	$f_4=\frac{26}{100}$	$f_5=\frac{16}{100}$

解　求得该 100 只灯泡的平均寿命为

$$\begin{aligned}&\frac{1\,050\times 6+1\,100\times 20+1\,150\times 32+1\,200\times 26+1\,250\times 16}{100}\\&=1\,050\times\frac{6}{100}+1\,100\times\frac{20}{100}+1\,150\times\frac{32}{100}+1\,200\times\frac{26}{100}+1\,250\times\frac{16}{100}\\&=1\,163(\text{h}).\end{aligned}$$

由此估计这一批灯泡的平均使用寿命为 1 163 h. 但是，如果再随机抽取 200 只灯泡，甚至再随机抽取 100 只灯泡，会得到另一个不同的平均寿命值. 用 1 163 h 来估计这一批灯泡的平均使用寿命是不精确的. 造成这种结果的原因是什么？有没有更好的解决办法呢？

分析上述案例，灯泡的平均寿命为

$$\frac{n_1x_1 + n_2x_2 + n_3x_3 + n_4x_4 + n_5x_5}{n} = \sum_{i=1}^{5} x_i f_i.$$

在上述表达式中，$f_i = \frac{n_i}{n}$ 是事件 $\{X = x_i\}$ 发生的频率，频率的波动性直接导致灯泡的平均使用寿命是波动值. 由大数定律(定理5.3.2)，当 n 趋于无穷大时，事件 $\{X = x_i\}$ 发生的频率依概率收敛到它的概率 $P\{X = x_i\}$(依概率收敛指无限靠近的概率等于1). 把灯泡的平均寿命表达式中的频率用概率代替，即 $\sum_{i=1}^{5} x_iP\{X = x_i\}$，其结果不仅表征灯泡的平均使用寿命，而且是个稳定值，称为随机变量 X 的数学期望.

定义3.5.1(离散型) 设离散型随机变量 X 的分布律为 $P\{X = x_k\} = p_k, k = 1,2,3,\cdots$，若级数 $\sum_{k=1}^{\infty} x_kp_k$ 绝对收敛，则称级数 $\sum_{k=1}^{\infty} x_kp_k$ 为随机变量 X 的**数学期望**，记为 EX，

$$EX = \sum_{k=1}^{\infty} x_kp_k. \tag{3.5.1}$$

(**连续型**)设连续型随机变量 X 的密度函数为 $f(x)$，若积分 $\int_{-\infty}^{+\infty} xf(x)\mathrm{d}x$ 绝对收敛，则称积分 $\int_{-\infty}^{+\infty} xf(x)\mathrm{d}x$ 为随机变量 X 的**数学期望**，记为 EX，

$$EX = \int_{-\infty}^{+\infty} xf(x)\mathrm{d}x. \tag{3.5.2}$$

数学期望简称期望，是随机变量取值的加权平均，其中的权重是概率，从本质上体现了随机变量 X 取所有可能值的真正平均值，也称均值. EX 是一个实数而非变量，它的大小与级数 $\sum_{k=1}^{\infty} x_kp_k$ 的求和顺序无关. 在定义数学期望时，要求无穷级数和积分均绝对收敛.

例3.5.2(汽车销量问题) 某汽车公司每天的汽车销量用随机变量 X 表示(单位:台)，其分布律见表3.18，求该公司每天的平均销量.

表3.18

X:汽车销售台数	0	1	2	3	4	5
$P\{X = k\}$	0.18	0.39	0.24	0.14	0.04	0.01

解 求该公司每天的平均销量，即求随机变量 X 的数学期望.

$$\begin{aligned} EX &= \sum_{i=1}^{5} x_ip_i \\ &= 0 \times 0.18 + 1 \times 0.39 + 2 \times 0.24 + 3 \times 0.14 + 4 \times 0.04 + 5 \times 0.01 \\ &= 1.5(\text{台}) \end{aligned}$$

该公司每天的平均销量是1.5台. 这里 EX 不等于随机变量 X 的任何值，它是对中心趋势的度量，表示日销量的平均值.

例3.5.3 在例3.2.2的“金融资产组合”中，马科维茨选择期望收益率来衡量未来实

际收益率的总体水平. 请利用表3.4中的数据,分析不同投资方式对应的期望收益率.

解 $EX = \sum_{k=1}^{4} x_k p_k = 0.15 \times (-20) + 0.30 \times 10 + 0.40 \times 20 + 0.15 \times 40 = 14$,

$$EY = \sum_{k=1}^{4} y_k p_k = 0.15 \times 30 + 0.30 \times 8 + 0.40 \times 4 + 0.15 \times 2 = 8.8,$$

$$EZ = \sum_{k=1}^{4} z_k p_k = 0.15 \times 5 + 0.30 \times 9 + 0.40 \times 12 + 0.15 \times 21 = 11.4.$$

离散型随机变量的数学期望也可通过Excel里面的SUMRODUCT函数计算得到. 例如,在例3.5.3中求EX, 分为以下两个步骤:

①输入数据. 单元格区域A1:A4输入随机变量X的取值,对应的单元格区域B1:B4输入每一个取值对应的概率.

②输入函数和公式. 在新表格(如C1)中输入SUMRODUCT函数,它将随机变量的取值和对应的概率值相乘后求和,得到$EX=14$.

根据上述结果,可能认为投资大型股票基金更好,因为3种投资方案中大型股票基金的期望收益率最高. 但是理财分析师建议投资者还要考虑投资的风险(具体分析见例3.6.5).

例3.5.4 已知连续型随机变量X的密度函数为$f(x)=\begin{cases} Ax, & 0 \leqslant x \leqslant 3, \\ 0, & \text{其他}. \end{cases}$

(1)确定常数A.

(2)求EX.

解 (1)由$\int_{-\infty}^{+\infty} f(x)\,dx = 1$, 得$\int_0^3 Ax\,dx = 1$, $A = \frac{2}{9}$.

(2) $EX = \int_{-\infty}^{+\infty} xf(x)\,dx = \int_0^3 \frac{2}{9}x^2\,dx = \frac{2}{27}x^3 \Big|_0^3 = 2$.

例3.5.5(空调采购方案) 假设某单位要采购一批空调,合同采购方案如下:每台先支付首期款1 000元,尾款根据使用电器的使用寿命X(以年计)支付. $X \leqslant 3$年,支付尾款1 000元; $X > 3$年,支付尾款2 000元. X的概率密度函数为

$$f(x)=\begin{cases} \frac{1}{5}e^{-x/5}, & x > 0, \\ 0, & \text{其他}. \end{cases}$$

(1)这款电器的平均使用寿命是多少年?

(2)平均每台电器需要支付尾款多少元?

解 (1) $EX = \int_{-\infty}^{+\infty} xf(x)\,dx = \int_0^{+\infty} x\frac{1}{5}e^{-x/5}\,dx = 5\int_0^{+\infty} te^{-t}\,dt = 5$,

即这款电器的平均使用寿命是5年. 这里用到定积分中的重要结论,

$$\int_0^{+\infty} x^n e^{-x}\,dx = n!.$$

(2)需要支付的空调尾款用随机变量Y表示,有1 000和2 000两个值.

$$P\{Y = 1\,000\} = P\{X < 3\} = \int_0^3 \frac{1}{5}e^{-x/5}\,dx = 1 - e^{-3/5},$$

$$P\{Y=2\,000\}=P\{X\geqslant 3\}=e^{-3/5},$$

$$EY=1\,000(1-e^{-3/5})+2\,000e^{-3/5}=1\,000+1\,000e^{-3/5}\approx 1\,548.8\ (元),$$

即平均每台电器需要支付尾款约 1 548.8 元.

3.5.2 随机变量函数的数学期望

在实际应用中,经常需要求随机变量函数的数学期望.

例 3.5.6 在例 3.2.5 中,根据销售业绩(随机变量 X 的取值)计算该销售经理的月平均工资是多少?

解 每个月的工资用随机变量 Y 表示(单位:元),则 $Y=g(X)=2\,500+500(X-1)$. 随机变量 Y 的分布律见表 3.5.

$$EY=\sum_{k=1}^{3}y_kp_k=2\,000\times 0.2+2\,500\times 0.6+3\,000\times 0.2=2\,500(元)$$

经理月平均工资为 2 500 元. 进一步分析该计算过程,

$$\begin{aligned}EY&=[2\,500+500(0-1)]\times 0.2+[2\,500+500(1-1)]\times 0.6+\\&\quad[2\,500+500(2-1)]\times 0.2\\&=f(x_1)p_1+f(x_2)p_2+f(x_3)p_3.\end{aligned}$$

该结果表明,随机变量函数 $Y=g(X)$ 的数学期望等于自变量 X 的每一个函数值 $f(x_k)$ 乘以自变量相应的概率 p_k, 再求和式 $\sum_{k=1}^{3}f(x_k)p_k$.

定理 3.5.1 设 Y 是随机变量 X 的函数, $Y=g(X)$, 其中 g 是一元连续函数. 随机变量函数 Y 的数学期望 EY 的表达式如下:

①离散型随机变量 X 的分布律为 $P\{X=x_k\}=p_k(k=1,2,\cdots)$, 若级数 $\sum_{k=1}^{\infty}g(x_k)p_k$ 绝对收敛,则有

$$EY=E[g(x)]=\sum_{k=1}^{\infty}g(x_k)p_k. \tag{3.5.3}$$

②连续型随机变量 X 的概率密度为 $f(x)$, 若定积分 $\int_{-\infty}^{+\infty}g(x)f(x)\,dx$ 绝对收敛,则有

$$EY=E[g(x)]=\int_{-\infty}^{+\infty}g(x)f(x)\,dx. \tag{3.5.4}$$

例 3.5.7 假定在周五下午 4:00—5:00,某洗车处洗车工人清洗的汽车数用随机变量 X 表示(单位:台),其概率分布见表 3.19. 洗车工人的报酬标准为每台 3 元,减去每小时成本费用 2 元. 求服务人员一小时内的平均报酬.

表 3.19

X	4	5	6	7	8	9
$P(X=x)$	1/12	1/12	1/4	1/4	1/6	1/6

解 店长支付给洗车工人的报酬用随机变量 Y 表示,则 $Y=3X-2$. 根据定理 3.5.1,服

务人员的期望收入为

$$EY = E(3X-2) = 10 \times \frac{1}{12} + 13 \times \frac{1}{12} + 16 \times \frac{1}{4} + 19 \times \frac{1}{4} + 22 \times \frac{1}{6} + 25 \times \frac{1}{6}$$
$$= 18.5(\text{元}),$$

服务人员一小时内的平均报酬为 18.5 元.

例 3.5.8 某工厂找到并修复电力中断所需要的时间(h)用随机变量 X 表示,修复的费用(万元)用随机变量 Y 表示, $Y = X^4$. X 的密度函数为

$$f_X(x) = \begin{cases} 1, & 0 < x < 1, \\ 0, & \text{其他}. \end{cases}$$

求修复故障的预期平均费用.

解 直接代入随机变量函数的数学期望计算公式

$$EY = E[g(X)] = \int_{-\infty}^{+\infty} g(x) f(x)\,\mathrm{d}x = \int_0^1 x^4 \mathrm{d}x = 0.2(\text{万}),$$

修复故障的平均费用为 0.2 万元.

例 3.5.9*(**市场收益最大化**) 设国际市场每年对我国某种产品需求量记为随机变量 X(单位:t),它的密度函数为

$$f(x) = \begin{cases} \dfrac{1}{20}, & x \in [20,40], \\ 0, & \text{其他}. \end{cases}$$

已知该商品每售出一吨将获得利润 10 万元;若销售不出去,每吨将损失 4 万元. 组织多少吨货源可使得收益最大化?

解 设 y 为组织的货源数量 $(20 \leqslant y \leqslant 40$, 单位:t),商品收益用随机变量 Y(单位:万元)表示.

$$Y = g(X) = \begin{cases} 10y, & X \geqslant y, \\ 10X - 4(y - X), & X < y. \end{cases}$$

平均收益为

$$EY = \int_{-\infty}^{+\infty} g(x) f(x)\,\mathrm{d}x = \frac{1}{20}\int_{20}^{40} g(x)\,\mathrm{d}x$$
$$= \frac{1}{20}\left\{\int_{20}^{y}(14x - 4y)\,\mathrm{d}x + \int_{y}^{40} 10y\,\mathrm{d}x\right\}$$
$$= \frac{1}{20}(-7y^2 + 480y - 2\,800).$$

求数学期望最大值,令 $(EY)' = 0$, $y \approx 34.3(\text{t})$, 即组织 34.3 t 货源收益最大.

定理 3.5.1 还可以推广到两个或两个以上随机变量函数的情况.

定理 3.5.2 设 Z 是二维随机变量 (X,Y) 的函数, $Z = g(X,Y)$, 其中 g 是二元连续函数. 随机变量函数 Z 的数学期望如下:

①设二维离散型随机变量 (X,Y) 的联合分布律为 $P\{X = x_i, Y = y_i\} = p_{ij}$, $(i,j = 1,2,3,\cdots)$, 则当级数 $\sum\limits_{i=1}^{\infty}\sum\limits_{j=1}^{\infty} g(x_i, y_i) p_{ij}$ 绝对收敛时,有

$$EZ = E[g(X,Y)] = \sum_{i=1}^{\infty}\sum_{j=1}^{\infty} g(x_i, y_i) p_{ij}. \tag{3.5.5}$$

②设二维连续型随机变量 (X,Y) 的联合概率密度为 $f(x,y)$，则当积分 $\int_{-\infty}^{+\infty}\int_{-\infty}^{+\infty} g(x,y)$ $f(x,y)\mathrm{d}x\mathrm{d}y$ 绝对收敛时，有

$$E(Z) = E[g(x,y)] = \int_{-\infty}^{+\infty}\int_{-\infty}^{+\infty} g(x,y) f(x,y)\mathrm{d}x\mathrm{d}y. \tag{3.5.6}$$

3.5.3 数学期望的性质

数学期望是随机变量取所有可能值的概率平均值，具有以下性质：

①（线性性质）若 a 和 b 是常数，则

$$E(aX + b) = aEX + b.$$

②设 X 和 Y 是两个随机变量，则有 $E(X + Y) = EX + EY$.

这一性质可以推广到任意有限个随机变量之和的情况. 例如，X_i 表示第 i 条生产线的产品数量 $(i = 1,\cdots,n)$，总产品数量的数学期望可表示为

$$E(X_1 + X_2 + \cdots + X_n) = E(X_1) + E(X_2) + \cdots + E(X_n).$$

③如果二维随机变量 (X,Y) 中的随机变量 X 和 Y 相互独立，则有

$$E(XY) = EX \cdot EY.$$

证明

$$\begin{aligned} E(XY) &= \int_{-\infty}^{+\infty}\int_{-\infty}^{+\infty} xyf(x,y)\mathrm{d}x\mathrm{d}y \\ &= \int_{-\infty}^{+\infty}\int_{-\infty}^{+\infty} xyf_X(x)f_Y(y)\mathrm{d}x\mathrm{d}y \\ &= \int_{-\infty}^{+\infty} xf_X(x)\mathrm{d}x\int_{-\infty}^{+\infty} yf_Y(y)\mathrm{d}y \\ &= EX \cdot EY. \end{aligned}$$

上述结果表明，在独立条件下随机变量乘积的期望等于期望的乘积，这一性质可以推广到任意有限个相互独立的随机变量乘积的情况.

例 3.5.10 用数学期望的性质，求解例 3.5.7 中服务人员一小时内的平均报酬.

解 $EX = \sum_{k=1}^{6} x_k p_k = 4 \times \frac{1}{12} + 5 \times \frac{1}{12} + 6 \times \frac{1}{4} + 7 \times \frac{1}{4} + 8 \times \frac{1}{6} + 9 \times \frac{1}{6} = \frac{41}{6}$.

根据数学期望的线性性质，服务人员的期望收入为

$$EY = E(3X - 2) = 3EX - 2 = 18.5(\text{元}),$$

服务人员一小时内的平均报酬为 18.5 元.

例 3.5.11 一家连锁便利店每周对某种饮料的需求（以 kL 计）是连续型随机变量 $Y = g(X) = X^2 + X - 2$，其中随机变量 X 的密度函数为

$$f(x) = \begin{cases} \frac{1}{2}(x-1), & 1 < x < 3, \\ 0, & \text{其他}. \end{cases}$$

求每周该饮料需求的期望值.

解　$E(X^2+X)=\int_1^3 \frac{1}{2}(x^2+x)(x-1)\mathrm{d}x=8,$

$$EY=E(X^2+X-2)=E(X^2+X)-2=6(\mathrm{kL}),$$

每周该饮料需求的期望值是 6 kL.

3.6　随机变量的方差和协方差

3.6.1　随机变量的方差

在第 1 章描述统计学中，样本方差和样本标准差是描述样本数据集变异性的重要测度. 总体分布同样如此，用随机变量的方差和标准差来度量总体的变异性.

例 3.6.1　假设 A 和 B 工厂均生产发光二极管，其亮度分别用随机变量 X 和 Y 表示，它们的分布律见表 3.20、表 3.21. 考虑发光二极管的亮度，哪个工厂的产品最佳?

表 3.20

X	8	9	10
P_k	0.3	0.2	0.5

表 3.21

Y	8	9	10
P_l	0.2	0.4	0.4

解　$EX=\sum x_k p_k=9.2,\quad EY=\sum y_l p_l=9.2.$

两个工厂发光二极管的平均亮度相等，但是哪一个的亮度更均匀呢? 度量亮度 X 是否均匀，即度量二极管的亮度指标 X 是否集中在均值 EX 附近，即计算二极管的亮度指标 X 与均值 EX 的距离 $|X-EX|$. 因为绝对值 $|X-EX|$ 不便于计算，所以选择函数 $(X-EX)^2$. 亮度指标 X 是随机变量，$(X-EX)^2$ 是随机变量 X 的函数，它本身也是随机变量. 为衡量发光二极管的亮度指标是否均匀，同样采用寻找随机变量 X 的均值的思路，计算随机变量函数 $(X-EX)^2$ 的数学期望，这称为随机变量 X 的方差，记为 DX.

定义 3.6.1　设 X 是一个随机变量，若 $E(X-EX)^2$ 存在，则称 $E(X-EX)^2$ 为 X 的方差，记为 DX 或 $\mathrm{Var}(X)$. 即

$$DX=\mathrm{Var}(X)=E(X-EX)^2. \tag{3.6.1}$$

为消除量纲影响，定义方差的平方根 $\sqrt{DX}$ 为 X 的**标准差**或**均方差**，记为 $\sigma(X)$.

随机变量 X 的均值度量随机变量的中心位置，方差和标准差是度量随机变量取值与均值的偏离程度或者变异性的量. 标准差的单位与随机变量的单位相同，常用于描述一个随机变量的变异性. 方差或标准差越小，则偏离程度越小，取值越集中，EX 代表性越好；方差或标准差越大，则偏离程度越大，取值越分散，EX 代表性较差.

随机变量 X 的方差 DX，其本质是随机变量函数 $h(X)=(X-EX)^2$ 的数学期望. 由定理 3.5.2，方差 DX 的计算方法如下：

①若 X 是离散型随机变量，分布律为 $P\{X=x_k\}=p_k,k=1,2,\cdots$，则

$$DX=\sum_{k=1}^{\infty}(x_k-EX)^2p_k. \qquad (3.6.2)$$

②若 X 是连续型随机变量,密度函数为 $f(x)$,则

$$DX=\int_{-\infty}^{+\infty}(x-EX)^2f(x)\,\mathrm{d}x. \qquad (3.6.3)$$

③ $D(X)=E(X^2)-(EX)^2$. (3.6.4)

证明 由数学期望的性质,可得

$$DX=E(X-EX)^2=E[X^2-2X\cdot EX+(EX)^2]=E(X^2)-(EX)^2.$$

例 3.6.1(续)

解

$$DX=E(X^2)-(EX)^2=\sum_{k=1}^{3}{x_k}^2p_k-9.2^2=0.76,$$

$$DY=E(Y^2)-(EY)^2=\sum_{l=1}^{3}{y_l}^2p_l-9.2^2=0.56.$$

$DY<DX$,乙厂生产的发光二极管的亮度更均匀,产品更佳.

例 3.6.2 设连续型随机变量 X 的概率密度函数为 $f(x)=\begin{cases}Ax^2, & 0<x<2,\\ 0, & \text{其他}.\end{cases}$ 确定常数 A 并求 EX 和 DX.

解

$$\int_{-\infty}^{+\infty}f(x)\,\mathrm{d}x=\int_0^2Ax^2\,\mathrm{d}x=\frac{8}{3}A=1,A=\frac{3}{8}.$$

$$EX=\int_{-\infty}^{+\infty}xf(x)\,\mathrm{d}x=\int_0^2\frac{3}{8}x^3\,\mathrm{d}x=\frac{3}{2}.$$

$$E(X^2)=\int_{-\infty}^{+\infty}x^2f(x)\,\mathrm{d}x=\int_0^2\frac{3}{8}x^4\,\mathrm{d}x=\frac{12}{5}.$$

$$DX=E(X^2)-(EX)^2=\frac{12}{5}-\left(\frac{3}{2}\right)^2=\frac{3}{20}.$$

方差具有以下性质(设 C 是常数):

① $D(C)=0$.

② $D(CX)=C^2DX$.

③ $D(X+C)=DX$.

④ $D(X+Y)=DX+DY+2E[(X-EX)(Y-EY)]$.

证明

$$\begin{aligned}D(X+Y)&=E[X+Y-E(X+Y)]^2=E[(X-EX)+(Y-EY)]^2\\&=E[(X-EX)^2+2(X-EX)(Y-EY)+(Y-EY)^2]\\&=DX+DY+2E[(X-EX)(Y-EY)]\end{aligned}$$

特别地,如果随机变量 X 和 Y 相互独立,则 $D(X+Y)=DX+DY$.

证明

$$\begin{aligned}E[(X-EX)(Y-EY)]&=E(XY-X\cdot EY-Y\cdot EX+EX\cdot EY)\\&=E(XY)-EX\cdot EY=0,\end{aligned}$$

使用 Excel 软件中的 SUMPRODCT 函数可以计算离散型随机变量的方差和标准差.

例 3.6.3 在例 3.5.2"汽车销量问题"中,汽车销量的均值是 1.5 台,求汽车销量的方

差和标准差是多少？

解　（方法 1）$DX=\sum_{k=1}^{6}(x_k-1.5)^2p_k$，把表 3.18 中的数据代入求和可得方差，对方差进行开方就得标准差.

（方法 2）该结果可通过 Excel 软件计算，分为以下 4 个步骤：

（1）在单元格区域 A1 : A6 输入随机变量 X 的取值 $x_i(i=1,\cdots,6)$，对应的单元格区域 B1 : B6 输入随机变量 X 相应的概率 p_i.

（2）在单元格区域 C1 : C6 中，通过函数 $(A_i-1.5)^2$ 得到函数值 $(x_i-1.5)^2$.

（3）在新表格（如 D1）中输入 SUMRODUCT 函数，它将随机变量函数值 $(x_i-1.5)^2$ 和相应的概率相乘后求和，得到方差 $DX=1.25$.

（4）在新表格（如 D2）中输入 SQRT 函数，得到标准差 $\sigma(X)\approx 1.12$ 台.

例 3.6.4　在例 3.5.6 中，求电器使用寿命 X 的方差和标准差是多少？

解　$E(X^2)=\int_{-\infty}^{+\infty}x^2f(x)\mathrm{d}x=\int_{0}^{+\infty}x^2\frac{1}{5}\mathrm{e}^{-x/5}\mathrm{d}x$

$$=5^2\int_{0}^{+\infty}t^2\mathrm{e}^{-t}\mathrm{d}t=50,$$

$$DX=E(X^2)-(EX)^2=50-5^2=25,$$

$$\sigma(X)=\sqrt{DX}=5(\text{年}).$$

例 3.6.5　为分析例 3.2.2 中的“金融资产组合”案例，例 3.5.3 通过计算 3 种投资方案的期望收益率，得到大型股票基金的期望收益率最高的结论. 但是，理财分析师建议投资者还要考虑投资的风险，马科维茨选择以收益率的方差或标准差来衡量风险. 请用此方法分析本案例中不同投资方案的风险情况.

解　通过 Excel 软件中的 SUMRODUCT 函数和 SQRT 函数，计算得到 3 种不同方案对应的方差和标准差，见表 3.22.

表 3.22　　　收益率单位：%

计算结果	大型股票基金 X 的投资收益率	政府长期债券基金 Y 的投资收益率	资产组合 $Z=0.5X+0.5Y$ 的投资收益率
收益率期望值	14	8.8	11.4
收益率方差	294	83.76	21.84
收益率标准差	17.146	9.15	4.67

综合上述结果，可得以下结论：

（1）投资大型股票基金的收益率最高，同时风险也最大；投资政府债券基金的收益率最低，但是风险性最小. 可见，是投资股票基金还是政府债券基金，取决于投资者面对收益和风险的态度. 一个积极的投资者可能会选择股票基金，因为它的收益率高；一个保守的投资者可能会选择政府债券基金,因为它的风险更低.

(2)资本组合 $Z = 0.5X + 0.5Y$ 的期望收益率是投资大型股票基金和投资政府长期债券的期望收益的平均值.但是,资产组合的标准差比单独投资任意一种基金的标准差都要小,预示着资产组合的风险比单独投资任意一种基金的风险都要低.显然,投资资产组合优于单独投资政府长期债券.

3.6.2 切比雪夫不等式

如果知道了随机变量 X 的均值 μ 和标准差 σ,随机变量在均值附近的区间(如 $\mu \pm \sigma$、$\mu \pm 2\sigma$、$\mu \pm 3\sigma$)取值的概率是多少?

定理 3.6.1 设随机变量 X 具有数学期望 $EX = \mu$,方差 $DX = \sigma^2$,则对任意正数 ε,有以下不等式成立:

$$P\{|X - \mu| \geqslant \varepsilon\} \leqslant \frac{\sigma^2}{\varepsilon^2} \quad 或 \quad P\{|X - \mu| < \varepsilon\} \geqslant 1 - \frac{\sigma^2}{\varepsilon^2}. \tag{3.6.5}$$

这个不等式称为**切比雪夫不等式**.

例 3.6.6 某工厂一周生产的产品数量用随机变量 X 表示,其期望为 100 t,标准差为 5 t.用切比雪夫不等式给出这周产量在 90 ~ 110 t 概率的估计.

解 $P\{90 < X < 110\} = P\{|X - 100| < 10\} \geqslant 1 - \dfrac{5^2}{10^2} = 0.75.$

这周产量在 90 ~ 110 t 的概率大于 75%.

切比雪夫不等式近似给出随机变量 X 在区间 $\mu \pm \varepsilon$ 上取值的概率.当 ε 分别等于 σ, 2σ 和 3σ 时,代入切比雪夫不等式,可得**切比雪夫法则**:

$$P\{\mu - \sigma < X < \mu + \sigma\} \geqslant 0,$$
$$P\{\mu - 2\sigma < X < \mu + 2\sigma\} \geqslant 0.75,$$
$$P\{\mu - 3\sigma < X < \mu + 3\sigma\} \geqslant \frac{8}{9}.$$

3.6.3 协方差及相关系数

对二维随机变量,各个分量的数学期望和方差不能描述整体特征,更不能反映分量之间的关系.各个分量之间的关系该如何描述呢?假设有两个随机变量 X 和 Y,首先计算线性和 $X + Y$ 的方差.由方差的性质④,

$$D(X + Y) = DX + DY + 2E[(X - EX)(Y - EY)].$$

在上述结果中,X 和 Y 的线性关系主要通过表达式 $E[(X - EX)(Y - EY)]$ 来表征.

定义 3.6.2 称 $E[(X - EX)(Y - EY)]$ 为随机变量 X 与 Y 的**协方差**,记为

$$\mathrm{Cov}(X,Y) = E[(X - EX)(Y - EY)]. \tag{3.6.6}$$

协方差 $\mathrm{Cov}(X,Y)$ 是描述随机变量 X 和 Y 之间线性关系紧密程度的量.如果随机变量 X 和 Y 相互独立,即不存在任何关系,则 X 和 Y 之间的线性关系为 0,即协方差为 0.协方差 $\mathrm{Cov}(X,Y)$ 具有以下性质:

① $\text{Cov}(X,Y)=\text{Cov}(Y,X)$, $\text{Cov}(X,X)=DX$.

② $\text{Cov}(X,Y)=E(XY)-EX\cdot EY$, 常用这一公式计算协方差.

③ $\text{Cov}(aX,\ bY)=ab\text{Cov}(X,Y)$.

④ $\text{Cov}(X+Y,Z)=\text{Cov}(X,Z)+\text{Cov}(Y,Z)$.

⑤ $D(X+Y)=DX+DY+2\text{Cov}(X,Y)$.

为消除协方差中的量纲影响,引入相关系数的概念.

定义 3.6.3 若 (X,Y) 是二维随机变量,称

$$\rho_{XY}=\frac{\text{Cov}(X,Y)}{\sqrt{DX}\sqrt{DY}} \tag{3.6.7}$$

为随机变量 X 和 Y 的**相关系数**,简记为 ρ.

定理 3.6.2 设 ρ_{XY} 为随机变量 X 和 Y 的**相关系数**,则

① $|\rho_{XY}|\leqslant 1$.

② $|\rho_{XY}|=1$ 的充要条件是,存在常数 a,b 使

$$P\{Y=a+bX\}=1.$$

证明略.

当 $|\rho_{XY}|=1$ 时,称 X 和 Y 完全线性相关;当 $\rho_{XY}>0$ 时,称 X 和 Y 正相关;当 $\rho_{XY}<0$ 时,称 X 和 Y 负相关;当 $\rho_{XY}=0$ 时,称 X 和 Y 不相关. $|\rho_{XY}|$ 的大小度量了随机变量 X 和 Y 之间线性关系的紧密程度,而"相互独立"是对于一般关系而言的."X 和 Y 相互独立"可以得到"X 和 Y 不相关",反之不成立.

例 3.6.7 在例 3.6.5 中,资产组合的风险比单独投资任意一种基金的风险都要低,分析其原因.

解 投资收益率的方差和标准差是衡量风险的标准,计算资产组合的投资收益率 $Z=0.5X+0.5Y$ 对应的方差.由方差和协方差的性质,

$$\begin{aligned}DZ&=D(0.5X+0.5Y)=D(0.5X)+D(0.5Y)+2\text{Cov}(0.5X,0.5Y)\\&=0.25DX+0.25DY+0.5\text{Cov}(X,Y).\end{aligned}$$

代入例 3.6.4 中的结果,可得

$$\begin{aligned}\text{Cov}(X,Y)&=2DZ-\frac{1}{2}(DX+DY)\\&=2\times 21.84-0.5\times(294+83.76)=-145.2.\end{aligned}$$

或用公式 $\text{Cov}(X,Y)=E[(X-EX)(Y-EY)]$ 计算.

$$\rho_{XY}=\frac{\text{Cov}(X,Y)}{\sqrt{DX}\sqrt{DY}}=\frac{-145.2}{17.146\times 9.15}=-0.926.$$

X 和 Y 的线性相关系数 ρ_{XY} 为负数且 $|\rho_{XY}|=0.926$,表明大型股票基金的收益率 X 和政府长期债券的收益率 Y 之间具有比较强的负线性相关性.该结果表明,当大型股票基金的收益率 X 倾向高于其均值时,政府长期债券的收益率 Y 倾向低于其均值,从而降低了资产组合的风险.

在本章"金融资产组合"案例中,投资股票基金和政府债券基金的资金各占 50%.对其

他形式的资产组合,该如何分析它的期望收益率和风险呢?同样地,计算资产组合收益率对应的数学期望和方差.当资产组合中两种产品收益率之间的协方差为负时,这将减小资产组合的方差从而降低投资风险.因为大部分降低资产组合风险的理论正是基于此结果,所以投资顾问一般建议分散投资.

本章小结

本章知识结构图如下:

第3章　随机变量的概率分布及数字特征

3.1　随机变量及其分布函数

定义及性质

3.2　离散型随机变量及其分布

离散型随机变量函数的分布

$$P\{X=x_k\}=p_k,p_k\geqslant 0,\sum_{k=1}^{\infty}p_k=1.F(x)=\sum_{x_k\leqslant x}p_k$$

3.3　连续型随机变量及其分布

$$f(x)\geqslant 0,\int_{-\infty}^{+\infty}f(x)\,\mathrm{d}x=1.$$

$$F(x)=\int_{-\infty}^{x}f(t)\,\mathrm{d}t,F'(x)=f(x),P\{X\in G\}=\int_{G}f(x)\,\mathrm{d}x.$$

3.4　二维随机变量的分布及随机变量的独立性

二维随机变量的基本概念:定义、联合分布函数、边缘分布函数

二维离散型随机变量:联合分布律、边缘分布律、条件分布律

二维连续型随机变量:联合概率密度

二维(n 维)随机变量的相互独立性 $\begin{cases}F(x,y)=F_X(x)\cdot F_Y(y),\\ p_{ij}=p_{i\cdot}\cdot p_{\cdot j},\\ f(x,y)=f_X(x)\cdot f_Y(y)\end{cases}$

3.5　随机变量的数学期望

离散型 $EX=\sum_{k=1}^{\infty}x_kp_k$

连续型 $EX=\int_{-\infty}^{+\infty}xf(x)\,\mathrm{d}x$

随机变量函数的数学期望

$$EY=E[g(X)]$$

3.6　随机变量的方差和协方差

$$DX = E(X - EX)^2 = E(X^2) - (EX)^2$$

$$\mathrm{Cov}(X,Y) = E[(X - EX)(Y - EY)]$$

$$\rho_{XY} = \frac{\mathrm{Cov}(X,Y)}{\sqrt{DX}\sqrt{DY}}$$，切比雪夫不等式

本章主要内容如下：

随机变量 $X = X(e)$ 是定义在样本空间 S 上的实值函数，它是随机试验结果的函数，其取值具有概率随机性. 随机变量的引入，使概率论的研究由个别随机事件扩大为随机变量所表征的随机现象的研究. 本书只讨论两类重要的随机变量：离散型随机变量和连续型随机变量. 为讨论随机变量 X 落在某个区间的概率，引入分布函数

$$F(x) = P\{X \leqslant x\}.$$

引进随机变量和分布函数以后，就能利用高等数学的许多结果和方法来研究各种随机现象.

对离散型随机变量，需要掌握的是它可能取哪些值，以及以怎样的概率取这些值，这就是离散型随机变量取值的统计规律性. 离散型随机变量常用分布律表示，

$$P\{X = x_k\} = p_k (k = 1,2,\cdots).$$

分布律与分布函数有以下关系：

$$F(x) = \sum_{x_k \leqslant x} p_k,$$

它们是一一对应的.

设随机变量 X 的分布函数为 $F(x)$，存在非负函数 $f(x)$，使对任意实数 x 有

$$F(x) = \int_{-\infty}^{x} f(t)\,\mathrm{d}t, x \in (-\infty, +\infty),$$

则称 X 为连续型随机变量，其中 $f(x)$ 称为 X 的概率密度. 反之，$F'(x) = f(x)$. 概率密度函数不是概率，它反映概率变化的快慢，是概率的变化率，可以大于1. 随机变量 X 落在任何一个区间 G 上的概率

$$P\{X \in G\} = \int_G f(x)\,\mathrm{d}x.$$

将一维随机变量的概念加以推广，就得到多维随机变量. 这里着重讨论了二维随机变量，包括两个变量的联合分布函数、联合分布律和联合概率密度，以及随机变量在某个区域上取值的概率. 和一维随机变量不同的是，二维随机变量增加了边缘分布、条件分布和随机变量的相互独立性等内容. 通过事件的相互独立性，分析得到随机变量的独立性判断方法. 更进一步，利用相关系数度量两个随机变量之间的线性关系强弱. "相关"是对线性关系而言，"独立"是对一般关系而言. " X 和 Y 相互独立"可以推出" X 和 Y 不相关"，反之不成立.

随机变量的数字特征由随机变量的分布决定，其中重要的数字特征是数学期望和方差. 数学期望 EX 是随机变量取值的加权平均，其中的权重是概率，从本质上体现了随机变量 X 取所有可能值的真正平均值，也称均值，是对中心位置的度量. 在实际中，经常会遇到随机变

量 X 的函数 $Y=g(X)$ 的问题,要进一步掌握一维、二维或多维随机变量函数的数学期望的求法.方差 DX 描述随机变量 X 和它自身的数学期望 EX 的偏离程度,是对变异程度的度量,其本质是随机变量函数 $h(X)=(X-EX)^2$ 的数学期望.

数学期望和方差的性质要熟练掌握,它们在应用和理论上都非常重要.切比雪夫不等式给出了在随机变量 X 的分布未知、只知道数学期望 $EX=\mu$ 和方差 $DX=\sigma^2$ 的情况下,随机变量 X 在均值附近区间(如 $\mu\pm\sigma,\mu\pm2\sigma,\mu\pm3\sigma$)取值概率的下限的估计.

习　题

1.设一汽车在开往目的地的道路上需通过4盏信号灯,每盏灯以0.6的概率允许汽车通过,以0.4的概率禁止汽车通过(设各盏信号灯的工作相互独立).以 X 表示汽车首次停下时已经通过的信号灯盏数,求 X 的分布律.

2.某大学的校乒乓球队与数学系乒乓球队举行对抗赛.校队的实力较系队强,当一个校队运动员与一个系队运动员比赛时,校队运动员获胜的概率为0.6.现在校、系双方商量对抗赛的方式,提了3种方案:

①双方各出3人;②双方各出5人;③双方各出7人.

3种方案均以比赛得胜人数多的一方为胜利.对于系队运动员来说,哪一种方案有利?

3.若一个汽车代理商销售的某种进口车有50%装备了侧安全气囊,设代理商销售的3辆汽车中装有侧安全气囊的汽车数为 X.

(1)求随机变量 X 的分布律.

(2)求 $P\{X\geqslant2\},P\{X\geqslant1\}$.

4.进行重复独立实验,设每次成功的概率为 p,失败的概率为 $q=1-p(0<p<1)$.

(1)将实验进行到出现一次成功为止,以 X 表示所需的试验次数,求 X 的分布律(此时称 X 服从以 p 为参数的几何分布).

(2)将实验进行到出现 r 次成功为止,以 Y 表示所需的试验次数,求 Y 的分布律(此时称 Y 服从以 r,p 为参数的巴斯卡分布).

(3)一篮球运动员的投篮命中率为45%,以 X 表示他首次投中时累计已投篮的次数,写出 X 的分布律,并计算 X 取偶数的概率.

5.一房间有3扇同样大小的窗子,其中只有一扇是打开的.有一只鸟从开着的窗子飞入房间,它只能从开着的窗子飞出去.鸟在房子里飞来飞去,试图飞出房间.假定鸟是没有记忆的,鸟飞向各扇窗子是随机的.

(1)以随机变量 X 表示鸟为了飞出房间试飞的次数,求 X 的分布律.

(2)户主声称,他养的一只鸟,是有记忆的,它飞向任何一扇窗子的尝试不多于一次.以 Y 表示这只聪明的鸟为了飞出房间试飞的次数,如户主所说是确实的,试求 Y 的分布律.

6.随机变量 X 的概率密度 $f(x)=\begin{cases}A\sin x, & 0\leqslant x\leqslant\pi,\\0, & \text{其他}.\end{cases}$

(1)求未知常数 A 及分布函数 $F(x)$.

(2)计算概率 $P\left\{\frac{\pi}{2} < X < \frac{3}{4}\pi\right\}$,$P(X < 2)$,$P\{0 < X \leqslant 3\}$.

7. 以 X 表示某商店从早晨开始营业直到第一顾客到达的等待时间(以 min 计),X 的分布函数为

$$F(x)=\begin{cases}1-\mathrm{e}^{-0.4x}, & x \geqslant 0,\\ 0, & x < 0.\end{cases}$$

求下述事件的概率:

(1) P {至多 3 min}.

(2) P {至少 4 min}.

(3) P {3 ~4 min}.

(4) P {至多 3 min 或至少 4 min}.

(5) P {恰好 2.5 min}.

8. 在一年的时间里,一个家庭使用吸尘器的时间总长是连续型随机变量 X, 以 100 h 为单位,其密度函数为

$$f(x)=\begin{cases}x, & 0 < x < 1,\\ 2-x, & 1 \leqslant x < 2,\\ 0, & \text{其他}.\end{cases}$$

求在一年的时间里,一个家庭使用吸尘器的时间总长为下述情形的概率:

(1)少于 120 h.

(2)50 ~100 h.

9. 某能源局招标项目时通常需要估计合理的标价(单位:百万). 假定其估价为 b, 投标者的投标价格 X 的密度函数为 $f(x)=\begin{cases}\frac{5}{8b}, & \frac{2}{5}b \leqslant x \leqslant 2b,\\ 0, & \text{其他}.\end{cases}$

(1)求 X 的分布函数 $F(x)$.

(2) $P\{X \leqslant b\}$.

10. 某种型号的电子的寿命 X(以 h 计)具有以下的概率密度

$$f(x)=\begin{cases}\frac{1\,000}{x^2}, & x > 1\,000,\\ 0, & \text{其他}.\end{cases}$$

现有一大批此种管子(设各个电子管损坏与否相互独立). 任取 5 只,问其中至少有两只寿命大于 1 500 h 的概率是多少?

11. 在一个箱子里装有 12 只开关,其中两只是次品,在其中随机地取两次,每次取一只. 考虑两种试验:①放回抽样; ② 不放回抽样. 定义随机变量 X 和 Y 如下:

$$X=\begin{cases}0, & \text{若第一次取出的是正品},\\ 1, & \text{若第一次取出的是次品}.\end{cases}\qquad Y=\begin{cases}0, & \text{若第二次取出的是正品},\\ 1, & \text{若第二次取出的是次品}.\end{cases}$$

(1)试分别就 ① 和 ② 两种情况,写出 X 和 Y 的联合分布律.

(2)分别求随机变量 X 和 Y 的边缘分布律.

(3)确定随机变量 X 和 Y 是否相互独立.

12. 设随机变量 (X,Y) 的分布律见表 3.23.

表 3.23

Y \ X	1	2	3	$p_{\cdot j}$
1	1/6	1/9	1/6	
2	1/18	1/9	1/18	
3	1/6	1/9	1/18	
$p_{i\cdot}$				

(1)将 (X,Y) 的边缘分布律填在空格内.

(2)求概率 $P\{X=2 \mid Y=2\}$.

(3)求 $M=\max(X,Y)$ 的分布列.

13. 令 X 为某反应物的反应时间(以 s 记),Y 为某个反应开始发生时的温度(°F). 假设随机变量 (X,Y) 的联合密度函数为

$$f(x,y)=\begin{cases}Axy, & 0<x<1,0<y<1,\\0, & \text{其他}.\end{cases}$$

(1)求 A 的值.

(2)求 $P\left\{0 \leqslant X \leqslant \frac{1}{2}, \frac{1}{4} \leqslant Y \leqslant \frac{1}{2}\right\}$.

(3)分别求随机变量 X 和 Y 的边缘概率密度.

(4)判断 X 和 Y 是否相互独立.

14. 考虑某商务车的电瓶寿命和发动机寿命(单位:年),分别用随机变量 X 和 Y 表示. 设二维随机变量 (X,Y) 具有联合概率密度函数

$$f(x,y)=\begin{cases}A\mathrm{e}^{-(x+3y)}, & x>0,y>0,\\0, & \text{其他}.\end{cases}$$

(1)求常数 A.

(2)求 $P\{0<X<1,0<Y<2\}$.

(3)求随机变量 X 和 Y 的边缘概率密度.

(4)判断 X 和 Y 是否相互独立.

15. 假定一种以纸箱盒盛放的易腐食品的保存期是一个随机变量,以年为单位计算,其概率密度为

$$f(x)=\begin{cases}\mathrm{e}^{-x}, & x>0,\\0, & \text{其他}.\end{cases}$$

若 X_1, X_2, X_3 分别表示3箱独立挑选产品保质期,求 $P\{X_1 < 2, 1 < X_2 < 3, X_3 > 2\}$.

16. 假设给定股票价格连续一段时间每天的涨幅是独立同分布的随机变量,其分布律见表3.24. 求这只股票价格在接下来连续3天增长变化依次为 $-1\% \sim 1\%$, $1\% \sim 5\%$, 大于 5% 的概率.

表 3.24

涨幅	$< -5\%$	$-5\% \sim -1\%$	$-1\% \sim 1\%$	$1\% \sim 5\%$	$> 5\%$
概率	0.1	0.1	0.4	0.2	0.2

17. 随机变量 X 的密度函数 $f(x)=\begin{cases} a+bx^2, & 0 \leqslant x \leqslant 1, \\ 0, & \text{其他}. \end{cases}$ $E(X)=3/5$, 求 a 和 b.

18. 甲、乙两个工人生产同一种产品,在相同条件下,生产100件产品所出的废品数分别用随机变量 X 和 Y 表示,它们的概率分布见表3.25、表3.26. 这两个工人谁的平均技术好?谁的技术更稳定?

表 3.25

X	0	1	2	3
p_k	0.7	0.1	0.1	0.1

表 3.26

Y	0	1	2	3
p_k	0.5	0.3	0.2	0

19. 一家建筑公司竞标3个项目,价值(利润)分别为10,20和40万元. 如果获得这3个项目的概率分别为0.2,0.8和0.3,公司预期利润总额是多少?

20. (分赌本问题,概率论的起源) A, B 两人赌技相同,各出赌金100元,并约定先胜3局者为胜,取得全部200元. 由于出现意外情况,在 A 胜2局 B 胜1局时不得不终止赌博,如果要分赌金,该如何分配才算公平?

21. (保单收益)某销售员销售一种保额度为2万元的一年期死亡险,保费为390元. 假设根据客户的年龄、性别、健康状况等得到下一年死亡的概率为 0.1%. 求这种保单的期望收益是多少?

22. 某工厂生产的某种设备的寿命 X(单位:年)的概率密度为

$$f(x)=\begin{cases} \frac{1}{4}e^{-\frac{1}{4}x}, & x>0, \\ 0, & \text{其他}. \end{cases}$$

工厂规定出售的设备若在一年内损坏,可予以调换. 若工厂出售一台设备可赢利100元,换一台设备厂方需花费300元. 求厂方出售一台设备净赢利的数学期望.

23. 某商店经销某种商品,每周进货的数量 X 与顾客对该种商品的需求量 Y 是相互独立的随机变量,它们的概率密度函数

$$f(x)=\begin{cases} \frac{1}{10}, & 10<x<20, \\ 0, & \text{其他}. \end{cases} \qquad f(y)=\begin{cases} \frac{1}{10}, & 10<y<20, \\ 0, & \text{其他}. \end{cases}$$

商店每销售出一单位商品可获利 1 000 元. 若需求量超过进货量，商店可以从其他商店调剂供应，这时每单位商品获利为 500 元，试求此商店经销该种商品每周所得利润的期望值.

24. 假设一个食品杂货店以每盒 8 元的批发价格购得 5 盒脱脂牛奶，并以每盒 15 元的价格进行销售. 在保质期过后，没有卖出的牛奶则要下架，此时食品店也将从分销处获得相当于批发价格 75% 的补贴款. 如果卖出的盒数是随机变量 X，所服从的概率分布见表 3. 27，求平均利润是多少?

表 3. 27

X	0	1	2	3	4	5
$P\{X=x_i\}$	1/15	2/15	2/15	3/15	4/15	3/15

25. 某医疗设备公司的一名销售人员一天内有两场会谈. 在第一场会谈中，他认为有 70% 的机会达成交易，若成功的话能获得 1 000 美元的佣金; 在第二场会谈中，他认为有 40% 的机会达成交易，若成功的话能获得 1 500 美元的佣金. 基于他自己确定的概率，求他一天内期望佣金是多少? 假定两场会谈的成功与否相互独立.

26. 在搜索沉船的过程中，搜索时间用随机变量 T 表示(单位:天)，其分布函数 $F(t)=P\{T\leqslant t\}=1-\mathrm{e}^{-t/4}$.

(1) 求搜索时间超过 3 天的概率.

(2) 发现沉船所需要的平均搜索时间是多少?

27. 修一台计算机的时间是一个随机变量，记为 X(单位:h)，其概率密度

$$f(x)=\begin{cases}\dfrac{1}{2}, & 0<x<2. \\ 0, & \text{其他}.\end{cases}$$

当时间为 x h，修理的花费等于 $40+30\sqrt{x}$. 计算修理一台计算机的平均花费.

28. 随机变量 X 的分布律见表 3. 28，求 EX, $E(X^2)$, $E(3X^2+5)$, DX, $D(-2X+5)$.

表 3. 28

X	−2	0	2
$P\{X=x_i\}$	0. 2	0. 3	0. 5

29. 设某地一家连锁超市每周对饮料的需求量(以 kL 记)是一个连续型随机变量，记为 X，其概率密度为

$$f(x)=\begin{cases}2(x-1), & 1<x<2, \\ 0, & \text{其他}.\end{cases}$$

求随机变量 X 的数学期望和方差.

30. 某住房调查报告公布了过去 3 个月抽取的套房屋(含自有住房和租赁住房)发生 6 h 及以上供水停止的次数，数据见表 3. 29.

表 3.29

停水次数	房屋数(单位:1 000 套)	
	自有住房	租赁住房
0	439	394
1	1 100	760
2	249	221
3	98	92
≥4	120	111

(1)随机变量 X 表示过去 3 个月自有住房发生 6 h 及以上供水停止的次数($X=4$ 表示有 4 次及以上).编制随机变量 X 的概率分布.

(2)计算 X 的数学期望和方差.

(3)随机变量 Y 表示过去 3 个月租赁住房发生 6 h 及以上供水停止的次数($Y=4$ 表示有 4 次及以上).编制随机变量 Y 的概率分布.

(4)计算 Y 的数学期望和方差.

(5)比较自有住房和租赁住房的停水次数报告,有什么发现?

31. 在商业中,为了预测年度要发生什么,计划和执行研究都非常重要.研究显示,利润(损失)范围和相关的概率分布见表 3.30.

表 3.30

利润/万元	−15	0	15	25	40	50	100	150
概率	0.05	0.15	0.15	0.30	0.15	0.12	0.05	0.03

(1)期望利润是多少?

(2)请给出利润的方差和标准差.

32. 某计算机公司正在考虑一项厂房扩建计划,以便能够开始生产一种新的计算机产品.公司总裁必须决定是进行中型还是大型扩建工程.新产品的需求量尚不确定,可能出现低、中或高 3 种需求,估计与这 3 种需求对应的概率分别为 0.20,0.50 和 0.30.在表 3.31 中,X 和 Y 分别表示策划者预测中型和大型扩建工程的年利润(单位:1 000 美元).

表 3.31

需求	中型扩建工程利润		大型扩建工程利润	
	X	$P\{X=x_i\}$	Y	$P\{Y=y_i\}$
低	50	0.2	0	0.2
中	100	0.5	100	0.5
高	200	0.3	300	0.3

(1)计算两种扩建方案的利润的数学期望.基于期望利润最大化的目标,你推荐哪种方案?

(2)计算两种扩建方案的利润的方差.基于不确定性最小化的目标,你推荐哪种方案?

33.根据过去的经验,老师知道学生参加她的期末考试的成绩是个均值为75、方差为25的随机变量.试用切比雪夫不等式,估计学生得分为65~85分的概率.

34.(1)随机变量 X 与 Y 的方差分别为25和36,X 与 Y 相互独立,求 $D(X-Y)$.

(2)若随机变量 X 与 Y 不独立,相关系数为0.4,求 $D(X-Y)$.

35.某人想要建立一个资产组合.他考虑两只股票,令 X 表示股票1的投资收益率,Y 表示股票2的投资收益率.股票1的投资收益率的期望和方差分别为 $EX=8.45\%$ 和 $DX=25$.股票2的投资收益率的期望和方差分别为 $EY=3.2\%$ 和 $DY=1$. 2个投资收益率的协方差 $\mathrm{Cov}(X,Y)=-3$.

(1)求股票1和股票2投资收益率的标准差.若用标准差度量风险,哪一只股票的投资风险更高?

(2)某人用500美元投资购买股票1,求投资的期望收益和标准差.

(3)某人建立一个资产组合,70%投资股票1,30%投资股票2,求投资的期望收益和标准差.

36.某机场书报亭出售报刊和零食.销售点的终端POS机收集了大量购买者的购买信息.表3.32给出了最近600名顾客购买零食和报刊的数量.任何一名消费者的购买信息用二维离散型随机变量 (X,Y) 表示,其中,X 表示零食购买量,Y 表示报刊购买量.

表3.32

Y \ X	0	1	2
0	120	150	90
1	60	90	30
2	18	30	12

(1)用相对频率法,确定二维离散型随机变量的联合分布律.

(2)求零食购买量的边际概率分布、数学期望和方差.

(3)求报刊购买量的边际概率分布、数学期望和方差.

(4)令 Z 表示零食和报刊购买量之和,求 Z 的概率分布、数学期望和方差.

(5)计算 X 和 Y 的协方差和相关系数.顾客购买零食数量和报刊数量之间有怎样的线性关系?

本章习题答案

案例研究

（**老虎机赌博**）某赌场有一长排老虎机，每台老虎机有3个窗口，每个窗口可能出现的图像及概率见表3.33. 假设3个窗口相互独立，即每个窗口出现的图像对其他窗口出现的图像没有影响.

表3.33

红包	樱桃	柠檬	谢谢
0.1	0.2	0.2	0.5

1. 第1台老虎机的海报：1元1局（拉一次杆）；3个窗口都是红包，奖金20元；3个窗口中有两个红包和一个樱桃（任意顺序），奖金15元；3个窗口都是樱桃，奖金10元；3个窗口都是柠檬，奖金5元；其他，0元.

（1）不同窗口组合对应的奖金用随机变量X表示，求X的概率分布.

（2）每种组合对应的收益用随机变量Y表示，求Y的概率分布.

（3）求每玩一局获得的平均收益. 如果玩100局呢？

（4）在老虎机赌博中，如果能够得到分散信息，就能更多地了解潜在收益的变化情况. 分散性该如何度量呢？请计算收益的方差和标准差.

2. 第2台老虎机的海报：调整了第一台老虎机的赌本和奖金，新价码从每局1元涨到每局2元，奖金是原奖金的5倍. 要是赢了，就能赢更多的钱.

（1）每种组合对应的收益用随机变量Z表示，求Z的概率分布.

（2）求Z的均值、方差和标准差.

（3）把Y和Z的均值和方差进行比较，能得到什么结论？

（4）随机变量Y和Z之间的关系如何？请利用随机变量Y的均值和方差，计算随机变量Z的均值和方差.

3. 假若某人分别在第1台和第2台老虎机上连续各玩了一局（每一次拉杆为一个独立观测值），求总收益的均值和方差.

第 4 章 几种常见的概率分布

实践中的概率

（**可卡因缉毒案**）1991 年,《美国统计学家》刊登了一篇关于毒品交易的案例. 事件源于佛罗里达州某城市的一次突击性扫毒行动,警方在突击检查中查获白色粉末 496 袋,初步认定是可卡因. 警察随机抽取 4 袋,并且带到实验室化验全部呈阳性(表明是可卡因),认定该案件为一桩毒品交易案. 警察从剩下的 492 袋中随机抽取两袋,与毒贩分子交易并实施抓捕. 遗憾的是,毒贩在被抓捕之前成功地将两袋物质销毁.

警方面临的最大问题是,被告购买的两袋物质是否真的是可卡因? 在法庭上,被告方的辩护律师坚持认为警方没有充分的证据表明两袋失踪的物质中含有可卡因. 但警方提出,由于之前随机抽取的 4 袋物质均已经检测出可卡因成分,因此推断失踪的两袋物质很大程度上也含有可卡因.

在僵持不下的辩论中,一位亲身经历该案件的统计学家用二项分布概率模型,帮助警察解决了在缉毒行动中面临的困境(见例 4. 1. 5). 这也是佛罗里达州首例不需要实物证据,最终判定为非法持有罪的案例.

本章我们重点介绍几类常见的随机变量的概率分布及其性质,并讨论其在经济管理中的应用.

4.1 伯努利分布和二项分布

4.1.1 伯努利试验

抛掷一枚硬币并观察其正反面,每次得到的结果将是正面或反面,把这两个互逆的结果

分别记为 $A=\{正面\}$ 和 $\bar{A}=\{反面\}$. 类似地,若一次随机试验的结果可以归结为“事件 A 发生”和“事件 A 不发生”两类,这种随机试验称为伯努利试验. 抛掷一次硬币,称一次伯努利试验. 把一枚硬币独立重复地抛掷 10 次,就相当于把伯努利试验独立重复地进行 10 次,称为 10 重伯努利试验.

定义 4.1.1　如果把一个伯努利试验独立重复地进行 n 次,这样的试验称为 n 重伯努利试验. n 重伯努利试验对试验结果有以下要求:

(1)每次试验仅有 A_i 和 $\bar{A}_i$ 两个结果, $P(A_i)=p$, $P(\bar{A}_i)=1-p, i=1,\cdots,n$.

(2) n 次试验是相互独立的,即试验结果 $A_1,A_2,\cdots,A_n$ 相互独立.

条件(1)要求每次试验的试验结果概率不变,称为平稳性假设.

n 重伯努利试验是很重要的一种数学模型,应用广泛. 例如,一名保险推销员随机选取 10 个家庭进行访问,访问的结果有两种: $A_i=\{成功,该家庭购买保险\}$, $\bar{A}_i=\{失败,该家庭不购买保险\}$, $i=1,\cdots,10$. 根据过去的经验,已知推销员随机选择的家庭会购买保险的概率为 0.01,则 $P(A_i)=0.01$, $P(\bar{A}_i)=0.99$. 这是一个 10 重伯努利试验. 如果过一段时间,推销员再次随机选取 10 个家庭进行访问,由于疲惫而情绪波动,成功(卖出保险)的概率有所起伏,这时平稳性假设就不满足,该试验将不再是伯努利试验.

例 4.1.1　已知 100 个产品中有 5 个次品,现从中有放回地取 3 次,每次任取 1 个,关注每次取到的产品是否是次品. 该实验是否是一个伯努利试验? 如果把“有放回”改成“无放回”呢?

解　每取一次只有两种结果: $A_i=\{次品\}$, $\bar{A}_i=\{正品\}$.

$$P(A_i)=\frac{5}{100}, P(\bar{A}_i)=\frac{95}{100}, i=1,2,3.$$

这是一个伯努利试验. 有放回地取 3 次, 则每次有 A_i 和 $\bar{A}_i$ 两个试验结果且概率不变. 有放回保证每次试验结果不相互影响,即满足独立性条件. 该实验可看成一个 3 重伯努利试验. 若将“有放回”改成“无放回”,每次试验结果的概率发生变化,导致平稳性假设被破坏,该试验就不再是一个伯努利试验.

4.1.2　伯努利分布

在伯努利试验中,两个互逆的试验结果分别记为 A 或 $\bar{A}$, 或者形象地称为“成功”和“失败”. 假设试验成功的概率为 p, 则试验失败的概率为 $1-p$. 用随机变量 X 表示在一次伯努利试验中事件 A 发生的次数,称随机变量 X 服从参数为 p 的伯努利分布.

定义 4.1.2　设随机变量 X 只可能取 0 和 1 两个值,它的分布律为

$$P\{X=0\}=1-p, \quad P\{X=1\}=p, \tag{4.1.1}$$

则称随机变量 X 服从**伯努利分布**(或**两点分布**,**0-1 分布**).

伯努利分布是为纪念瑞士数学家雅各比 · 伯努利(Jacob Bernoulli, 1654—1705 年)而命名的. 这是一个简单的离散型随机变量. 任何一个随机试验如果只有两个可能结果,如“定点投篮一次是否投中”“提前预订酒店的顾客是否按时入住”“某个产品在出厂验收时是否

合格”“购买涉水险顾客是否涉水”等问题,其试验结果总能通过一个服从伯努利分布的随机变量 X 来描述.

伯努利分布的数学期望和方差如下:

$$EX = 1 \times p + 0 \times q = p,$$

$$DX = E(X^2) - (EX)^2 = 1^2 \times p + 0^2 \times q - p^2 = pq,$$

其中 $q = 1 - p$.

如果用随机变量 X 表示在 n 重伯努利试验中事件 A 发生的次数,随机变量 X 的分布特征如何?

4.1.3 二项分布

例 4.1.2(保单分析) 私家车的保险种类很多,如重大交通事故险、涉水险等,这里以涉水险为例.假设 2017 年数据统计,某城市汽车涉水概率为 0.000 1.解决以下问题:

(1)现有 3 个人独立购买了涉水险,以 X 表示这 3 个人在 2018 年涉水出险的人数,求随机变量 X 的概率分布.

(2)如果有 n 个人独立购买了涉水险,X 表示这 n 个人在 2018 年涉水出险的人数,求随机变量 X 的概率分布.

解 (1)$A = \{涉水\}, \bar{A} = \{不涉水\}, P(A) = 0.000\,1, P(\bar{A}) = 0.999\,9$.

当 3 个人购买涉水险时,X 的可能取值有 4 个:0,1,2,3.

$$P\{X = 0\} = P(\bar{A}_1\bar{A}_2\bar{A}_3) = 0.999\,9^3 = C_3^0 0.000\,1^0 0.999\,9^3,$$

$$P\{X = 1\} = P(A_1\bar{A}_2\bar{A}_3 \cup \bar{A}_1A_2\bar{A}_3 \cup \bar{A}_1\bar{A}_2A_3) = C_3^1 0.000\,1^1 0.999\,9^2,$$

$$P\{X = 2\} = P(\bar{A}_1A_2A_3 \cup A_1\bar{A}_2A_3 \cup A_1A_2\bar{A}_3) = C_3^2 0.000\,1^2 0.999\,9^1,$$

$$P\{X = 3\} = P(A_1A_2A_3) = C_3^3 0.000\,1^3 0.999\,9^0.$$

(2)当 n 个人购买涉水险时,X 的所有可能取值为 $0,1,2,\cdots,n$. 事件 $\{X = k\}$ 表示随机事件 A 发生了 k 次,即涉水了 k 次.不妨抽取 k 次出现 $A = \{涉水\}$,其余的 $n - k$ 次出现 $\bar{A} = \{不涉水\}$,这种指定的方法共有 C_n^k 个.在 n 次试验中 A 发生 k 次的特定实验结果的概率为

$$P(A_1 \cdots A_k\bar{A}_{k+1} \cdots \bar{A}_n) = 0.000\,1^k\,0.999\,9^{n-k}.$$

在 n 次试验中 A 发生 k 次的概率为

$$P\{X = k\} = C_n^k\,0.000\,1^k\,0.999\,9^{n-k}.$$

例 4.1.2 用随机变量 X 描述了在 n 重伯努利试验中事件 A(涉水)发生的次数,它的概率分布具有一般性.

定义 4.1.3 如果离散型随机变量 X 的分布律为

$$P\{X = k\} = C_n^k p^k (1 - p)^{n-k}, \quad (k = 0,1,2,\cdots,n), \tag{4.1.2}$$

则称随机变量 X 服从参数为 n 和 p 的**二项分布**,记为 $X \sim B(n,p)$.

显然,伯努利分布是二项分布中 $n = 1$ 时的特殊情况.在 n 重伯努利试验中,事件 A 发生的概率 $P(A) = p$,$\bar{A}$ 发生的概率 $P(\bar{A}) = 1 - p$,随机变量 X 表示事件 A 发生的次数,$\{X = k\}$ 表示事件 A 发生了 k 次,则随机变量 X 服从参数为 n 和 p 的二项分布.

二项分布的计算量比较大,可以利用 Excel 软件中的 BINOMDIST 函数来计算.

$$P\{X=k\}=C_n^k p^k(1-p)^{n-k}=\mathrm{BINOMDIST}(k,n,p,0),$$

$$P\{X\leqslant k\}=\sum_{i=0}^{k}C_n^i p^i(1-p)^{n-i}=\mathrm{BINOMDIST}(k,n,p,1).$$

例 4.1.2(续)　当有 1 000 个人独立购买涉水险,用 Excel 函数求事件 $\{X=1\}$ 和 $\{X\leqslant 1\}$ 发生的概率.

解　$X\sim B(1\,000,0.000\,1)$,

$$P\{X=1\}=\mathrm{BINOMDIST}(1,1\,000,0.000\,1,0)\approx 0.090\,5,$$

$$P\{X\leqslant 1\}=\mathrm{BINOMDIST}(1,1\,000,0.000\,1,1)\approx 0.995\,4.$$

性质 4.1.1　设离散型随机变量 $X\sim B(n,p)$,则随机变量 X 具有以下性质:

①随机变量 X 可伯努利分解为 n 个相互独立的 0 - 1 分布的线性和,即

$$X=\sum_{i=1}^{n}X_i,[X_i\text{ 相互独立且 }X_i\sim B(n=1,p)].$$

②随机变量 X 的数学期望和方差如下:

$$EX=np,\ DX=npq.$$

证明　$EX_i=p,\ DX_i=pq.$

$$EX=E\left(\sum_{i=1}^{n}X_i\right)=\sum_{i=1}^{n}EX_i=np.$$

$$DX=D\left(\sum_{i=1}^{n}X_i\right)=\sum_{i=1}^{n}DX_i=npq.$$

③二项分布具有可加性. 若离散型随机变量 X 和 Y 相互独立,且 $X\sim B(n,p)$, $Y\sim B(m,p)$,则随机变量 X 和 Y 的和 $X+Y\sim B(n+m,p)$.

例 4.1.3(抽样问题)　按规定,某种型号汽车电子配件的使用寿命超过 1 500 h 为一级品. 已知某批产品一级品率为 0.2,现在从中随机地抽查 100 只,问:

(1)100 只元件中恰有 k 只 ($k=0,1,\cdots,100$) 一级品的概率是多少?

(2)所有一级品的均值和方差是多少?

(3)至少有 20 只一级品的概率是多少?

(4)一级品最有可能是多少只?

解　这是一个不放回抽样的问题. 这批元件的总数很大,且抽查元件的数量相对于元件的总数来说又很小,可近似当作有放回抽样. 把检验一只元件是否为一级品看成一次伯努利试验,则本例是 100 重的伯努利试验,且 $A=\{$一级品$\}$, $P(A)=0.2$. 随机变量 X 表示随机抽取的 100 只元件中一级品的数量,即 A 发生的次数,则 $X\sim B(n=100,p=0.2)$.

(1)100 只元件中恰有 k 只一级品的概率为

$$P\{X=k\}=C_{100}^k(0.2)^k(0.8)^{100-k}.$$

(2) $EX=np=100\times 0.2=20$(只),　$DX=npq=100\times 0.2\times 0.8=16.$

(3) $P\{X\geqslant 20\}=1-P\{X\leqslant 19\}=1-\mathrm{BINOMDIST}(19,100,0.2,1)\approx 0.54.$

(4)随机变量 X 的分布律如图 4.1 所示. $X=20$ 时分布律对应最大值,即一级品最有可

能是 20 只.

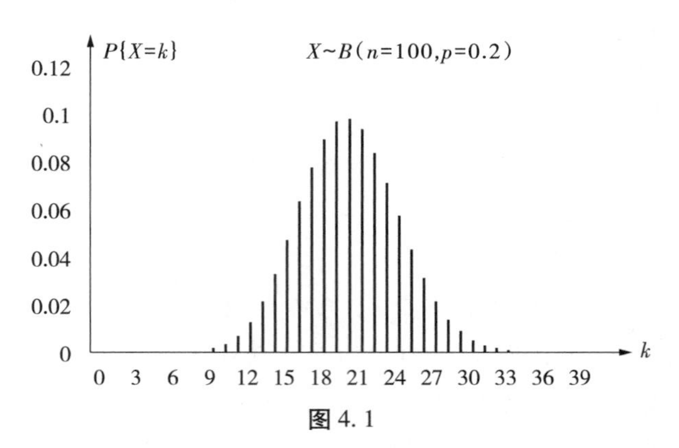

图 4.1

在图 4.1 中，$P\{X=k\}$ 的取值先随着 k 的增大而增大，达到最大值后再减少. 这个使得 $P\{X=k\}$ 达到最大值的 k_0 称为该二项分布的最可能次数. 如果 $(n+1)p$ 是整数，则最可能次数 k_0 有两个取值 $k_0=(n+1)p$ 或 $(n+1)p-1$；如果 $(n+1)p$ 不是整数，则最可能次数 k_0 只有一个取值 $k_0=[(n+1)p]$，这里“[ ]”表示取整数. 在例 4.1.3 中，$(n+1)p=20.2$，$k_0=20$，与图中信息一致.

例 4.1.4（广告效益） 假设某款汽车内饰的自然购买率为 0.25. 销售部门为促销发布广告宣传. 为检验这种广告的有效性，制订决策规则：把这广告随机发给 10 个人，如果 10 个人中至少有 4 个人购买，则认为广告有效；反之认为无效.

（1）求广告有效且把购买率提高到 0.35，但通过试验却被否定的概率.

（2）求广告完全无效，但通过试验却判为有效的概率.

解 10 个人购买产品看成 10 重 B 试验，随机变量 X 表示愿意购买的人数.

（1）当广告有效且把购买率提高到 0.35，则 $X\sim B(10,0.35)$. 此时被否定，则至多有 3 个人购买.

$$\begin{aligned}P\{X\leqslant 3\}&=\sum_{i=0}^{3}C_{10}^{i}\times 0.35^{i}\times 0.65^{10-i}\\&=\text{BINOMDIST}(3,10,0.35,1)=0.5138.\end{aligned}$$

广告有效且把购买率提高到 0.35，但通过试验却被否定的概率为 0.513 8. 该试验否定了有效广告，在统计学中称为第Ⅰ类错误（弃真错误），犯这类错误的概率称为Ⅰ类风险. 该试验的Ⅰ类风险为 0.513 8.

（2）广告完全无效，即该产品的自然购买率依然为 0.25 此时被肯定，则至少有 4 个人在试验中购买.

$$\begin{aligned}P\{X\geqslant 4\}&=1-P\{X\leqslant 3\}\\&=1-\text{BINOMDIST}(3,10,0.25,1)=0.2241.\end{aligned}$$

广告完全无效，但通过试验却判为有效的概率为 0.224 1. 该试验肯定了无效广告，在统计学中称为第Ⅱ类错误（取伪错误），犯这类错误的概率称为Ⅱ类风险. 该试验的Ⅱ类风险为 0.224 1.

例 4.1.5(可卡因缉毒案件)　请用二项分布的概率模型,帮助警察解决在缉毒行动中面临的困境.

解　为解决这个难题,假定在收缴的496袋物质中,有331袋含卡洛因,165袋为合法粉末状物质(一位亲身经历该案件的统计学家称,当有可卡因的数量不大于331袋时,被告无罪的概率最大).这是一个不放回抽样的问题,但这批物质总数很大,抽查的数量相对于总数来说很小,可近似当作有放回抽样.

把检验一袋物质是否为可卡因看成一次伯努利试验,事件 $A=\{是可卡因\}$ 且 $P(A)=\frac{2}{3}$. 令随机变量 X 表示第1次抽取4袋物质时含有可卡因的袋数,随机变量 Y 表示第2次抽取两袋物质时含有可卡因的袋数,则

$$X \sim B\left(n=4, p=\frac{2}{3}\right), Y \sim B\left(n=2, p=\frac{2}{3}\right),$$

随机变量 X 和 Y 相互独立. 随机事件 $\{X=4\}$ 表示"警察抽取4袋物质全部是可卡因",$\{Y=0\}$ 表示"和毒贩交易的两袋不含可卡因".

$$P\{X=4\} = \text{BINOMDIST}\left(4,4,\frac{2}{3},0\right) \approx 0.198,$$

$$P\{Y=0\} = \text{BINOMDIST}\left(0,2,\frac{2}{3},0\right) \approx 0.111,$$

$$P\{X=4, Y=0\} = P\{X=4\} \times P\{Y=0\} \approx 0.022.$$

两个事件同时发生的概率只有0.022(100次中只有约2次).正常情况下,这种小概率事件几乎不可能发生,即断言被销毁的两包物质中含有可卡因,从而推断被告参与了毒品非法交易.但是,有很多辩护律师坚持认为,0.022对法律上判定犯罪与否实属很高,坚持对剩余的490包物质进行化验.统计学家建议从中再抽取20个样本,化验结果显示全部呈阳性,反而成为更有力的供词.最终,被告被法庭宣判有罪.

二项分布中含有两个参数 n 和 p,当 n 比较大且 p 比较小,尤其是 $n>20, p<0.1, np<5$ 时,可借助只含有一个参数的泊松分布来近似.

4.2　泊松分布

泊松分布常用于描述在给定时间、给定面积或给定体积条件下事件发生次数的概率,它以18世纪物理学家与数学家西蒙·泊松(Simeon Poisson)的名字命名.例如,制造厂每月的工业事故数、工厂排放的每百万单元水或空气中毒素的含量、超市收银台每分钟到达的顾客数、保险公司每天收到的死亡索赔数等.这些事件发生的次数如果满足以下两个条件,则事件发生的次数服从泊松分布:

①在任意两个测度相等的区间上,事件发生的概率相等.

②事件在一个区间上是否发生与在其他区间上是否发生是独立的.

定义 4.2.1 设随机变量 X 所有可能取值为 $0,1,2,\cdots$,取各个值的概率为

$$P\{X=k\}=\frac{\lambda^{k}e^{-\lambda}}{k!},\quad k=0,1,2,\cdots,\tag{4.2.1}$$

其中 $\lambda>0$ 是常数,称 X 服从参数为 λ 的泊松分布(Poisson distribution),记为 $X\sim P(\lambda)$.

在上述定义中,随机变量 X 表示确定区间上事件发生的次数. 在实际应用中,当 X 取值非常大时,其概率值近似为 0,可忽略发生的可能性. 随机变量 $X\sim P(4)$ 的分布律图像如图 4.2 所示.

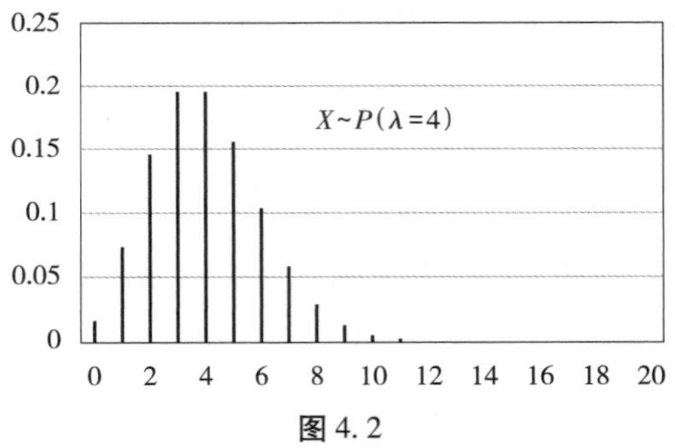

图 4.2

性质 4.2.1 若 $X\sim P(\lambda)$,则泊松分布具有以下性质:

①(单调性)$k<\lambda$ 时概率值 $P\{X=k\}$ 单调递增,$k>\lambda$ 时概率值 $P\{X=k\}$ 单调递减,当 $k=[\lambda]$ 时概率值 $P\{X=k\}$ 达到最大值.

②泊松分布的数学期望和方差均等于 λ.

$$EX=\sum_{k=0}^{\infty}k\cdot\frac{\lambda^{k}}{k!}e^{-\lambda}=e^{-\lambda}\sum_{k=1}^{\infty}\frac{\lambda^{k-1}}{(k-1)!}\lambda=e^{-\lambda}e^{\lambda}\lambda=\lambda.$$

$$DX=E(X-EX)^{2}=\lambda.$$

泊松分布的计算量比较大,可以用 Excel 软件中的 POISSON 函数来计算.

$$P\{X=k\}=\frac{\lambda^{k}e^{-\lambda}}{k!}=\text{POISSON}(k,\lambda,0).$$

$$P\{X\leqslant k\}=\sum_{i=0}^{k}\frac{\lambda^{i}e^{-\lambda}}{i!}=\text{POISSON}(k,\lambda,1).$$

例 4.2.1(顾客流量) 某公司主营汽车加油业务,其后台数据显示,随机到达加油站自助服务区的顾客人数服从泊松分布. 可计算任意时间段内到达某服务点顾客人数的概率,从而确定所需自助加油机数量. 用随机变量 X 表示某加油站自助服务区每分钟到达的顾客人数,历史数据显示平均每分钟 3 个人到达.

(1)求随机变量 X 的概率分布.

(2)求随机变量 X 的均值和方差.

(3)求 1 min 内恰好有两人到达的概率.

(4)求 1 min 内到达的顾客人数少于两人的概率.

(5)求 1 min 内到达的顾客人数至少 5 人的概率.

(6)求如果用随机变量 Y 表示该自助服务区 5 min 到达的顾客人数,求随机变量 Y 的概率分布.

(7)求 5 min 内恰好有 10 人到达的概率.

解　(1)历史数据显示平均每分钟 3 个人到达,即随机变量 X 的均值为 3.

$$EX = \lambda = 3,$$

$$P\{X = k\} = \frac{\lambda^k e^{-\lambda}}{k!} = \frac{3^k e^{-3}}{k!}, k = 0,1,2,\cdots.$$

(2) $EX = \lambda = 3$, $DX = \lambda = 3$.

(3) $P\{X = 2\} = \dfrac{3^2 e^{-3}}{2!} = \text{POISSON}(2,3,0) = 0.224$.

(4) $P\{X \leqslant 2\} = \text{POISSON}(2,3,1) \approx 0.423$.

(5) $P\{X \geqslant 5\} = 1 - P\{X \leqslant 4\} = 1 - \text{POISSON}(4,3,1) \approx 1 - 0.815 = 0.185$.

(6)历史数据显示平均每分钟 3 个人到达,则每 5 min 平均到达的人数为 15 人. 同(1)中的解答, $\lambda = 15$.

$$P\{Y = k\} = \frac{\lambda^k e^{-\lambda}}{k!} = \frac{15^k e^{-15}}{k!}, k = 0,1,2,\cdots.$$

(7)$P\{Y = 10\} = \dfrac{\lambda^k e^{-\lambda}}{k!} = \dfrac{15^k e^{-15}}{10!} = \text{POISSON}(10,15,0) \approx 0.049$.

对比(3)和(7)中的结果,1 min 内恰好有两人到达的概率为 0.224,5 min 内恰好有 10 人到达的概率约为 0.049,概率值不相等. 在计算不同长度时间段上的泊松分布时,必须先计算在相应区间上随机变量的平均值,再计算其概率.

如图 4.3 所示描述了离散型随机变量 $X_1 \sim B(n=10, p=0.2)$ 和 $X_2 \sim P(\lambda=2)$ 的分布律,其中,离散点的横坐标对应随机变量 X_1 和 X_2 的每一个取值,纵坐标表示不同取值对应的概率值. 泊松分布和二项分布在取值点的概率值比较接近.

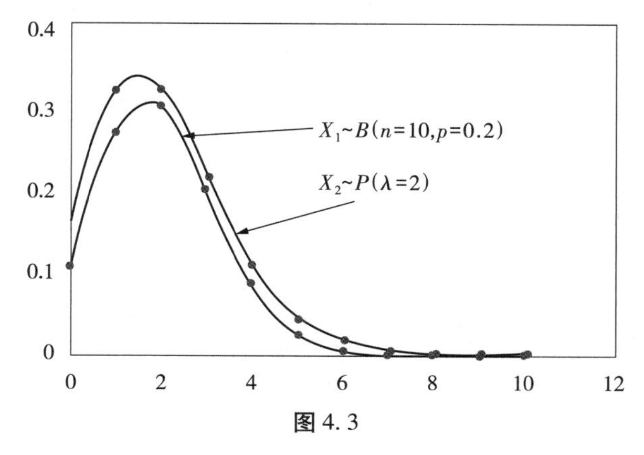

图 4.3

通常情况下,当 $n > 20, p < 0.1, np < 5$ 时,可用泊松分布来近似计算二项分布,具体定理如下:

定理 4.2.1　Poisson **定理(二项分布的泊松近似)**　若随机变量 $X \sim B(n,p)$, 则当 n 比较大、p 比较小时,有

$$P\{X=k\}=C_n^k p^k(1-p)^{n-k}=\frac{\lambda^k e^{-\lambda}}{k!},\lambda=np,$$

即 $X \sim P(\lambda=np)$.

例 4.2.2(保单分析) 在例 4.1.1 中,假设 2018 年有 1 000 人独立购买了涉水险,以 X 表示这 1 000 人在 2018 年涉水出险的人数.请用泊松定理分析以下问题:

(1)求随机变量 X 的概率分布.

(2)恰好有两台车涉水的概率是多少?

(3)至少有两台车涉水的概率是多少?

解 (1)由泊松定理,X 近似服从泊松分布, $\lambda=np=1\ 000\times 0.000\ 1=0.1$.

$$P\{X=k\}=\frac{0.1^k e^{-0.1}}{k!},k=0,1,2,\cdots.$$

(2) $P\{X=2\}=\frac{0.1^2 e^{-0.1}}{2!}=\mathrm{POISSON}(2,0.1,0)\approx 0.004\ 5.$

(3) $$P\{X\geqslant 2\}=1-\frac{0.1^0 e^{-0.1}}{0!}-\frac{0.1^1 e^{-0.1}}{1!}$$
$$=1-P\{X\leqslant 1\}=1-\mathrm{POISSON}(1,0.1,1)\approx 0.004\ 7.$$

例 4.2.3(货物配送) 某汽车 4S 店的历史销售记录表明,某款燃油宝每月平均销售 10 件,即服从参数为 $\lambda=10$ 的泊松分布.为了以 95% 以上的概率保证该商品不脱销,问商店在月底至少应进该商品多少件?

解 设商店每月销售该商品 X 件,月底的进货量为 n 件.为了以 95% 以上的概率保证该商品不脱销,即满足以下表达式:

$$P\{X\leqslant n\}\geqslant 0.95.$$

销量 X 服从参数为 $\lambda=10$ 的泊松分布.由函数 POISSON$(k,\lambda,1)$,得

$$P\{X\leqslant 14\}=\mathrm{POISSON}(14,10,1)=0.916\ 6,$$

$$P\{X\leqslant 15\}=\mathrm{POISSON}(15,10,1)=0.951\ 3,\ n=15.$$

为了以 95% 以上的概率保证该商品不脱销,商店在月底至少应进货 15 件(假定上个月没有存货).

性质 4.2.2(泊松分布的可加性) 设 X_1 和 X_2 是两个相互独立的随机变量,且 $X_1\sim P(\lambda_1)$, $X_2\sim P(\lambda_2)$,则

$$X_1+X_2\sim P(\lambda_1+\lambda_2).$$

推广到一般情况,独立泊松分布的随机变量之和仍服从泊松分布.

证明 考虑随机变量 X_1+X_2 的分布律,对任意 $n=0,1,2,\cdots$,

$$\begin{aligned}P\{X_1+X_2=n\}&=\sum_{i=0}^{n}P\{X_1=i,X_2=n-i\}\\&=\sum_{i=0}^{n}P\{X_1=i\}P\{X_2=n-i\}\\&=\sum_{i=0}^{n}\frac{\lambda_1{}^i e^{-\lambda_1}}{i!}\frac{\lambda_2{}^{n-i}e^{-\lambda_2}}{(n-i)!}\end{aligned}$$

$$= \frac{e^{-\lambda_1}e^{-\lambda_2}}{n!}\sum_{i=1}^{n}\frac{n!}{i!\ (n-i)!}{\lambda_1}^i{\lambda_2}^{n-i}$$
$$= \frac{e^{-(\lambda_1+\lambda_2)}}{n!}(\lambda_1+\lambda_2)^n.$$

以上第二个等式和最后一个等式分别利用随机变量的相互独立性和二项式定理.

例 4.2.1 讨论了某加油站自助服务台的顾客流量.在实际应用中,一般加油站分为员工服务区和自助服务区两部分.基于此,分析以下问题.

例 4.2.4(顾客流量) 历史数据表明,某汽车加油站每分钟随机到达员工服务区的顾客人数 X_1 和自助服务区的顾客人数 X_2 均服从泊松分布,且员工服务区平均每分钟到达 10 人,自助服务区平均每分钟到达 3 人.假定在理想情况下随机变量 X_1 和 X_2 相互独立.

(1)每分钟加油站的顾客人数用随机变量 Y 表示,求 Y 的概率分布.

(2)求随机变量 Y 的均值和方差.

(3)求每分钟到达该门店的顾客人数至少 8 人的概率.

解 (1)$X_1 \sim P(3)$, $X_2 \sim P(10)$,则 $Y = X_1 + X_2 \sim P(13)$.

$$P\{Y=k\} = \frac{\lambda^k e^{-\lambda}}{k!} = \frac{13^k e^{-13}}{k!}, k=0,1,2,\cdots.$$

(2) $EY = \lambda = 13$, $DY = \lambda = 13$.

(3) $P\{Y \geqslant 8\} = 1 - P\{X \leqslant 7\} = 1 - \text{POISSON}(7,13,1) \approx 1 - 0.054 = 0.946$,每分钟到达该门店的顾客人数多于 8 人的概率约为 0.946.

4.3 均匀分布

用随机变量 X 表示某地区一周内汛期的最高水位(单位:m),它的取值区间是[28,30].假定有足够多的历史数据表明,区间[28,30]内任意取两个 l cm 长的子区间,最高水位落在这两个子区间的概率相同,即最高水位落在每个 l cm 长的子区间内是等可能的,称最高水位 X 在区间[28,30]上服从均匀分布.因为连续型随机变量的概率密度描述随机变量概率变化的快慢,在均匀分布中概率在区间内是匀速变化的,所以设最高水位 X 的概率密度函数表达式为

$$f(x) = \begin{cases} c, & 28 \leqslant x \leqslant 30, \\ 0, & \text{其他}. \end{cases}$$

由概率密度函数的归一性 $\int_{-\infty}^{+\infty} f(x)\,dx = 1$,可得 $c = \frac{1}{30-28} = \frac{1}{2}$.

一般情况下,均匀分布的定义如下:

定义 4.3.1 若随机变量 X 的概率密度函数为

$$f(x) = \begin{cases} \frac{1}{b-a}, & a < x \leqslant b, \\ 0, & \text{其他}. \end{cases} \tag{4.3.1}$$

则称随机变量 X 服从区间 $[a,b]$ 上的均匀分布,记为 $X \sim U[a,b]$.

均匀分布的密度函数图像如图 4.4 所示. 由分布函数的几何意义,当 $a \leqslant x < b$ 时,分布函数值等于图 4.4 中阴影部分的面积 $\frac{x-a}{b-a}$. 均匀分布的分布函数表达式为

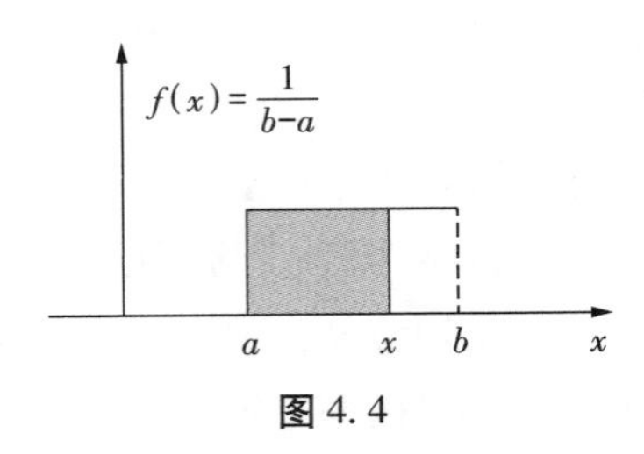

图 4.4

$$F(x)=\begin{cases}0, & x<a,\\ \dfrac{x-a}{b-a}, & a \leqslant x<b,\\ 1, & x \geqslant b.\end{cases}$$

性质 4.3.1 若 $X \sim U[a,b]$, 则 X 具有以下性质:

①对任意子区间 $[c,d] \subset [a,b]$, 总有

$$P(c<x<d)=\int_c^d f(x)\,\mathrm{d}x=\frac{d-c}{b-a}.$$

即随机变量 X 在区间 $[a,b]$ 的任何一个子区间上取值的概率与区间长度成正比,而与区间的位置无关.

②均匀分布的数学期望和方差.

$$EX=\frac{1}{2}(a+b),\ DX=\frac{(b-a)^2}{12}.$$

证明

$$EX=\int_{-\infty}^{\infty} xf(x)\,\mathrm{d}x=\frac{1}{2}(a+b),$$

$$DX=E(X^2)-(EX)^2=\int_a^b \frac{1}{b-a}x^2\,\mathrm{d}x-\left(\frac{a+b}{2}\right)^2=\frac{(b-a)^2}{12}.$$

③均匀分布的线性不变性. 设 $X \sim U[\alpha,\beta]$, 则对任意实数 $a,b \neq 0$, 随机变量函数 $Y=a+bX$ 也服从均匀分布.

例 4.3.1 设某城市江边汛期一周内最高水位(单位:m)$X \sim U[29.20,29.50]$. 求该周内最高水位超过 29.40 m 的概率是多少? 连续 3 天水位超过 29.40 m 的概率是多少?

解 随机变量 X 的密度函数

$$f(x)=\begin{cases}\dfrac{1}{29.5-29.2}=\dfrac{10}{3}, & 29.2 \leqslant x \leqslant 29.5,\\ 0, & \text{其他}.\end{cases}$$

$$P\{X>29.4\}=\int_{29.4}^{29.5}\frac{10}{3}\,\mathrm{d}x=\frac{1}{3}.$$

该周内最高水位超过 29.40 m 的概率为 1/3.

随机变量 $X_i(i=1,2,3)$ 分别表示连续3天每天的水位,假设 X_i 相互独立,则

$$P\{X_1>29.4,X_2>29.4,X_3>29.4\}$$

$$=P\{X_1>29.4\}P\{X_2>29.4\}P\{X_3>29.4\}=\frac{1}{27},$$

连续3天水位超过29.40 m的概率为1/27.

例4.3.2(钢板质量)　假设某钢铁厂研发部认为一台轧钢机可生产不同厚度的钢板,厚度是取值为150～200 mm的均匀随机变量,记为 X. 厚度小于160 mm的钢板将被当成废品,因为用户不会购买.

(1)计算该机器生产的钢板被舍弃的概率.

(2)计算钢板厚度 X 的均值和标准差,并用切比雪夫法则解释该结果.

(3)画出随机变量 X 的概率分布图,在水平轴上标出均值,并在均值周围标出1倍和2倍的标准差区间.

解　(1)由均匀分布的性质4.3.1,

$$P\{钢板被舍弃\}=P\{X\leqslant 160\}=\frac{d-c}{b-a}=\frac{160-150}{200-150}=0.2.$$

(2)钢板厚度 $X\sim U[150,200]$.

$$均值\ \mu=EX=\frac{1}{2}(a+b)=175(\mathrm{mm}),$$

$$标准差\ \sigma=\sqrt{DX}=\frac{b-a}{\sqrt{12}}=\frac{200-150}{\sqrt{12}}=14.43(\mathrm{mm}).$$

所有生产的钢板的平均厚度为175 mm,标准差为14.43 mm. 由切比雪夫法则,钢板厚度落在区间 $[\mu-2\sigma,\mu+2\sigma]=[146.14,203.86]$ 上的概率大于0.75.

(3)随机变量 X 的密度函数

$$f(x)=\begin{cases}0.02, & 150\leqslant x\leqslant 200,\\ 0, & 其他.\end{cases}$$

随机变量 X 的概率分布如图4.5所示,均值 $\mu,\mu\pm\sigma,\mu\pm2\sigma$ 也在横坐标中标出.

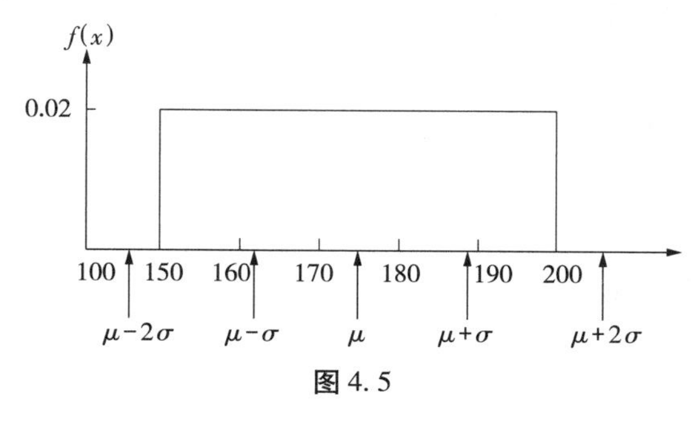

图4.5

4.4 指数分布

指数分布可用于描述某些随机事件发生的时间间隔或距离间隔,如某网页两次访问之间的时间间隔、银行网点顾客等待服务的时间间隔、医院两个紧急事件发生的时间间隔、股票市场暴跌的灾难性事件发生的时间间隔、某车险两次理赔的时间间隔、高速路上两起重大交通事故发生地之间的距离等.

定义 4.4.1 若随机变量 X 具有概率密度函数

$$f(x)=\begin{cases}\lambda e^{-\lambda x}, & x>0,\\ 0, & \text{其他}.\end{cases} \tag{4.4.1}$$

则称随机变量 X 服从参数为 λ 的指数分布,记为 $X\sim E(\lambda)$.

不同参数对应的密度函数图像如图 4.6 所示,均为单调递减函数.

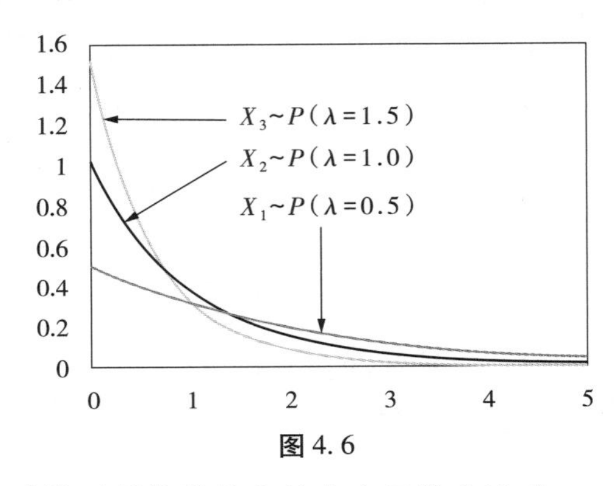

图 4.6

由分布函数的定义,计算可得指数分布的分布函数表达式

$$F(x)=\begin{cases}1-e^{-\lambda x}, & x\geqslant 0,\\ 0, & x<0.\end{cases} \tag{4.4.2}$$

指数分布的分布函数值可用 Excel 表格中的 EXPONDIST 函数计算, $F(x)=$ EXPONDIST$(x,\lambda,1)$.

性质 4.4.1(指数分布的数学期望和方差) 设 $X\sim E(\lambda)$,则

$$EX=\frac{1}{\lambda},DX=\frac{1}{\lambda^2}.$$

证明 $EX=\int_{-\infty}^{+\infty}xf(x)\,dx=\int_0^{+\infty}x\lambda e^{-\lambda x}dx=\frac{1}{\lambda}.$

$$EX^2=\int_0^{+\infty}x^2\lambda e^{-\lambda x}dx=\frac{2}{\lambda^2},$$

$$DX=E(X^2)-(EX)^2=\frac{1}{\lambda^2}.$$

在实际应用中,根据指数分布的性质 $EX=\frac{1}{\lambda}$, 通过数学期望的实际含义值反过来确定

参数 λ 的值.

例 4.4.1(码头装载)　某码头装载一辆卡车所需时间 X 服从指数分布,且平均所需时间为 20 min.

(1)求随机变量 X 的概率密度函数表达式.

(2)求装载一辆卡车所用时间不多于 10 min 的概率.

(3)求装载一辆卡车所用时间大于等于 15 min 的概率.

(4)求装载一辆卡车所用时间在 8 ~ 12 min 的概率.

解　(1)求装载一辆卡车平均所需时间为 20 min,即 $EX = 20$. 而指数分布的数学期望 $EX = \frac{1}{\lambda}$, $\lambda = \frac{1}{20}$, 随机变量 X 的密度函数

$$f(x) = \begin{cases} \frac{1}{20}\mathrm{e}^{-\frac{1}{20}x}, & x > 0, \\ 0, & \text{其他}. \end{cases}$$

(2) $P\{X \leqslant 10\} = \int_{-\infty}^{10} f(x)\,\mathrm{d}x = \int_{0}^{10} \frac{1}{20}\mathrm{e}^{-\frac{1}{20}x}\mathrm{d}x = 1 - \mathrm{e}^{-\frac{1}{2}}$.

或 $P\{X \leqslant 10\} = \mathrm{EXPONDIST}(10, 0.05, 1) \approx 0.393\,5$.

(3) $P\{X \geqslant 15\} = 1 - P\{X \leqslant 15\} = 1 - \mathrm{EXPONDIST}(15, 0.05, 1)$

$\approx 1 - 0.527\,6 = 0.472\,4$.

(4) $P\{8 \leqslant X \leqslant 12\} = P\{X \leqslant 12\} - P\{X \leqslant 8\}$

$= \mathrm{EXPONDIST}(12, 0.05, 1) - \mathrm{EXPONDIST}(8, 0.05, 1) \approx 0.121\,5$.

例 4.4.2(电器寿命)　汽车零部件寿命以及售后服务是生产商关注的核心问题. 假设某款车的电瓶生产商测试产品的使用寿命,初步的测试结果表明其使用寿命 X 服从指数分布,平均使用寿命为 6 年.

(1)求随机变量 X 的概率密度函数、数学期望和方差.

(2)假设保修期为 3 年,求生产商必须免费维修的概率.

(3)任取一个电瓶,求能正常使用两年以上的概率.

(4)有一只电瓶已经正常使用 1 年以上,求还能使用两年以上的概率.

解　(1)电瓶的平均使用寿命为 6 年,即 $EX = 6$. 指数分布的数学期望 $EX = \frac{1}{\lambda}$, $\lambda = \frac{1}{6}$, 随机变量 X 的密度函数

$$f(x) = \begin{cases} \frac{1}{6}\mathrm{e}^{-\frac{1}{6}x}, & x > 0, \\ 0, & \text{其他}. \end{cases}$$

$$DX = \frac{1}{\lambda^2} = 36.$$

(2) $P\{X \leqslant 3\} = \int_{-\infty}^{3} f(x)\,\mathrm{d}x = \int_{0}^{3} \frac{1}{6}\mathrm{e}^{-\frac{1}{6}x}\mathrm{d}x$

$= 1 - \mathrm{e}^{-\frac{1}{2}} = \mathrm{EXPONDIST}\left(3, \frac{1}{6}, 1\right) \approx 0.393\,5$.

(3) $P\{X \geqslant 2\} = 1 - P\{X \leqslant 2\} = 1 - \int_0^2 \frac{1}{6} \mathrm{e}^{-\frac{1}{6}x} \mathrm{d}x = \mathrm{e}^{-\frac{1}{3}}$,

或 $P\{X \geqslant 2\} = 1 - \mathrm{EXPONDIST}\left(2, \frac{1}{6}, 1\right) \approx 1 - 0.2835 = 0.7165$.

(4) $P\{X \geqslant 3 \mid X \geqslant 1\} = \frac{P\{X \geqslant 3, X \geqslant 1\}}{P\{X \geqslant 1\}} = \frac{P\{X \geqslant 3\}}{P\{X \geqslant 1\}} = \frac{\mathrm{e}^{-\frac{1}{2}}}{\mathrm{e}^{-\frac{1}{6}}} = \mathrm{e}^{-\frac{1}{3}} \approx 0.7165$.

综合该例题中(3)和(4)的结果,可得 $P\{X \geqslant 2\} = P\{X \geqslant 3 \mid X \geqslant 1\}$,即新电瓶使用两年以上的概率等于已经使用 1 年的旧电瓶再使用两年以上的概率. 这是指数分布的特性.

性质 4.4.2(指数分布的无记忆性) $X \sim E(\lambda)$,任意 $s,t > 0$,均有

$$\{X \geqslant s + t \mid X \geqslant s\} = P\{X \geqslant t\}.$$

使用寿命服从指数分布的元件,将来的寿命与已使用的时间无关,它永远像新元件一样工作.

4.5 正态分布

正态分布是描述连续型随机变量的重要概率分布,应用非常广泛. 1733 年,法国数学家亚伯拉罕·棣莫弗(Abraham de Moivre)出版了《机会的学说》,他推导了正态分布,并指出当二项分布的参数值 n 很大时可以用正态分布来近似计算其概率. 20 世纪前叶,德国数学家高斯(Gauss)在研究测量误差时从另一个角度导出了正态分布,正态分布也通常称为高斯分布. 第 5 章的中心极限定理将揭示一个重要结论:如果一个物理量是由许多微小的独立随机因素叠加而成,可认为这个物理量近似服从正态分布,如测量误差. 现实生活中,许多随机现象对应的随机变量都近似服从正态分布,如某大型集团所有工作人员的身高或体重、全校学生的期末考试成绩、某股票的月回报率等类似问题. 正态分布被广泛应用于统计推断中.

4.5.1 标准正态分布

定义 4.5.1 若随机变量 X 的概率密度函数为

$$\varphi(x) = \frac{1}{\sqrt{2\pi}} \mathrm{e}^{-\frac{x^2}{2}}, \quad -\infty < x < +\infty, \tag{4.5.1}$$

则称随机变量 X 服从标准正态分布,记为 $X \sim N(0,1)$.

标准正态分布的密度函数图像是一条钟形曲线,如图 4.7 所示. 由概率密度函数表达式和图像可知,概率密度函数具有对称性,$\varphi(-x) = \varphi(x)$,标准正态分布的数学期望 $EX = 0$. 由密度函数的性质 $\int_{-\infty}^{+\infty} \varphi(x) \mathrm{d}x = 1$ 及一重积分的几何意义可知,图 4.7 中标准正态密度曲线和 x 轴之间的区域面积是 1.

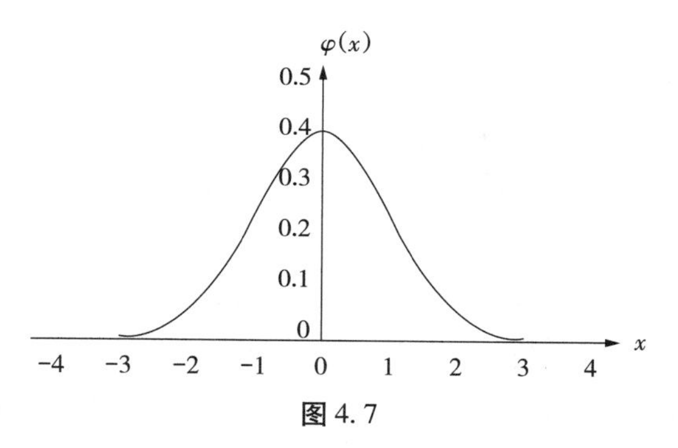

图4.7

标准正态分布的分布函数常用 $\Phi(x)$ 表示，

$$\Phi(x)=\int_{-\infty}^{x}\varphi(t)\,\mathrm{d}t=\frac{1}{\sqrt{2\pi}}\int_{-\infty}^{x}\mathrm{e}^{-\frac{t^2}{2}}\mathrm{d}t,\ -\infty<x<+\infty. \tag{4.5.2}$$

由一重积分的几何意义可知，分布函数 $\Phi(x)$ 表示图4.8(a)中阴影区域的面积. 由概率密度函数的对称性及分布函数的几何意义，可得以下重要结论：

$$\Phi(x)+\Phi(-x)=1, \tag{4.5.3}$$

该结果如图4.8(b)所示.

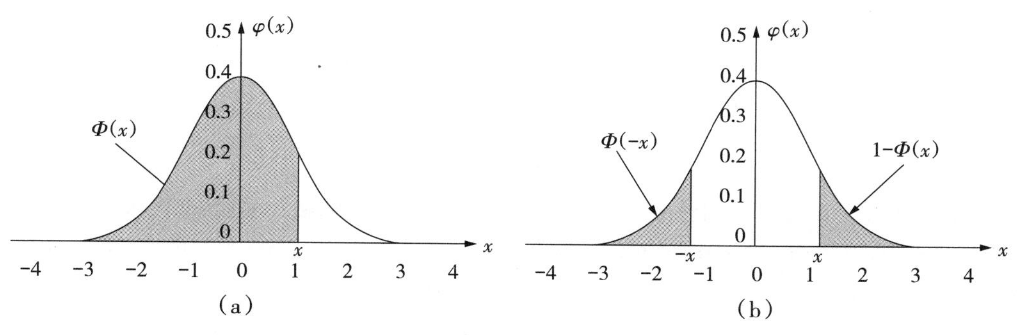

图4.8

对给定的 x，分布函数 $\Phi(x)$ 是一个定积分，无法求出它的精确解，需要使用数值计算来近似求解. 为方便起见，附表1中对若干 $x\geqslant 0$ 给出了 $\Phi(x)$ 的值. 同时，可使用Excel软件计算 $\Phi(x)$. 分布函数 $\Phi(x)$ 的计算方法主要有以下两种：

①当 $x\geqslant 0$ 时，查标准正态分布表(附表1)求 $\Phi(x)$；当 $x<0$ 时，先通过查标准正态分布表求 $\Phi(-x)$，然后代入关系式 $\Phi(x)=1-\Phi(-x)$.

②用Excel软件计算，$\Phi(x)=\mathrm{NORMSDIST}(x,1)$.

例4.5.1　求 $\Phi(0.5)$，$\Phi(-0.5)$，$P\{|X|<1\}$，$P\{|X|<2\}$，$P\{|X|<3\}$.

解　$\Phi(0.5)=0.6915$，

$\Phi(-0.5)=1-\Phi(0.5)=0.3085$，

$P\{|X|<1\}=P\{-1<X<1\}=\Phi(1)-\Phi(-1)=2\Phi(1)-1=0.6826$，

$P\{|X|<2\}=P\{-2<X<2\}=\Phi(2)-\Phi(-2)=2\Phi(2)-1=0.9544$，

$P\{|X|<3\}=P\{-3<X<3\}=\Phi(3)-\Phi(-3)=2\Phi(3)-1=0.9974$.

$P\{|X|<1\}=0.6826$，$P\{|X|<2\}=0.9544$，$P\{|X|<3\}=0.9974$ 是标准正态分布中

区间概率的重要结果,随机变量 X 的取值几乎全部集中在$[-3,3]$的区间内.类似方法可推导出以下结果:

$$P\{|X|<a\}=\Phi(a)-\Phi(-a)=\Phi(a)-[1-\Phi(a)]=2\Phi(a)-1.$$

例4.5.1计算了分布函数值 $\Phi(x)$ 以及随机变量 X 在某区间上的概率.在实际应用中,会遇到相反的情况,即给定一个概率值 p 反过来确定相应的区间边界值.例如,$X\sim N(0,1)$,$P\{X\geqslant x\}=0.1$,求边界值 x.$P\{X\leqslant x\}=0.9=\Phi(x)$,反向查标准正态分布表可得边界值 $x=1.28$,这个边界值被称为标准正态分布的上侧0.1分位数.

定义4.5.2(标准正态分布的分位数) 设 $X\sim N(0,1)$,$0<\alpha<1$,令 z_α 满足

$$P\{X\geqslant z_\alpha\}=1-\Phi(z_\alpha)=\alpha,\tag{4.5.4}$$

称 z_α 为标准正态分布的上侧 α 分位数或下侧 $1-\alpha$ 分位数(图4.9).

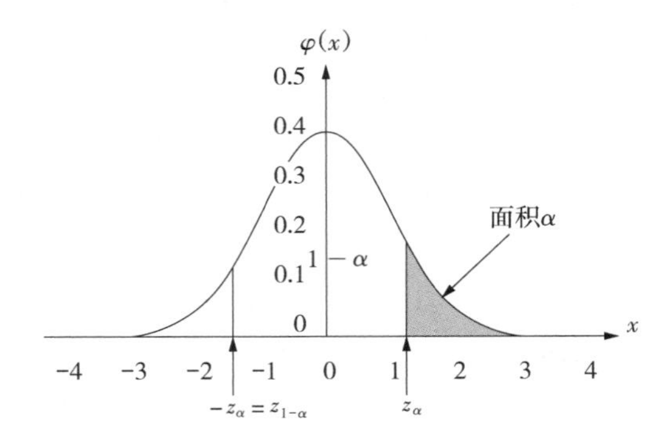

图4.9

分位数的概念在数理统计中扮演非常重要的角色.查标准正态分布表可求分位数,也可通过Excel软件中的命令NORMSINV$(1-\alpha)=z_\alpha$来求分位数.由标准正态分布的密度函数对称性可得 $z_{1-\alpha}=-z_\alpha$,该结果将简化计算.

例4.5.2 分别求 $\alpha=0.05,0.025,0.01$ 时对应的上侧 α 分位数.

解 $\alpha=0.05$,$z_{0.05}=$ NORMSINV$(1-0.05)=$ NORMSINV$(0.95)=1.645$,

$\alpha=0.025$,$z_{0.025}=$ NORMSINV$(1-0.025)=$ NORMSINV$(0.975)=1.96$.

$\alpha=0.01$,$P\{X\geqslant z_{0.01}\}=0.01$,$\Phi(z_{0.01})=0.99$,查标准正态分布表可得 $z_{0.01}=2.33$.

4.5.2 正态分布

定义4.5.3 若随机变量 X 的概率密度为

$$f(x)=\frac{1}{\sqrt{2\pi}\sigma}\mathrm{e}^{-\frac{(x-\mu)^2}{2\sigma^2}},\ -\infty<x<+\infty,\tag{4.5.5}$$

其中 μ 和 $\sigma^2(\sigma>0)$ 都是常数,则称随机变量 X 服从参数为 μ 和 σ^2 的正态分布,记为 $X\sim N(\mu,\sigma^2)$.

标准正态分布是 $\mu=0$ 且 $\sigma^2=1$ 时的正态分布.正态分布的密度函数也是一条钟形曲线,如图4.10所示.

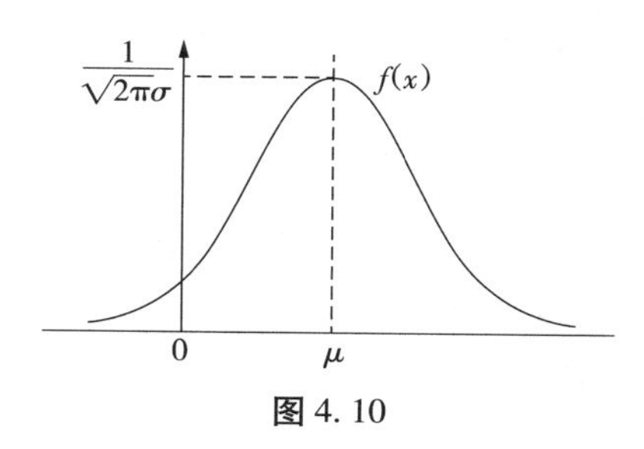

图 4.10

正态分布的密度函数曲线具有以下特征：

①曲线关于 $x=\mu$ 对称，对任意的 $h>0$，有 $P\{\mu-h<X\leqslant\mu\}=P\{\mu<X\leqslant\mu+h\}$.

②曲线 $y=f(x)$ 以 x 轴为渐近线，曲线尾端向两个方向无限延伸，且永远不与 x 轴相交.

③当 $x=\mu$ 时，$f(x)$ 取得最大值 $f(\mu)=\dfrac{1}{\sqrt{2\pi}\sigma}$. x 距离 μ 值越远，$f(x)$ 的值就越小. 这表明，对同样长度的区间，当区间距离 μ 值越远时，随机变量 X 落在该区间的概率就越小.

④随着参数 μ 和 σ^2 的不同取值，正态分布构成一个分布族. 当 σ 固定改变 μ 值时，得到如图 4.11(a)所示的密度函数曲线族. 曲线形状相同，但曲线及其对称轴 $x=\mu$ 沿着 x 轴平行移动，参数 μ 确定了正态分布的位置. 由正态分布密度函数曲线的对称性，可得正态分布的数学期望 $EX=\mu$.

⑤当 μ 固定改变 σ 值，得到如图 4.11(b)所示的密度函数曲线族. 由 $f(x)$ 的最大值 $f(\mu)=\dfrac{1}{\sqrt{2\pi}\sigma}$ 可知，σ 越小则顶点纵坐标值越大，曲线顶点越高，X 的取值越集中，数据的变异性越小，方差越小；σ 越大则顶点纵坐标值越小，曲线顶点越矮，X 取值越分散，数据有更大的变异性，方差越大. 参数 σ 确定了正态分布的形状、变异性和方差大小.

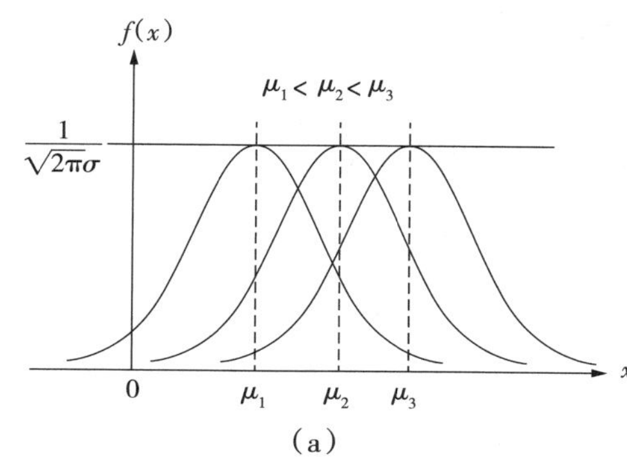

(a)

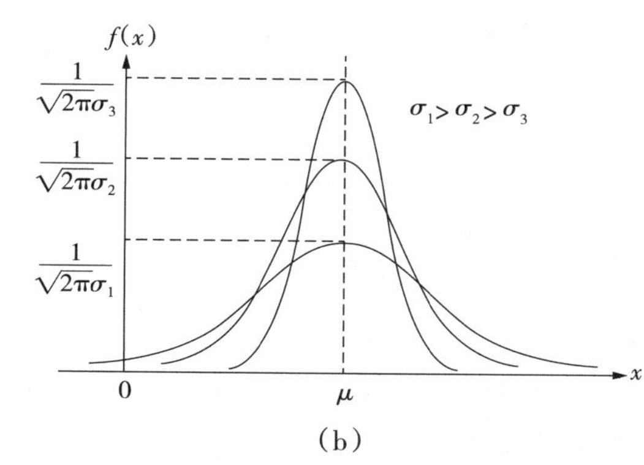

(b)

图 4.11

性质 4.5.1(正态分布的数学期望和方差)　$EX=\mu$, $DX=\sigma^2$.

性质 4.5.2(正态分布的线性不变性)　若 $X\sim N(\mu,\sigma^2)$，那么对任意的常数 a 和 b，随机变量函数 $Y=a+bX$ 也服从正态分布，即 $Y=a+bX\sim N(a+b\mu,b^2\sigma^2)$.

证明　随机变量函数 $Y=a+bX$ 是随机变量 X 的线性函数，把随机变量 X 的密度函数曲线经过平移和压缩可得到随机变量 Y 的密度函数曲线,曲线的倒钟形特征保持不变,随机变量函数 Y 也服从正态分布.

$$EY = E(a + bX) = a + bEX = a + b\mu,$$
$$DY = D(a + bX) = b^2 DX = b^2\sigma^2,$$

综上所述, $Y = a + bX \sim N(a + b\mu, b^2\sigma^2)$.

性质 4.5.3(正态分布的标准化) 设 $X \sim N(\mu,\sigma^2)$, 则

① $Z = \dfrac{X-\mu}{\sigma} \sim N(0,1)$.

②对任意 $a < b$, 有 $P\{a < X < b\} = \Phi\left(\dfrac{b-\mu}{\sigma}\right) - \Phi\left(\dfrac{a-\mu}{\sigma}\right)$.

证明 ①$X \sim N(\mu,\sigma^2)$, 由正态分布的线性不变形, $Z \sim N(EZ, DZ)$.

$$EZ = E\left(\frac{X-\mu}{\sigma}\right) = \frac{1}{\sigma}(EX-\mu) = \frac{1}{\sigma}(\mu-\mu) = 0,$$

$$DZ = D\left(\frac{X-\mu}{\sigma}\right) = \frac{1}{\sigma^2}D(X-\mu) = \frac{1}{\sigma^2}DX = 1,\ Z \sim N(0,1).$$

② $P\{a < X < b\} = P\left\{\dfrac{a-\mu}{\sigma} < \dfrac{X-\mu}{\sigma} < \dfrac{b-\mu}{\sigma}\right\} = \Phi\left(\dfrac{b-\mu}{\sigma}\right) - \Phi\left(\dfrac{a-\mu}{\sigma}\right)$.

正态分布常用计算方法通常有两种:一是把正态分布转化为标准正态分布并查表计算;二是用 Excel 函数计算,如果 $X \sim N(\mu,\sigma^2)$, 则 $P\{X \leqslant x\} = \text{NORMDIST}(x,\mu,\sigma,1)$.

例 4.5.3 设 $X \sim N(1,4)$, 求 $P\{X<1\}$, $P\{1<X<5\}$, $P\{X<0\}$, $P\{|X-1|<2\}$, $P\{X>10\}$.

解 (1) $P\{X<1\} = \Phi\left(\dfrac{1-1}{2}\right) = \Phi(0) = 0.5$.

(2) $P\{1 < X < 5\} = P\{X<5\} - P\{X<1\}$

$= \text{NORMDIST}(5,1,2,1) - \text{NORMDIST}(1,1,2,1)$

$= 0.977\,2 - 0.5 = 0.477\,2$.

(3) $P\{X < 0\} = \Phi\left(\dfrac{0-1}{2}\right) = \Phi(-0.5) = 1 - \Phi(0.5) = 0.308\,5$.

(4) $P\{|X-1| < 2\} = P\{-1 < X < 3\} = \Phi(1) - \Phi(-1) = 0.682\,7$.

(5) $P\{X > 10\} = 1 - P\{X \leqslant 10\} = 1 - \Phi\left(\dfrac{10-1}{2}\right) = 1 - \Phi(4.5) \approx 0$.

例 4.5.4(手机待机时长) 假设一部手机待机时长用随机变量 X 表示, X 服从正态分布,其均值为 10 h,标准差为 2 h. 求手机待机时长为 8 ~ 12 h 的概率.

解 $X \sim N(\mu = 10, \sigma = 2)$, $Z = \dfrac{X-10}{2} \sim N(0,1)$.

$$P\{8 < X < 12\} = \Phi\left(\frac{12-10}{2}\right) - \Phi\left(\frac{8-10}{2}\right) = \Phi(1) - \Phi(-1) = 0.682\,6.$$

手机待机时长为 8 ~ 12 h 的概率为 0.682 6.

例 4.5.5(轮胎行驶里程) 汽车轮胎的可行驶里程是影响产品价格和接受度的一个重

要因素.某轮胎公司工程小组已估计出轮胎可行驶里程的均值 $\mu = 36\,500$ km,标准差 $\sigma = 5\,000$ km. 另外,收集的数据表明轮胎的可行驶里程服从正态分布.

(1)求预期轮胎的可行驶里程超过 40 000 km 的概率是多少?

(2)该轮胎公司正在考虑一项质量保证:如果轮胎的行驶里程没有达到质量保证规定的里程,公司将以折扣价提供更换轮胎服务.如果轮胎公司希望符合折扣质量保证的轮胎不超过 10%,则质量保证里程最大应为多少?

解　(1) $\dfrac{X - 36\,500}{5\,000} \sim N(0,1)$.

$$P\{X \geqslant 40\,000\} = P\left\{\frac{X - 36\,500}{5\,000} \geqslant \frac{40\,000 - 36\,500}{5\,000} = 0.7\right\}$$
$$= 1 - \Phi(0.7) = 1 - 0.758 = 0.242.$$

预期轮胎的可行驶里程超过 40 000 km 的概率为 0.242.

(2)设质量保证里程最大为 x km.

$$P\{X \leqslant x\} = P\left\{\frac{X - 36\,500}{5\,000} \leqslant \frac{x - 36\,500}{5\,000}\right\} = 10\%,\ 即\ \Phi\left(\frac{x - 36\,500}{5\,000}\right) = 0.1.$$

由正态分布的分布函数性质 $\Phi(x) + \Phi(-x) = 1$, 可得

$$\Phi\left(\frac{-x + 36\,500}{5\,000}\right) = 0.9.$$

查标准正态分布表,

$$\frac{-x + 36\,500}{5\,000} = 1.28,\ x = 30\,100(\text{km}).$$

轮胎公司质量保证里程最大为 30 100 km.

例 4.5.6(激励奖金)　设某品牌生产商的工人日产量 X 服从均值为 80 t、标准差为 100 t 的正态分布.为提高工人的生产积极性,管理层计划设立激励奖金,同时要求只向日产量前 10% 的工人发放奖金.管理层应该在多少生产量以上设立奖金?

解　$X \sim N(\mu = 80, \sigma = 100)$, $Z = \dfrac{X - 80}{100} \sim N(0,1)$.

设工人的日产量超出 A t 后发放奖金,则

$$P\{X \geqslant A\} = 0.1, P\{X \leqslant A\} = 0.9, P\left\{X \leqslant \frac{A - 80}{100}\right\} = 0.9.$$

查标准正态分布表可得

$$\frac{A - 80}{100} = 1.28,\ A = 208(\text{t}).$$

当工人的日产量超过 208 t 时,向该工人发放奖金.

理论上讲,服从正态分布的随机变量 X 可以取任意实数值,但 X 的取值绝大部分在其均值附近.

定理 4.5.1　3σ 法则(三倍标准差法则)　随机变量 $X \sim N(\mu, \sigma^2)$, 则

$$P(|X - \mu| \leqslant \sigma) = 0.682\,6,$$

$$P(|X-\mu| \leqslant 2\sigma) = 0.954\,4,$$
$$P(|X-\mu| \leqslant 3\sigma) = 0.997\,4.$$

证明 $X \sim N(\mu,\sigma^2), Z=\dfrac{X-\mu}{\sigma} \sim N(0,1)$.

由例 4.5.1 的结果，

$$P\{|Z|<1\}=0.682\,6, P\{|Z|<2\}=0.954\,4, P\{|Z|<3\}=0.997\,4,$$

将 $Z=\dfrac{X-\mu}{\sigma}$ 代入可得. 3σ 法则也称为正态分布的**经验法则**. 该结果如图 4.12 所示. X 的取值几乎全部集中在区域 $[\mu-3\sigma,\mu+3\sigma]$ 内，这一重要结论常用于控制风险理论. 一般把区域 $[\mu-3\sigma,\mu+3\sigma]$ 定义为正常区域，正常区域以外的区域定义为异常区域.

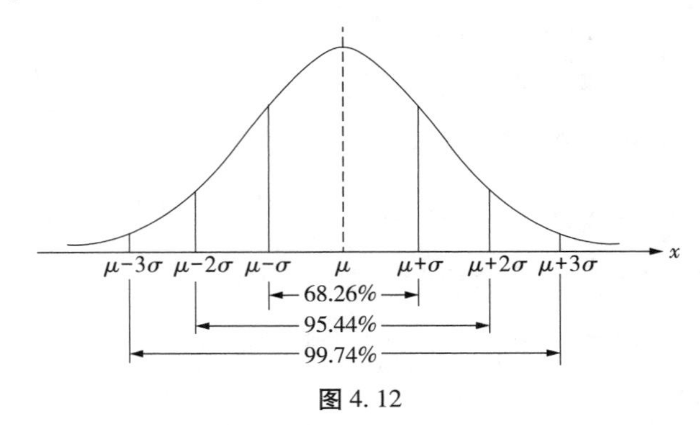

图 4.12

性质 4.5.4（**正态分布的可加性**） 设随机变量 X_1,X_2 相互独立，且 $X_1 \sim N(\mu_1,\sigma_1^2)$，$X_2 \sim N(\mu_2,\sigma_2^2)$，则

$$X_1+X_2 \sim N(\mu_1+\mu_2,\sigma_1^2+\sigma_2^2). \tag{4.5.6}$$

证明 （略）

推论 4.5.1（**独立正态随机变量的线性函数仍是正态分布**） 设 $X_1,X_2,\cdots,X_n$ 相互独立，且 $X_i \sim N(\mu_i,\sigma_i^2)$，则

$$a+\sum_{i=1}^{n} b_i X_i \sim N\left(a+\sum_{i=1}^{n} b_i\mu_i, \sum_{i=1}^{n} b_i^2\sigma_i^2\right). \tag{4.5.7}$$

例 4.5.7 设 $X \sim N(5,8), Y \sim N(2,7)$，$X$ 和 Y 相互独立，$Z=X-2Y+3$，求 $P\{Z>10\}$.

解 由推论 4.5.1，$Z=X-2Y+3$ 服从正态分布.

$$EZ=EX-2EY+3=4, DZ=DX+4DY=36,$$

$$Z \sim N(4,36), \frac{Z-4}{6} \sim N(0,1).$$

$$P\{Z>10\}=P\left\{\frac{Z-4}{6}>1\right\}=1-\Phi(1)=1-0.841\,3=0.158\,7.$$

4.6　由正态分布生成的分布

本节介绍几个由正态分布生成的特殊分布,它们在数理统计中有非常重要的应用.

4.6.1　χ^2 分布

定义 4.6.1　设 $X_1,X_2,\cdots,X_n$ 是一列独立同分布的标准正态随机变量,则称随机变量

$$\chi^2 = X_1{}^2 + X_2{}^2 + \cdots + X_n{}^2 \tag{4.6.1}$$

服从自由度为 n 的 χ^2 分布,记为 $\chi^2 \sim \chi^2(n)$.

$\chi^2(n)$ 分布的概率密度函数为

$$f(x)=\begin{cases}\dfrac{1}{2^{n/2}\Gamma(n/2)}x^{\frac{n}{2}-1}\mathrm{e}^{-\frac{x}{2}}, & x>0,\\ 0, & x\leqslant 0,\end{cases}$$

其中函数 $\Gamma(z)=\int_0^{+\infty} t^{z-1}\mathrm{e}^{-t}\,\mathrm{d}t$.

图 4.13 分别给出了当 $n=1,2,4,6,11$ 时 $\chi^2(n)$ 分布的概率密度函数图像.

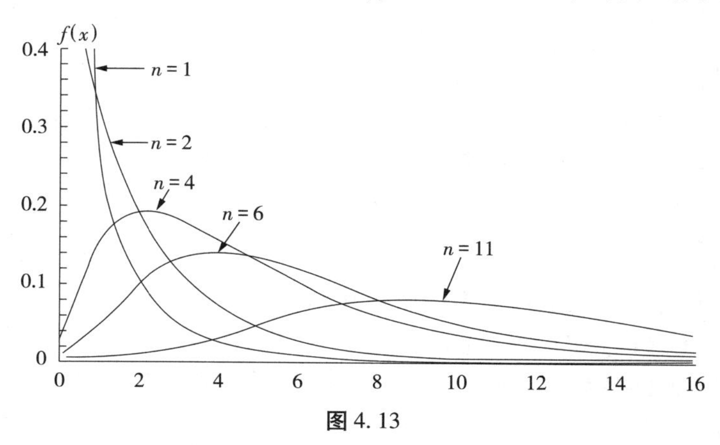

图 4.13

性质 4.6.1(**χ^2 分布的独立可加性**)　设 $\chi_1{}^2 \sim \chi^2(n_1)$,$\chi_2{}^2 \sim \chi^2(n_2)$, 且 $\chi_1{}^2$ 和 $\chi_2{}^2$ 相互独立,则

$$\chi_1{}^2 + \chi_2{}^2 \sim \chi^2(n_1+n_2).$$

证明　$\chi_1^2+\chi_2^2$ 是 n_1+n_2 个相互独立的标准正态随机变量的平方和.

性质 4.6.2(**χ^2 分布的数学期望和方差**)　若 $\chi^2 \sim \chi^2(n)$, 则有

$$E(\chi^2)=n, D(\chi^2)=2n.$$

定义 4.6.2　若 $\chi^2 \sim \chi^2(n)$, 对给定的正数 α, $0<\alpha<1$, 如果

$$P\{X > \chi_\alpha{}^2(n)\} = \alpha, \tag{4.6.2}$$

则称 $\chi_\alpha{}^2(n)$ 为 $\chi^2(n)$ 分布的上 α 分位点,如图 4.14 所示.

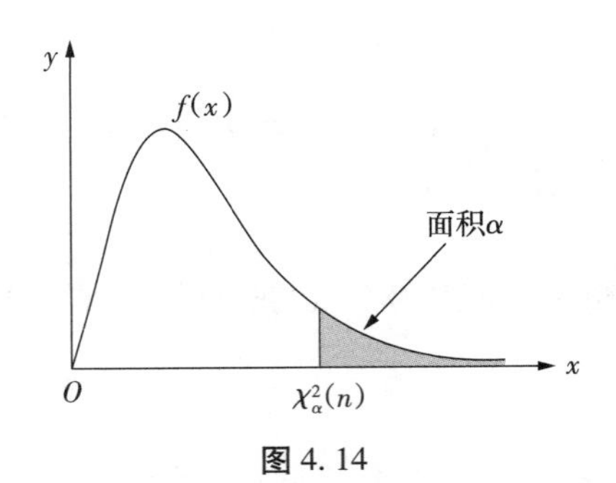

图 4.14

附表 2 给出了部分 α,n 值对应的 χ^2 分布的上 α 分位点 ${\chi_\alpha}^2(n)(n \leqslant 30)$. 当 $n \geqslant 30$ 时，近似有

$$ {\chi_\alpha}^2(n) \approx \frac{1}{2}\left(z_\alpha + \sqrt{2n-1}\right)^2, $$

其中 z_α 是标准正态分布的上 α 分位点，即可通过标准正态分布上 α 分位点 z_α 计算得到 χ^2 分布上 α 分位点 ${\chi_\alpha}^2(n)$. 同样，也可以通过 Excel 函数计算 χ^2 分布的概率和分位数. CHIDIST 函数用于计算 χ^2 分布的右侧概率，

$$ P(X > x) = \text{CHIDIST}(x,n). $$

CHIINV(α,n) 函数用于计算 χ^2 分布的上 α 分位数，

$$ {\chi_\alpha}^2(n) = \text{CHIINV}(\alpha,n). $$

例 4.6.1 随机变量 $X \sim \chi^2(20)$，求 $P\{X > 8\},P\{X \leqslant 11\}$，上侧 0.05 分位数 $\chi^2_{0.05}(20)$，上侧 0.01 分位数 $\chi^2_{0.01}(20)$.

解 $P\{X > 8\} = \text{CHIDIST}(8,20) \approx 0.991\,8$,

$$ P\{X \leqslant 11\} = 1 - P(X > 11) = 1 - \text{CHIDIST}(11,20) \approx 1 - 0.946\,2 = 0.053\,8, $$

$$ \chi^2_{0.05}(20) = \text{CHIINV}(0.05,20) \approx 31.4, $$

$$ \chi^2_{0.01}(20) = \text{CHIINV}(0.01,20) \approx 37.6. $$

上侧 $\chi^2_{0.05}(20)$ 和 $\chi^2_{0.01}(20)$ 也可查附表 2 得到.

例 4.6.2 假设在平面上需要定位一个目标，两个坐标的误差（单位：m）独立地服从 $N(0,4)$，求定位的点与目标距离超过 2 m 的概率.

解 两个坐标误差分别记为 $X_i(i = 1,2)$，Y 为定位的点与目标距离，$Y^2 = X_1^2 + X_2^2$.

$X_i \sim N(0,4)$，$\dfrac{X_i}{2} \sim N(0,1)$ 且相互独立，$\left(\dfrac{X_1}{2}\right)^2 + \left(\dfrac{X_2}{2}\right)^2 \sim \chi^2(2)$.

$$ \begin{aligned} P\{Y > 2\} &= P\{Y^2 > 4\} = P\left\{\left(\frac{X_1}{2}\right)^2 + \left(\frac{X_2}{2}\right)^2 > 1\right\} \\ &= P\{\chi^2(2) > 1\} = \text{CHIDIST}(1,2) \approx 0.606\,5. \end{aligned} $$

定位的点与目标距离超过 2 m 的概率为 0.606 5.

4.6.2 t 分布

定义 4.6.3 设 $X \sim N(0,1)$，$Y \sim \chi^2(n)$，且 X,Y 相互独立，则称随机变量

$$T_n = \frac{X}{\sqrt{Y/n}} \tag{4.6.3}$$

服从自由度为 n 的 t **分布**,记为 $T_n \sim t(n)$.

t 分布是由英国统计学家 W. S. Gosset 于1908年以笔名 Student 首先发表的,又称为学生分布. $t(n)$ 分布的概率密度函数为

$$f(x) = \frac{\Gamma[(n+1)/2]}{\sqrt{n\pi}\,\Gamma(n/2)}\left(1+\frac{x^2}{n}\right)^{-(n+1)/2}, -\infty < x < +\infty.$$

如图4.15所示给出了 $n=5$ 时 t 分布的概率密度函数曲线以及标准正态分布曲线. 和标准正态分布类似, t 分布的密度函数关于 y 轴对称. 当 n 越来越大时 t 分布趋近于标准正态分布. 当 $n \geqslant 30$ 时,可用标准正态分布近似替代 t 分布.

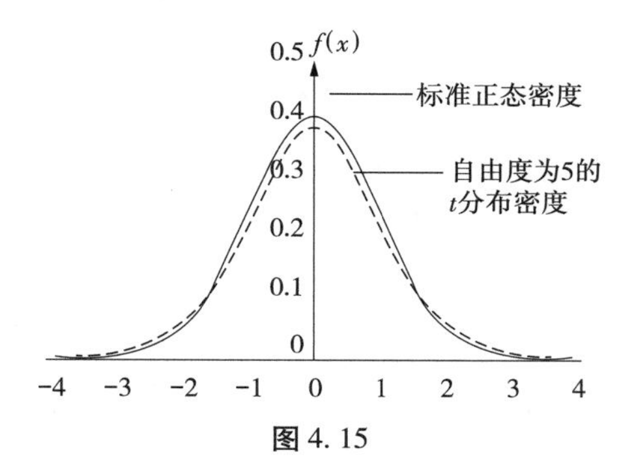

图4.15

定义 4.6.4　若 $T \sim t(n)$, 对给定的 α, $0 < \alpha < 1$, 如果

$$P\{T_n > t_\alpha(n)\} = \alpha, \tag{4.6.4}$$

则称 $t_\alpha(n)$ 为 $t(n)$ 分布的上 α 分位点.

由 t 分布的密度函数的对称性,可得 $t_{1-\alpha}(n) = -t_\alpha(n)$, 如图4.16所示.

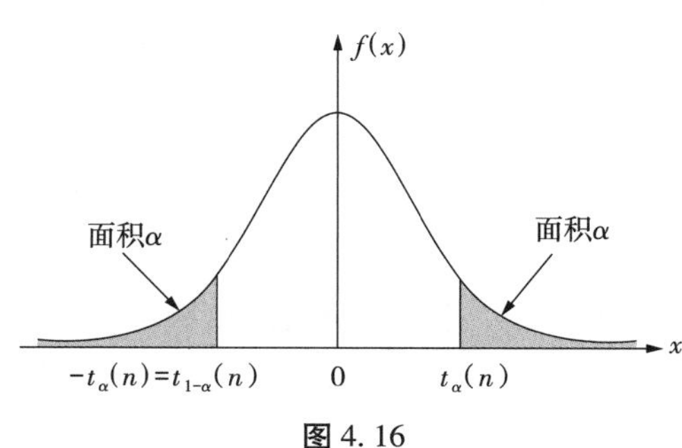

图4.16

附表3针对部分 α, n 列出了 $t_\alpha(n)$ 的值. $n > 45$, t 分布的上 α 分位点用标准正态分布的上 α 分位点近似, $t_\alpha(n) \approx z_\alpha$. 对一般的参数值,也可以用 Excel 中的 TDIST 函数来计算 t 分布的右尾概率和双尾概率,具体表达式如下:

$$P\{T_n > x\} = \mathrm{TDIST}(x,n,1), P\{|T_n| > x\} = \mathrm{TDIST}(x,n,2).$$

TINV(α,n) 用于计算 t 分布的双侧分位数,

$$P\{|T_n| > \mathrm{TINV}(\alpha,n)\} = \alpha.$$

t 分布的上 α 分位点 $t_\alpha(n) = \mathrm{TINV}(2\alpha,n)$.

例 4.6.3 设 $T \sim t(12)$，求 $P\{T > 2\}, P\{T \leqslant 1\}, P\{|T| > 1\}$，上侧 0.05 分位数 $t_{0.05}(12)$，上侧 0.01 分位数 $t_{0.01}(12)$.

解 $P\{T > 2\} = \text{TDIST}(2,12,1) \approx 0.034\,3$,

$$P\{T \leqslant 1\} = 1 - P\{T > 1\} = 1 - \text{TDIST}(1,12,1) \approx 1 - 0.168\,5 = 0.831\,5,$$

$$P\{|T| > 1\} = \text{TDIST}(1,12,2) \approx 0.337\,1,$$

或 $$P\{|T| > 1\} = 2P\{T > 1\} = 2(1 - P\{T \leqslant 1\}) = 2 - 2 \times 0.831\,5 = 0.337.$$

$$t_{0.05}(12) = \text{TINV}(0.1,12) \approx 1.782, t_{0.01}(12) = \text{TINV}(0.02,12) \approx 2.681.$$

上侧分位数 $t_{0.05}(12)$ 和 $t_{0.01}(12)$ 也可查附表 3 得到.

4.6.3 F 分布

定义 4.6.5 设随机变量 $U \sim \chi^2(n_1), V \sim \chi^2(n_2)$ 且 U 和 V 相互独立,则称随机变量

$$F = \frac{U/n_1}{V/n_2}, \tag{4.6.5}$$

服从自由度为 (n_1, n_2) 的 F 分布,记为 $F \sim F(n_1, n_2)$.

$F(n_1, n_2)$ 分布的概率密度函数为

$$f(x) = \begin{cases} \dfrac{\Gamma[(n_1 + n_2)/2]}{\Gamma(n_1/2)\Gamma(n_2/2)}\left(\dfrac{n_1}{n_2}\right)\left(\dfrac{n_1 x}{n_2}\right)^{\frac{n_1}{2}-1}\left(1 + \dfrac{n_1 x}{n_2}\right)^{-\frac{n_1+n_2}{2}}, & x \geqslant 0, \\ 0, & x < 0. \end{cases}$$

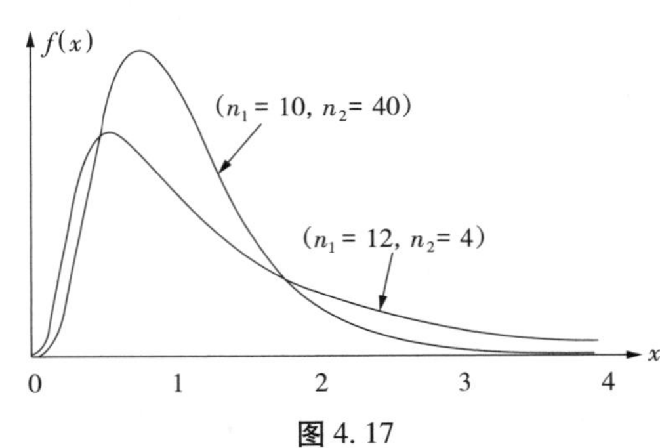

图 4.17

图 4.17 给出了 (n_1, n_2) 取不同数对时 F 分布的概率密度函数图像.

定义 4.6.6 若 $F \sim F(n_1, n_2)$，对给定的 α, $0 < \alpha < 1$，若有

$$P(F > F_\alpha(n_1, n_2)) = \alpha, \tag{4.6.6}$$

称 $F_\alpha(n_1, n_2)$ 为 $F(n_1, n_2)$ 分布的**上侧 α 分位点**,如图 4.18 所示.

F 分布的上侧 α 分位点具有以下性质:

$$F_{1-\alpha}(n, m) = \frac{1}{F_\alpha(m, n)}.$$

F 分布的计算方法有两种:一是查 F 分布的上 α 分位数表(见附表 4),二是用 Excel 函数，$P\{F > x\} = \text{FDIST}(x, n, m)$，上 α 分位数 $F_\alpha(n, m) = \text{FINV}(\alpha, n, m)$.

例 4.6.4 设 $F \sim F(6,10)$，求 $P\{F > 2\}, P\{F \leqslant 1\}$，上侧 0.05 分位数 $F_{0.05}(6,10)$.

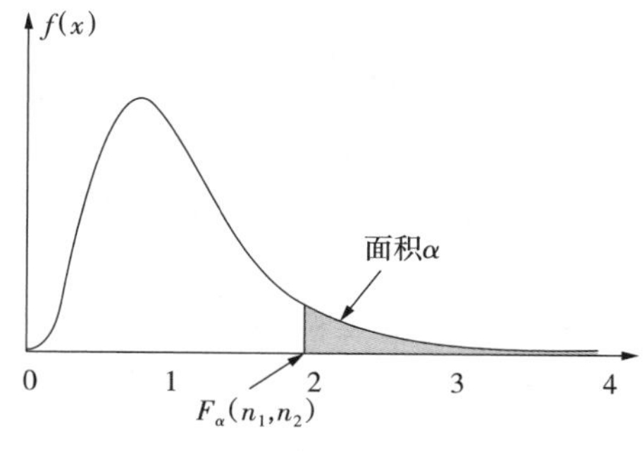

图 4.18

解　$P\{F>2\}=\text{FDIST}(2,6,10)\approx 0.1589$,

$$P\{F\leqslant 1\}=1-P(F>1)=1-\text{FDIST}(1,6,10)\approx 1-0.4753=0.5247,$$

$$F_{0.05}(6,10)=\text{FINV}(0.05,6,10)\approx 3.217.$$

本章小结

本章知识结构图如下：

第 4 章　几种常见的概率分布

离散型

- 4.1　伯努利(0-1)分布 → 伯努利(Bernoulli)试验
  $P\{X=0\}=1-p, P\{X=1\}=p, EX=p, DX=pq$　（$n=1$）
- 4.2　二项分布 $X\sim B(n,p)$ → n 重伯努利(Bernoulli)试验
  $P\{X=k\}=C_n^k p^k(1-p)^{n-k}$,　$EX=np$, $DX=npq$, 可加性
- 4.3　泊松分布 $X\sim P(\lambda)$　　泊松定理：二项分布的泊松近似
  $$P\{X=k\}=\frac{\lambda^k e^{-\lambda}}{k!}.\qquad EX=\lambda. DX=\lambda$$

连续型

- 4.4　均匀分布 $X\sim U(a,b)$ $f(x)=\begin{cases}\dfrac{1}{b-a} & a\leqslant x\leqslant b\\ 0 & 其他\end{cases}$　$EX=(a+b)/2$, $Dx=(b-a)^2/12.$
- 4.5　指数分布 $X-E(\lambda)$, $f(x)=\begin{cases}\lambda e^{-\lambda x}, & x>0,\\ 0, & 其他.\end{cases}$ $EX=\dfrac{1}{\lambda}, DX=\dfrac{1}{\lambda^2}$, 无记忆性
- 4.6　正态分布 $X\sim N(\mu,\sigma^2)$　　$EX=\mu, DX=\sigma^2, Z=\dfrac{x-\mu}{\sigma}\sim N(0,1)$
  $f(x)=\dfrac{1}{\sqrt{2\pi}\sigma}e^{-\frac{(x-\mu)^2}{2\sigma^2}}(-\infty<x<+\infty)$ 图形特征、线性性质、上 α 分位点
- 4.7　由正态分布生成的分布：χ^2 分布、t 分布和 F 分布
  定义、性质、密度函数图像和分位数(熟练用软件计算)

本章主要内容如下：

许多不同研究领域的随机变量具有相同的特点. 根据试验类型将随机变量进行分类，包括0-1分布、二项分布、泊松分布、均匀分布、指数分布和正态分布. 重点介绍了这几种随机变量的应用背景、分布函数、分布律或概率密度函数、数学期望和方差等，并借助数学软件简化计算.

正态分布是描述连续型随机变量的重要概率分布，现实中许多随机现象对应的随机变量都近似服从正态分布. 正态分布被广泛应用于统计推断中. 我们不仅要掌握正态分布的应用背景、标准正态分布、概率密度函数及其对称性、数学期望和方差，熟练运用正态分布的标准化方法作概率计算，还要掌握正态分布的线性性质、对称性及其分位数的具体求法.

χ^2 分布、t 分布和 F 分布是由正态分布生成的特殊分布，在数理统计中有非常重要的应用，我们需要了解和掌握它们的定义、性质、密度函数图像和分位数.

习　题

1. 设随机变量 $X \sim B(3,p)$，$Y \sim B(4,p)$. 如果 $P\{X=0\}=\frac{1}{8}$.

(1)求随机变量 Y 的分布律、数字期望、方差和标准差.

(2)求 $P\{Y \leqslant 1\}$，$P\{Y=1\}$.

2. 假设某工厂生产汽车引擎的冲压制品的机器发生故障，产生了10%的次品. 机器随机产生冲压制品的次品和非次品. 如果接下来检验5个冲压制品，求其中3个是次品、或至少有一个次品的概率.

3. 假定对一家公司的50名员工进行调查，其目的是确定支持公司工会的人数，用随机变量 X 表示. 设有70%的员工支持工会的工作.

(1)求随机变量 X 的均值、方差和标准差.

(2)求支持公司工会的人数等于40人的概率.

(3)求支持公司工会的人数小于等于30人的概率.

(4)求支持公司工会的人数大于等于30人的概率.

4. 接种了血清疫苗的老鼠中60%是不会受到某种疾病的感染的. 如果有5只老鼠接种了这种疫苗.

(1)求没有老鼠感染这种疾病的概率.

(2)求少于两只老鼠感染这种疾病的概率.

5. 假设某人把一笔固定额度的资金投资10个互联网项目，有40%的投资项目会成功. 这些项目结果彼此独立，用随机变量 X 表示10个项目中成功的次数.

(1)求随机变量 X 的概率分布.

(2)求随机变量 X 的数学期望和方差.

(3)至少有4个项目成功的概率是多少?

(4)最有可能成功多少个项目?

6. 设随机变量 X 服从泊松分布,且 $P\{X=2\}=P\{X=3\}$.

(1)求随机变量 X 的分布律、数字期望、方差和标准差.

(2)求 $P\{X=2\}$,$P\{X\leqslant 2\}$,$P\{X>2\}$.

7. 假设一个公司的员工在周一缺勤的人数 X 服从(近似)泊松概率分布,而且假设周一平均缺勤人数为2.6人.

(1)求随机变量 X 的分布律、均值和标准差.

(2)求在周一缺勤的员工人数刚好是4人的概率.

(3)求在周一缺勤的员工人数少于2人的概率.

(4)求在周一缺勤的员工人数超过5人的概率.

8. 某商店出售某种商品. 根据历史记录分析,月销量服从参数为 $\lambda=5$ 的泊松分布. 为保证本月以99.9%的概率不缺货,则月初进货时至少要库存多少件?

9. 如果保险公司每天处理的索赔数量服从(近似)泊松概率分布,而且平均每天处理的索赔数量是5件,且不同天的索赔数量是相互独立的.

(1)求1天中索赔数量小于3件的概率是多少?

(2)求5天中恰好有3天的索赔数量是4件的概率是多少?

10. 某互联网风险投资平台某日有5 000项小额贷款到期. 假设每项货款违约率为0.1%,问违约数超过10项的概率是多少?(提示:可使用泊松逼近)

11. 某种产品的每件表面上的疵点数服从泊松分布,平均每件上有0.8个疵点. 规定疵点数不超过1个为一等品,价值10元;疵点数大于1个不多于4个为二等品,价值8元;疵点数超过4个为废品. 求该产品的平均价值.

12. 若随机变量 $X\sim U[0,4]$.

(1)求随机变量 X 的概率密度函数、数字期望、方差和标准差.

(2)求 $P\{X<3\}$,$P\{1<X<3\}$,$P\{2<X<5\}$.

13. 设 X_1,X_2 分别表示甲乙两人手表的日走时误差,其概率密度分别为

$$f_1(x)=\begin{cases}\dfrac{1}{20}, & -10<x<10,\\ 0, & \text{其他}.\end{cases}\qquad f_2(x)=\begin{cases}\dfrac{1}{40}, & -20<x<20,\\ 0, & \text{其他}.\end{cases}$$

问谁的手表比较好? 请说明理由.

14. 考虑具有以下密度函数形式的指数分布.

$$f(x)=\begin{cases}\dfrac{1}{3}\mathrm{e}^{-\frac{1}{3}x}, & x>0,\\ 0, & \text{其他}.\end{cases}$$

(1)写出 $P\{X\leqslant x\}$ 的公式.

(2)计算 $P\{X\leqslant 2\}$,$P\{X\geqslant 2\}$,$P\{2\leqslant X\leqslant 5\}$.

(3)求随机变量 X 的数字期望、方差和标准差.

15. 假设某医院急救事件发生的时间间隔 X(单位:h)服从指数分布,且平均急救事件的时间间隔为 2 h. 求急救事件间隔超过 5 h 的概率是多少?

16. 设某柜台服务员为每一位顾客服务的时间为随机变量 X(单位:min), $X \sim E(0.5)$. 某人刚好在你前面接受服务.

(1)求等待时间超过 2 min 的概率.

(2)求等待时间在 2 ~ 3 min 的概率.

(3)求在等待时间超过 2 min 的前提下,总等待时间超过 4 min 的概率.

17. 一个微波炉生产商尝试确定产品的使用寿命. 初步的测试证明微波炉的使用寿命 X 服从指数概率分布,平均使用寿命为 7 年.

(1)求随机变量 X 的概率密度函数、数学期望 μ 和标准差 σ.

(2)假设免费包换的时间设定为半年,求生产商免费包换的概率是多少?

(3)假设免费保修期设定为 5 年,求生产商免费保修的概率是多少?

(4)求使用寿命落在 $\mu \pm 2\sigma$ 范围内的概率.

18. 某学校要采购一批空调,采购方案为:每台先支付首期款 1 000 元,剩下的尾款根据使用寿命 X(单位:年)支付,寿命 X 的密度函数

$$f(x)=\begin{cases}\frac{1}{6}\mathrm{e}^{-\frac{1}{6}x}, & x>0,\\ 0, & \text{其他}.\end{cases}$$

若 $X \leqslant 3$, 一台空调支付尾款 1 000 元;若 $3 < X < 6$, 则一台空调支付尾款 1 500 元;若 $X \geqslant 6$, 则一台空调支付尾款 2 000 元.

(1)求平均一台空调需要支付多少尾款.

(2)求空调的平均使用寿命是多少年.

19. 已知 $X \sim N(0,1)$, 求 $P\{X \leqslant 0.8\}$, $P\{X \geqslant 0.8\}$, $P\{-1.5 \leqslant X \leqslant 0\}$, $P\{-2 \leqslant X \leqslant 3\}$.

20. 已知 $X \sim N(5,2^2)$, 求 $P\{X \leqslant 4\}$, $P\{X \geqslant 5\}$, $P\{4 \leqslant X \leqslant 7\}$, $P\{-2 \leqslant X \leqslant 12\}$.

21. 已知 $X \sim N(0,1)$, 求 $\alpha = 0.1, 0.02, 0.005$ 时对应的上侧 α 分位数.

22. 某自动售货公司正考虑提供一项特殊服务合同,以负担服务工作所要求的设备租赁成本. 根据经验,公司经理估计年服务成本 X 近似服从正态分布,其均值为 1 000 元,标准差为 100 元. 如果公司以每年 1 200 元的价格向客户提供这种服务,则一名客户的服务成本超过合同价格(1 200 元)的概率是多少?

23. 公共汽车车门高度的设计要求是男乘客上下车撞头的概率应在 1% 以下. 设男子的身高(单位:cm) $X \sim N(170,6^2)$, 问车门高度 H 至少应设计成多少?

24. 假设某大学入学考试成绩服从正态分布,均值为 450 分,标准差为 100 分.

(1)考试分数在 400 ~ 500 的人数占多大百分比?

(2)假定某人得分 630,比此人考试分数高的考生的百分比有多大? 比此人考试分数低的考生的百分比有多大?

(3)如果某大学不招收分数在 480 分以下的学生,参加考试的学生中被该大学接受的百

分比是多少？

25. 设某校一年级学生期末数学考试的成绩近似服从正态分布，且全体学生的数学平均成绩为 72 分，又有 2.3% 的学生成绩在 96 分以上，试估计数学成绩在 60 ~ 84 分的学生比例.

26. 某一产品每周的需求量大约服从均值为 1 000、标准差为 200 的正态分布. 设目前降存为 2 200 且在接下来的两周内没有（额外的）订单需要交付，假设各周的需求量是相互独立的.

（1）接下来的两周每周的需求都少于 1 100 的概率是多少？

（2）接下来的两周总需求量超过 2 200 的概率是多少？

27. 一种机器向容器填充某种产品，根据过去的数据已知填充量的标准差为 18 mL. 如果容器中只有 2% 的容量低于 540 mL，这种机器填充量的均值是多少？假设填充量服从正态分布.

28. 已知随机变量 $X_i(i=1,\cdots,6)$ 独立同服从标准正态分布，设随机变量 $Y=(X_1+X_2+X_3)^2+(X_4+X_5+X_5)^2$. 试求常数 C，使 CY 服从 χ^2 分布.

29. 随机变量 $X\sim\chi^2(15)$，求 $P\{X>8\}$，$P\{X\leqslant 12\}$，上侧 0.05 分位数 $\chi^2_{0.05}(15)$，上侧 0.1 分位数 $\chi^2_{0.1}(15)$.

30. 假设需要在三维空间上定位一个目标，3 个坐标的误差（单位：m）相互独立且都服从 $N(0,9)$，求定位的点与目标距离超过 6 m 的概率.

31. 设 $T\sim t(15)$，求 $P\{T>2\}$，$P\{T\leqslant 1\}$，$P\{|T|>1\}$，上侧 0.05 分位数 $t_{0.05}(15)$，上侧 0.01 分位数 $t_{0.01}(15)$.

32. 设 $F\sim F(10,6)$，求 $P\{F>2\}$，$P\{F\leqslant 1\}$，上侧 0.05 分位数 $F_{0.05}(10,6)$.

本章习题答案

案例研究

综合案例 1

某公司大量制造、销售各种早餐麦片. 最近，该公司的产品研发实验室新开发了一款在燕麦片中加入香蕉味棉花糖的麦片（简记为 A 麦片）. 市场研究部门对 A 麦片进行了全面检验，发现 A 麦片中香蕉味棉花糖的含量为 50 ~ 75 g 时，产品最受消费者推崇.

在准备开始生产和销售 A 麦片之前，管理人员对其中香蕉味棉花糖的含量颇为关心. 他们希望仔细操作,让每盒麦片中香蕉味棉花糖的含量既不要低于50 g,也不要高于75 g. 生产副总监建议,每周选取25盒A麦片组成一组简单随机样本,称量每盒产品中香蕉味棉花糖的质量,并记录未达到香蕉味棉花糖质量标准的产品数目,如果数目过大,则停止生产,进行调试.

在公司设计的生产流程中,A麦片中仅有8%不能达到香蕉味棉花糖的含量标准. 经过激烈的讨论,该公司的管理人员决定:当一周的样品中至少有5盒没有达到香蕉味棉花糖的含量标准时,则停止生产. 请分析以下问题:

1. 如果生产流程运行正常,根据一周的抽样结果决定生产中断的概率是多少? 请对管理人员决定何时中断生产的策略予以评论.

2. 管理人员想要使得生产流程运行正常时中断生产的概率不高于1%. 为达到这一目标,在每周的抽样中,请确定至少有多少盒产品没有达到香蕉味棉花糖的含量标准时,就要中断生产?

3. 某女士提议,如果给她充足的资源,她可以重新设计产品生产流程. 当生产流程正常运行时,降低A麦片中未达到香蕉味棉花糖的含量标准的产品比例. 如果想要使得抽出的A麦片样品中,至少有5盒未能达到标准的概率不高于1%,该女士必须将产品中未达到香蕉味棉花糖的含量标准的百分比降低到多少?

综合案例2

S(*此处略去真实姓名*)公司销售大量新款又有创意的玩具,计划向市场推出一款名为天气熊的新产品. 当孩子握小熊的手的时候,小熊便开口说话. 内置的气压计从"天气真不错,好好玩吧"等5种说法中选取一种预测天气情况. 产品检验发现,它的预测相当不错,可以和当地电视台的天气预报媲美. 经营者知道节日前是推出新款玩具的最佳时机,考虑许多家庭都要为元旦和春节准备礼物,决定从10月份起将其投放市场.

为保证玩具10月份能在商场按期到货,S公司在6月或7月向制造商下达订单. 每只天气熊的成本是96元,该公司希望以144元的价格出售. 如果节日过后仍有存货,该公司将以每只30元的价格清仓销售.

儿童玩具的需求量瞬息万变. 如果一种新款玩具推出时正值市面上缺货,那么可能会有很大的销售量,从而得到大笔的利润. 但是,推出一种新款玩具也可能会遇到滞销,这将使得S公司积压大量的存货,从而不得不降价销售. 公司所面临的主要的问题是,为保证节日期间的供应,应下达多大数目的订单? 如果订货量太少,可能丧失销售收入;如果订货量太大,则可能因低价清货而降低利润.

与其他产品一样,公司必须确定下达的订单数. 管理层团队成员对产品的市场潜力存在较大的分歧,讨论出4个不同的订货方案:15 000只、18 000只、24 000只或者28 000只. 生产管理部门要求分析不同订货方案的存货出清概率,估计潜在利润并推荐一种订货方案. 根据以往同类产品的历史销售量,负责该公司产品销量的资深预测专家预计,天气熊的需求量为20 000只,需求量为10 000 ~ 30 000只的概率为0.95.

请分析下列问题,并针对该产品推荐一份订购方案.

1. 根据销量预测专家的预测,需求量的分布近似服从正态分布. 简略说明该分布,给出均值和标准差.

2. 计算管理团队所推荐的订货方案的存货出清概率.

3. 在下列 3 种情形的销售量下,分别计算管理团队所推荐的订货方案的预计利润:最坏的情形是售量 10 000 只;最可能出现的情形是销量 20 000 只;最好的情形是销量 30 000 只.

4. 公司的一位经理认为该产品的潜在利润很高,订货应以 70% 的概率满足市场需求,仅需以 30% 的概率出现脱销. 在这种情形下,天气熊的订货量应该多少? 在上述 3 种不同的销售量下,预计利润分别是多少?

5. 给出你的订货方案及其预期利润,并对订货方案的合理性作解释.

第 5 章 统计量的分布

实践中的统计

（**检验生产商的声明是否真实**）某生产商声明其电池的质量很好，平均寿命达到 60 个月，标准差为 4 个月. 某顾客群购买 36 个电池作为样本测试电池寿命，测得平均寿命为 58 个月. 该顾客群向消费者协会投诉，称生产商撒谎，电池比预期耗完得早. 生产商的声明是真的吗？

利用本章的一个重要主题——中心极限定理，对生产商声明的真实性进行推断（例 5.4.1）.

有效地收集、整理样本数据，并对样本数据分析研究，从而推断出总体的性质、特点和统计规律性，是统计分析的目标. 统计分析分描述统计和推断统计两个部分. 第 1 章简单介绍了描述统计学，第 2 章至第 4 章系统学习了推断统计学的理论基础——概率论的基本内容. 从本章起将讲述推断统计学.

推断统计，即根据试验或观测到的数据对研究对象的统计规律性作出种种合理的估计和推断. 推断统计的内容很丰富，本书只介绍参数估计、假设检验和线性回归模型等部分内容.

本章将详细介绍总体、随机样本及统计量的基本概念，通过大数定律和中心极限定理的学习，进一步揭示随机现象本身固有的统计规律性，如频率的稳定性、大样本均值近似服从正态分布等. 这些特性是统计推断的理论基础.

5.1　随机样本

5.1.1　总体、个体和样本

在“检验生产商的声明是否真实”的案例中,每个电池的寿命是研究个体,所有电池的寿命是研究总体,随机抽取的 36 个电池的寿命是研究样本. 这里进一步给出个体、总体和样本的具体定义.

个体是指收集数据的基本单位,是随机变量的一个取值和观察值. **总体**是指在一个特定研究中所有个体组成的集合,是随机变量的“值域”. 总体中所含个体的个数,称为总体的**容量**,它可以有限个、无限可列个或无限不可列个. 为了研究问题的需要,从总体中抽取一个子集,称为**样本**. 抽样分为有放回抽样和不放回抽样. 抽取样本的目的,主要是收集推断所需要的样本数据,并且回答总体的研究问题. 样本必须和总体服从同一分布,且相互独立.

定义 5.1.1　设总体用随机变量 X 表示, n 个个体分别用随机变量 $X_1,X_2,\cdots,X_n$ 表示. $X_1,X_2,\cdots,X_n$ 如果满足以下条件:

①相互独立;

②$X_i(i=1,2,\cdots,n)$ 和总体 X 服从同一分布;

则称 $X_1,X_2,\cdots,X_n$ 是从总体 X 中得到的容量为 n 的简单随机样本(简称样本),其观察值 x_1, $x_2,\cdots,x_n$ 称为样本观察值. 有时也将 n 个样本看成一个 n 维随机向量,写成 $(X_1,X_2,\cdots,X_n)$,样本观察值也相应写成 $(x_1,x_2,\cdots,x_n)$.

分析例 1.2.1 中的“年薪问题”,如果要用 30 名管理人员的年薪来推测 2 500 名管理人员的年薪,基本要求就是 30 名管理人员的年薪 $X_1,X_2,\cdots,X_{30}$ 是从总体 X(2 500 名管理人员的年薪)中得到的样本,满足定义 5.1.1 中的条件①和②.

例 5.1.1　设盒中有 N 个外形大小一样的球,其中,有 M 个白球,其余为红球. 从盒中有放回地随机取球,记

$$\text{总体 } X=\begin{cases}1, & \text{取到白球},\\ 0, & \text{取到黑球}.\end{cases}$$

$$P\{X=1\}=\frac{M}{N},\quad P\{X=0\}=1-\frac{M}{N}.$$

这是一个伯努利分布. 有放回地随机取 n 个球,记

$$X_i=\begin{cases}1, & \text{第 } i \text{ 次取到白球},\\ 0, & \text{第 } i \text{ 次取到黑球}.\end{cases}$$

则 $X_1,X_2,\cdots,X_n$ 相互独立,且与总体 X 同分布,($X_1,X_2,\cdots,X_n$)是从总体 X 中得到的容量为 n 的样本.

如果是不放回抽样,则每次取完球以后盒中的黑白球比例将发生变化, $X_1,X_2,\cdots,X_n$ 不独立,而且与 X 的分布不相同.

对随机抽样做以下说明：

①样本是从总体中随机抽取的，样本量对于总体来说足够大，每个样本被抽取的可能性一样.

②对总体进行有放回抽样，抽样结果就是随机样本值.

③对总体进行不放回抽样，只有当容量很大时，才能忽略每一次抽样对试验结果的影响，抽样结果可作为随机样本值.

样本不仅相互独立而且和总体服从同一分布，可通过总体的分布得到样本的分布. 若总体 X 属于连续型随机变量，其概率密度为 $f(x)$，则样本 $(X_1,X_2,\cdots,X_n)$ 的联合概率密度

$$f(x_1,\cdots,x_n)=\prod_{i=1}^{n}f(x_i). \tag{5.1.1}$$

若总体 X 属于离散型随机变量，分布律为 $P\{X=x\}=p(x)$，则样本 $(X_1,X_2,\cdots,X_n)$ 的联合分布律

$$P\{X_1=x_1,X_2=x_2,\cdots,X_n=x_n\}=\prod_{i=1}^{n}p(x_i). \tag{5.1.2}$$

若总体 X 的分布函数为 $F(x)$，则样本 $(X_1,X_2,\cdots,X_n)$ 的联合分布函数

$$F(x_1,\cdots,x_n)=\prod_{i=1}^{n}F(x_i). \tag{5.1.3}$$

例 5.1.2 考察一批电瓶的寿命，用随机变量 X 表示，X 服从参数为 $\lambda(\lambda>0)$ 的指数分布. 现从中随机抽取 n 个电瓶(不放回抽样且总体的容量很大)，其寿命分别记为 X_1，$X_2,\cdots,X_n$，求样本 $(X_1,X_2,\cdots,X_n)$ 的联合概率密度.

解 总体 X 的概率密度

$$f(x)=\begin{cases}\lambda e^{-\lambda x}, & x>0,\\ 0, & x\leqslant 0.\end{cases}$$

样本 $X_1,X_2,\cdots,X_n$ 相互独立且与总体 X 同分布，则 $(X_1,X_2,\cdots,X_n)$ 的联合概率密度

$$f(x_1,x_2,\cdots,x_n)=\prod_{i=1}^{n}f(x_i)=\begin{cases}\lambda^n e^{-\lambda\sum\limits_{i=1}^{n}x_i}, & x_i>0,\\ 0, & \text{其他}.\end{cases}$$

5.1.2 常用统计量

设 $X_1,X_2,\cdots,X_n$ 为从总体 X 中抽取的容量为 n 的样本，它是统计推断的依据. 在例 1.4.2 的“年薪问题”中，为研究 2 500 名中层管理人员的平均年薪 μ，抽取 30 名中层管理人员的年薪构成样本均值 $\bar{X}=\frac{1}{30}\sum\limits_{i=1}^{30}X_i$. 因为样本均值 $\bar{X}$ 用于度量样本数据的中心位置，所以用样本均值的观察值 $\bar{x}=\frac{1}{30}\sum\limits_{i=1}^{30}x_i$ 来近似 μ 值. 类似地，为研究问题方便，对样本进行数学上的“加工处理”，引入样本函数 $Z=g(X_1,X_2,\cdots,X_n)$，这样就把一个 n 维向量的问题压缩成一个随机变量 Z，这个样本函数称为统计量.

定义 5.1.2　设 $X_1,X_2,\cdots,X_n$ 是来自总体 X 的一组样本，$g(X_1,X_2,\cdots,X_n)$ 是样本 $(X_1,X_2,\cdots,X_n)$ 的函数，若 g 中不含其他未知参数，称 $g(X_1,X_2,\cdots,X_n)$ 是一个统计量.

因为 $X_1,X_2,\cdots,X_n$ 都是随机变量，而统计量 $g(X_1,X_2,\cdots,X_n)$ 是随机变量的函数，所以它也是随机变量. 设 $(x_1,x_2,\cdots,x_n)$ 是样本 $(X_1,X_2,\cdots,X_n)$ 的观察值，称 $g(x_1,x_2,\cdots,x_n)$ 是统计量 $g(X_1,X_2,\cdots,X_n)$ 的观察值.

例 5.1.3　设 $X_1,X_2,\cdots,X_n$ 是来自总体 $X\sim N(\mu,\sigma^2)$ 的一个样本，其中 μ 已知、σ^2 未知. 下列随机变量中哪些是统计量?

(1) $\min(X_1,X_2,\cdots,X_n)$;　　(2) $\dfrac{X_1+X_n}{2}$;

(3) $\dfrac{X_1+\cdots+X_n}{n}-\mu$;　　(4) $\dfrac{(X_1+\cdots+X_n)-n\mu}{\sqrt{n}\sigma}$.

解　(1)、(2)和(3)是统计量，(4)不是统计量.

设 $(X_1,X_2,\cdots,X_n)$ 是来自总体 X 的一个样本. 几个常用的统计量如下:

(1) 样本均值

$$\bar{X}=\frac{1}{n}\sum_{i=1}^{n}X_i.$$

(2) 样本 k 阶(原点)矩

$$A_k=\frac{1}{n}\sum_{i=1}^{n}X_i^{\,k},k=1,2,\cdots.$$

(3) 样本方差

$$S^2=\frac{1}{n-1}\sum_{i=1}^{n}(X_i-\bar{X})^2=\frac{1}{n-1}\left(\sum_{i=1}^{n}X_i^{\,2}-n\bar{X}^2\right).$$

(4) 样本标准差

$$S=\sqrt{S^2}=\sqrt{\frac{1}{n-1}\sum_{i=1}^{n}(X_i-\bar{X})^2}.$$

(5) 样本 2 阶中心矩

$$\tilde{S}^2=\frac{1}{n}\sum_{i=1}^{n}(X_i-\bar{X})^2.$$

(6) 顺序统计量

设 $(x_1,x_2,\cdots,x_n)$ 是样本 $(X_1,X_2,\cdots,X_n)$ 的一组观测值，将它们从小到大按照递增顺序重新排列为 $x_1^*<x_2^*<\cdots<x_n^*$. 记 $X_k^*(k=1,2,\cdots,n)$ 是这样一组随机变量，当 $(X_1,X_2,\cdots,X_n)$ 取值 $(x_1,x_2,\cdots,x_n)$ 时，X_k^* 取值 x_k^*. 随机变量 $X_1^*,X_2^*,\cdots,X_n^*$ 称为总体 X 的一组顺序统计量，$X_k^*(k=1,2,\cdots,n)$ 称为**第 k 位顺序统计量**.

(7) 样本中位数

$$\tilde{X}=\begin{cases}X_{m+1}^*, & n=2m+1,\\ \dfrac{1}{2}(X_m^*+X_{m+1}^*), & n=2m.\end{cases}$$

(8)样本众数

数据中出现次数最多的数值是描述数据集中趋势的统计量.

(9) 样本极差

$$R = X_n^* - X_1^*.$$

在第 1 章中定义了样本均值、样本中位数、样本众数、样本方差、样本标准差和样本极差,其公式和上述对应统计量的表达式相同.不同之处在于,第 1 章的样本 $(x_1, x_2, \cdots, x_n)$ 是数值,指的是与样本 $(X_1, X_2, \cdots, X_n)$ 相对应的观察值.

与总体均值和总体方差一样,样本均值刻画了样本观测值的平均取值,样本方差刻画了样本观测值对样本均值的变异程度.如果总体 X 的数学期望和方差分别记为 μ 和 σ^2,则样本均值 $\bar{X}$ 的数学期望和方差如下:

$$E\bar{X} = E\left(\frac{1}{n}X_1 + \frac{1}{n}X_2 + \cdots + \frac{1}{n}X_n\right) = \mu.$$

$$D\bar{X} = D\left(\frac{1}{n}X_1 + \frac{1}{n}X_2 + \cdots + \frac{1}{n}X_n\right) = \frac{1}{n^2}\sum_{i=1}^{n} DX_i = \frac{\sigma^2}{n}.$$

当样本容量 n 很大时,$D\bar{X}$ 趋近于 0,表明样本均值 $\bar{X}$ 偏离中心值 μ 的程度非常小. 5.3 节将证明,当 n 很大时,样本均值 $\bar{X}$ 依概率收敛于总体均值 μ,样本方差 S^2 依概率收敛于总体方差 σ^2. 样本均值 $\bar{X}$ 和样本方差 S^2 是近似量化总体分布特征的两个重要指标.

5.2 正态总体统计量的分布

总体分布的正态性假设是很多统计推断的前提.一方面,现实世界的很多数据都近似服从正态分布(见 5.3 节);另一方面,在正态总体假设下,样本均值和样本方差的分布是可以推导出来的.

定理 5.2.1(正态总体的抽样定理) 设 $(X_1, X_2, \cdots, X_n)$ 是来自正态总体 $N(\mu, \sigma^2)$ 的样本,$\bar{X}$ 和 S^2 分别是样本均值与样本方差,则有

① $\bar{X} \sim N\left(\mu, \frac{\sigma^2}{n}\right)$,$\frac{\bar{X} - \mu}{\sigma / \sqrt{n}} \sim N(0,1)$.

② $\frac{(n-1)S^2}{\sigma^2} \sim \chi^2(n-1)$.

③ $\bar{X}$ 与 S^2 相互独立.

证明 $(X_1, X_2, \cdots, X_n)$ 是来自正态总体 $N(\mu, \sigma^2)$ 的样本,则随机变量 $X_1, X_2, \cdots, X_n$ 相互独立且和总体同分布,即 $X_i \sim N(\mu, \sigma^2)$. 由推论 4.5.4,独立正态随机变量的线性函数仍是正态分布,

$$\bar{X} = \frac{1}{n}X_1 + \frac{1}{n}X_2 + \cdots + \frac{1}{n}X_n \sim N(E\bar{X}, D\bar{X}).$$

$$E\bar{X} = \mu,\ D\bar{X} = \frac{\sigma^2}{n},\ \bar{X} \sim N\left(\mu, \frac{\sigma^2}{n}\right).$$

由正态分布的标准化准则，$\dfrac{\bar{X}-\mu}{\sigma/\sqrt{n}} \sim N(0,1)$.

接下来分析样本方差 S^2 的分布. 首先，

$$\sum_{i=1}^{n}(X_i-\bar{X})^2=\sum_{i=1}^{n}[(X_i-\mu)-(\bar{X}-\mu)]^2=\sum_{i=1}^{n}(X_i-\mu)^2-n(\bar{X}-\mu)^2,$$

从而有

$$\begin{aligned}\sum_{i=1}^{n}\left(\frac{X_i-\mu}{\sigma}\right)^2&=\sum_{i=1}^{n}\left(\frac{X_i-\bar{X}}{\sigma}\right)^2+\left(\frac{\bar{X}-\mu}{\sigma/\sqrt{n}}\right)^2\\&=\frac{(n-1)}{\sigma^2}\times\frac{\sum_{i=1}^{n}(X_i-\bar{X})^2}{n-1}+\left(\frac{\bar{X}-\mu}{\sigma/\sqrt{n}}\right)^2\\&=\frac{(n-1)S^2}{\sigma^2}+\left(\frac{\bar{X}-\mu}{\sigma/\sqrt{n}}\right)^2.\end{aligned}\tag{5.2.1}$$

$\dfrac{X_i-\mu}{\sigma}(i=1,\cdots,n) \sim N(0,1)$ 且相互独立，由卡方分布的定义，$\sum_{i=1}^{n}\left(\dfrac{X_i-\mu}{\sigma}\right)^2 \sim \chi^2(n)$.
$\dfrac{\bar{X}-\mu}{\sigma/\sqrt{n}} \sim N(0,1)$，则 $\left(\dfrac{\bar{X}-\mu}{\sigma/\sqrt{n}}\right)^2 \sim \chi^2(1)$. 由卡方分布的定义和可加性，推测 $\dfrac{(n-1)S^2}{\sigma^2} \sim \chi^2(n-1)$，且 $\left(\dfrac{\bar{X}-\mu}{\sigma/\sqrt{n}}\right)^2$ 和 $\dfrac{(n-1)S^2}{\sigma^2}$ 相互独立，进一步得出 $\bar{X}$ 与 S^2 相互独立.

推论 5.2.1　$\dfrac{\bar{X}-\mu}{S/\sqrt{n}} \sim t(n-1)$.

证明　$\dfrac{\bar{X}-\mu}{\sigma/\sqrt{n}} \sim N(0,1)$，$\dfrac{(n-1)S^2}{\sigma^2} \sim \chi^2(n-1)$，$\bar{X}$ 与 S^2 相互独立.
由 t 分布的定义，

$$T=\frac{\dfrac{\bar{X}-\mu}{\sigma/\sqrt{n}}}{\sqrt{\dfrac{(n-1)S^2}{\sigma^2}/(n-1)}}=\frac{\bar{X}-\mu}{S/\sqrt{n}} \sim t(n-1).$$

定理 5.2.1 和推论 5.2.1 不仅说明 $\bar{X}$ 和 S^2 相互独立，还给出了它们的分布特征，是正态总体抽样分析的理论基础. 如果总体 $X \sim N(\mu,\sigma^2)$，样本均值 $\bar{X}$ 与样本方差 S^2 的观测值 $\bar{x}$ 和 s^2 已知，可进一步求得未知参数的取值范围. 具体方法如下：

①结论①中含有 3 个参数 n,μ,σ^2，已知其中任何两个参数，可通过标准正态分布确定第三个参数的取值范围.

②结论②只含参数 σ^2，在 μ 未知的情况下可通过 χ^2 分布确定 σ^2 的取值范围.

③推论 5.2.1 只含参数 μ，在 σ^2 未知的情况下可通过 t 分布确定 μ 的取值范围.

例 5.2.1　假设某机构在正常情况下检测一项特定任务所花的时间用随机变量 X 表示(单位:s)，$X \sim N(20,4^2)$. 某时间段共进行了 16 次处理过程，每次检测任务所花的时间用

随机变量 $X_i(i=1,\cdots,16)$.

(1)求样本均值 $\bar{X}$ 大于 22 s 的概率是多少?

(2)求样本方差 S^2 大于 10 的概率是多少?

解 (1)由正态总体的抽样定理,

$$\frac{\bar{X}-\mu}{\sigma/\sqrt{n}}=\bar{X}-20 \sim N(0,1).$$

$$P\{\bar{X}>22\}=P\{\bar{X}-20>2\}=1-\Phi(2)\approx 0.002\,8.$$

样本均值 $\bar{X}$ 大于 22 s 的概率约为 0.002 8,这是一个小概率事件,从理论上一般认为不可能发生. 如果在某一次检测中,16 次处理过程平均所花的时间大于 22 s,则需要考虑该机构的检测设备是否正常,这就是假设检验的思想.

(2) $\dfrac{(n-1)S^2}{\sigma^2}\sim\chi^2(n-1)$, $\dfrac{15S^2}{16}\sim\chi^2(15)$.

$$P\{S^2>10\}=P\left\{\frac{15S^2}{16}>9.375\right\}=\text{CHIDIST}(9.375,15)\approx 0.857.$$

样本方差大于 10 的概率约为 0.857.

5.3 大数定律

大数定律可以回答以下概率统计中的两个基本问题:

①若从均值为 μ 的总体中取一组容量为 n 的样本,样本均值 $\bar{X}$ 与总体均值 μ 有什么关系?

②在随机试验中,一个事件发生的频率与它的概率有什么关系?

上述问题中 $\bar{X}$ 与事件发生的频率都是随机变量,我们将讨论随机变量序列如何逼近一个常数的概念. 为此给出依概率收敛的定义.

定义 5.3.1 设 $Y_1,Y_2,\cdots,Y_n,\cdots$ 是一列随机变量, α 是一个常数,若对任意正数 ε, 有

$$\lim_{n\to+\infty}P\{|Y_n-\alpha|<\varepsilon\}=1,$$

即 Y_n 无限靠近 α 的概率等于 1,则称序列 $Y_1,Y_2,\cdots Y_n,\cdots$ 依概率收敛于 α, 记为

$$Y_n\xrightarrow{P}\alpha.$$

定理 5.3.1(辛钦大数定律) 令 $X_1,X_2,\cdots,X_n,\cdots$ 是相互独立、服从同一分布的随机变量序列,数学期望 $E(X_i)=\mu(i=1,2,\cdots)$, 方差有限. 则对任意 $\varepsilon>0$,

$$\lim_{n\to+\infty}P\left\{\left|\frac{1}{n}\sum_{i=1}^{n}X_i-\mu\right|<\varepsilon\right\}=1,$$

即均值序列 $Y_n=\dfrac{1}{n}\sum\limits_{i=1}^{n}X_i$ 依概率收敛于 μ.

证明 设 $D(X_i)=\sigma^2$. 随机变量序列 $X_1,X_2,\cdots,X_n,\cdots$ 相互独立,计算可得均值序列

$Y_n = \frac{1}{n}\sum_{i=1}^{n} X_i$ 的数学期望和方差

$$E(Y_n)=\mu, D(Y_n)=\frac{\sigma^2}{n}.$$

利用切比雪夫不等式,可得

$$P\{\,|Y_n-\mu|\geqslant\varepsilon\}\leqslant\frac{D(Y_n)}{\varepsilon^2}=\frac{\sigma^2}{\varepsilon^2}\cdot\frac{1}{n},$$

$$\lim_{n\to+\infty}P\{\,|Y_n-\mu|\geqslant\varepsilon\}\leqslant\lim_{n\to+\infty}\left(\frac{\sigma^2}{\varepsilon^2}\cdot\frac{1}{n}\right)=0,$$

$$\lim_{n\to+\infty}P\{\,|Y_n-\mu|\geqslant\varepsilon\}=0,$$

$$\lim_{n\to+\infty}P\{\,|Y_n-\mu|<\varepsilon\}=1.$$

若从均值为 μ 的总体 X 中取一组样本 $X_1,X_2,\cdots,X_n$, 则 $X_1,X_2,\cdots,X_n$ 满足辛钦大数定律的条件. 当样本容量 n 很大时,均值序列 $Y_n=\frac{1}{n}\sum_{i=1}^{n}X_i=\bar{X}$ 依概率收敛于总体均值 μ, 可用样本均值 $\bar{X}$ 的观测值 $\bar{x}$ 近似替代总体的数学期望 μ. 类似可推导出,当样本容量 n 很大时,样本方差依概率收敛于总体方差,可用样本方差的观测值 s^2 近似替代总体方差 σ^2(证明略).

定理 5.3.2(伯努利大数定律)　设 n 次独立重复试验中事件 A 发生的次数为 n_A, 事件 A 在每次试验中发生的概率为 p, 则对任意正数 $\varepsilon>0$, 有

$$\lim_{n\to+\infty}P\left\{\left|\frac{n_A}{n}-p\right|<\varepsilon\right\}=1,$$

即事件 A 发生的频率依概率收敛于它发生的概率.

证明　令随机变量 $X_i=\begin{cases}1, & \text{第 } i \text{ 次实验中事件 } A \text{ 发生},\\ 0, & \text{第 } i \text{ 次实验中事件 } A \text{ 不发生}.\end{cases}$

则随机变量 X_i 服从伯努利分布, $n_A=\sum_{i=1}^{n}X_i$.

$$P(X_i=1)=p, P(X_i=0)=1-p, E(X_i)=p.$$

由辛钦大数定律,均值序列 $\frac{1}{n}\sum_{i=1}^{n}X_i=\frac{n_A}{n}$ 依概率收敛于 p.

伯努利大数定律揭示了概率的实际意义:当随机试验的次数足够多时,事件发生的频率依概率收敛于它发生的概率,可用频率值近似替代概率.

5.4　中心极限定理

5.4.1　独立随机变量和的蒙特卡罗模拟

当总体 X 为正态分布(或二项分布、泊松分布)时, $(X_1,X_2,\cdots,X_n)$ 为来自该总体的样

本,和总体 X 服从同一分布且相互独立.根据正态分布(或二项分布、泊松分布)的独立可加性,样本和 $\sum_{i=1}^{n} X_i$ 依然服从正态分布(或二项分布、泊松分布).但是,如果总体 X 为均匀分布、指数分布或其他分布时,样本和 $\sum_{i=1}^{n} X_i$ 还能保持总体的分布类型吗?下面用蒙特卡罗模拟的方法,展示一个令人惊奇的结果.

例 5.4.1 总体 $X \sim U[0,1]$, $X_1, X_2, \cdots, X_n$ 为来自该总体的 n 个样本.问样本和 $X_1 + X_2$, $\sum_{i=1}^{10} X_i$, $\sum_{i=1}^{20} X_i$ 分别服从什么分布?

解 (1)用 Excel 软件中的 RAND 函数随机生成 500 个随机数 A1:A500,这 500 个数代表样本 X_1 的 500 个观测值.为便于比较,给出 X_1 的样本数据直方图,如图 5.1(a)所示.

(2)生成样本 X_2 的 500 个观测值 B1:B500,按行求和得到 $X_1 + X_2$ 的观测值 C1:C500,进一步给出 $X_1 + X_2$ 的样本数据直方图,如图 5.1(b)所示.显然,样本和 $X_1 + X_2$ 已不再是均匀分布.

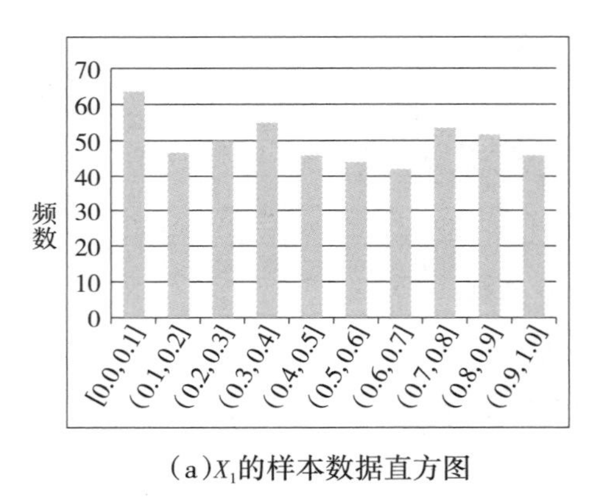

(a)X_1的样本数据直方图

(b)X_1+X_2的样本数据直方图

图 5.1

(3)生成样本 $X_i(i = 3, \cdots, 20)$ 的观测值,按行求和分别得到样本和 $\sum_{i=1}^{10} X_i$, $\sum_{i=1}^{20} X_i$ 的观测值,分别给出 $\sum_{i=1}^{10} X_i$ 和 $\sum_{i=1}^{20} X_i$ 的样本数据直方图,如图 5.2 所示.当样本容量 $n = 10$ 或 20 时,数据直方图呈现倒钟形曲线形状,随机变量和 $\sum_{i=1}^{n} X_i$ 近似服从正态分布.随着样本容量 n 的不断增大,这种近似程度越来越高.

上述例子揭示了概率论中非凡的结论之一——中心极限定理.它表示大量服从同一分布的随机变量和近似服从正态分布.该定理提供了一种简单方法来计算独立随机变量(无论它是什么分布)和的近似概率,同时还解释了一个重要事实:如果一个物理量是由许多独立随机因素的作用叠加而形成的结果,可认为这个量近似服从正态分布.

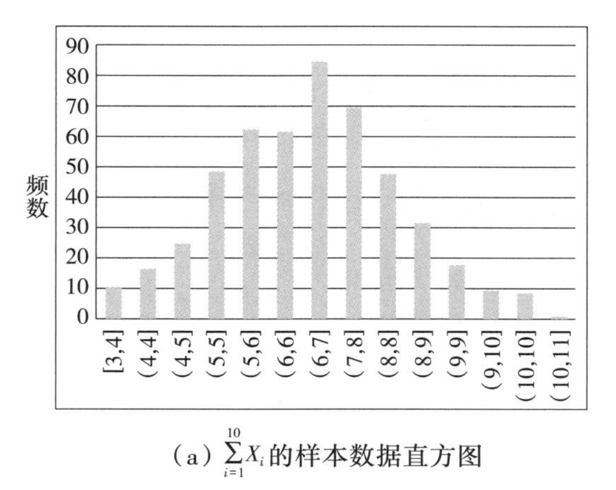

（a）$\sum_{i=1}^{10} X_i$的样本数据直方图

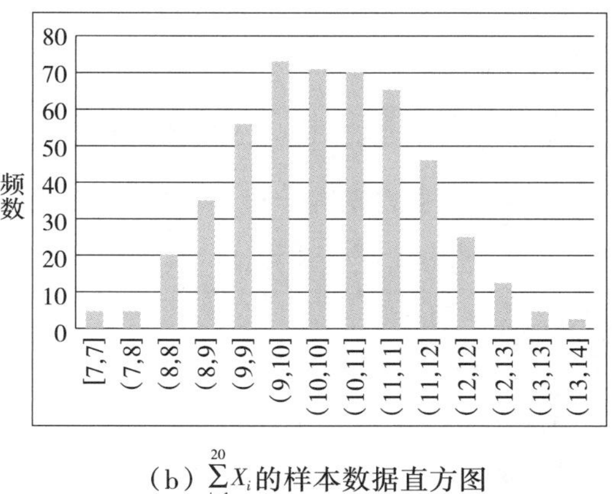

（b）$\sum_{i=1}^{20} X_i$的样本数据直方图

图 5.2

5.4.2　两个中心极限定理

定理 5.4.1（独立同分布的中心极限定理）　设随机变量序列 $X_1, X_2, \cdots, X_n$ 相互独立同分布，具有有限的数学期望和方差，$E(X_k) = \mu, D(X_k) = \sigma^2 (k = 1, \cdots, n)$，则对任意的实数 x，有

$$\lim_{n \to \infty} P\left\{ \frac{\sum_{k=1}^{n} X_k - n\mu}{\sqrt{n}\sigma} < x \right\} = \Phi(x),\ -\infty < x < +\infty. \tag{5.4.1}$$

其中 $\Phi(x)$ 是标准正态分布的分布函数.

这就是说，随机变量和记为 $\sum_{k=1}^{n} X_k$，

$$E\left(\sum_{k=1}^{n} X_k\right) = n\mu,\ D\left(\sum_{k=1}^{n} X_k\right) = n\sigma^2.$$

当 n 充分大时，$\sum_{k=1}^{n} X_k$ 的标准化变量

$$\frac{\sum_{k=1}^{n} X_k - n\mu}{\sqrt{n}\sigma} = \frac{\bar{X} - \mu}{\sigma / \sqrt{n}}$$

近似服从标准正态分布，这里 $\bar{X} = \frac{1}{n}\sum_{k=1}^{n} X_k$.

根据上述中心极限定理，可进一步推导出大样本均值的近似分布特性.

推论 5.4.1（大样本均值的近似分布）　设总体 X（不一定是正态分布）的数学期望和方差分别为 $EX = \mu, DX = \sigma^2$，$X_1, X_2, \cdots, X_n$ 是从总体中随机抽取的 n 个样本. 当样本容量 n 充分大时，样本均值 $\bar{X}$ 近似服从正态分布，

$$\bar{X} = \frac{1}{n}\sum_{k=1}^{n} X_k \sim N\left(\mu, \frac{\sigma^2}{n}\right),\ 或\ \frac{\bar{X} - \mu}{\sigma / \sqrt{n}} \sim N(0,1). \tag{5.4.2}$$

证明 样本 $X_1, X_2, \cdots, X_n$ 相互独立且和总体 X 服从同一分布，满足独立同分布的中心极限定理条件.

推论 5.4.1 带来一个问题：样本容量 n 多大时，样本均值 $\bar{X}$ 才能较精确地逼近正态分布呢？答案取决于总体的分布. 若总体是正态分布，则无论样本容量大小，样本和 $\sum\limits_{k=1}^{n} X_k$ 以及样本均值 $\bar{X}$ 总是服从正态分布的. 一般情况下，当样本容量 $n \geqslant 30$，样本和 $\sum\limits_{k=1}^{n} X_k$ 以及样本均值 $\bar{X}$ 可以用正态分布来近似.

例 5.4.2 用大样本均值的近似正态分布特性，分析本章中“检验生产商声明是否真实”的案例.

(1)假定生产商的声明是真的，描述 36 个电池样本的平均寿命分布.

(2)假定生产商的声明是真的，这个顾客群所购买电池的平均寿命不超过 58 个月的概率是多少？

(3)如果 36 个被测试的电池寿命均值为 58 个月甚至更少，生产商的声明是真的吗？

解 (1)由中心极限定理，36 个电池样本的平均寿命 $\bar{X}$ 近似服从正态分布，

$$\bar{X} \sim N\left(\mu, \frac{\sigma^2}{n}\right) = N\left(60, \frac{4^2}{36} = \frac{4}{9}\right).$$

(2) $P\{\bar{X} \leqslant 58\} = P\left\{\frac{\bar{X} - 60}{2/3} \leqslant -3\right\} = \Phi(-3) = 1 - \Phi(3) \approx 0.001\,3.$

假定生产商的声明是真的，36 个电池的平均寿命不超过 58 个月的概率为 0.001 3.

(3)如果 36 个被测试的电池寿命均值为 58 个月甚至更少，该事件发生的概率为 0.001 3，属于小概率. 由小概率事件的基本原理，它在一次抽样中几乎是不可能发生的. 顾客群得到有力的证据证明生产商的声明是不真实的.

在实际中，经常会遇到总体 X 的方差或标准差有限但未知的情况，此时 $\frac{\bar{X} - \mu}{\sigma/\sqrt{n}}$ 将不再是统计量. 根据大数定律，当样本容量 n 很大时，样本方差依概率收敛到总体的方差，可用样本标准差 S 作为总体标准差的近似，即认为统计量 $\frac{\bar{X} - \mu}{S/\sqrt{n}}$ 近似服从标准正态分布. 这一结论为大样本的统计推断带来很多便利.

例 5.4.3(平均房租分析) 某城市一室一厅的房租价格平均为 $\mu = 1\,500$ 元/月，房租的分布形式未知. 随机抽取 49 个一室一厅的房租价格构成研究样本. 计算可得，样本标准差 $s=400$ 元. 问平均房租至少为 1 600 元的概率是多少？

解 该城市一室一厅的房租价格用随机变量 X 表示，49 个一室一厅的房租价格分别用随机变量 $X_i (i = 1, \cdots, 49)$ 表示. 由中心极限定理，样本均值 $\bar{X}$ 近似服从正态分布. 用 S 近似总体标准差，

$$\frac{\bar{X} - \mu}{S/\sqrt{n}} \sim N(0,1), \mu = 1\,500, s = 400, n = 49.$$

$$P\{\bar{X} > 1\,600\} = P\left\{\frac{\bar{X} - 1\,500}{400/\sqrt{49}} > 1.75\right\} = 1 - \Phi(1.75) \approx 0.040\,1.$$

平均房租至少为 1 600 元的概率为 0.040 1.

注:此题也可用 t 分布计算.同学们可以自己算一下,并对比两种方法的结果进行讨论。

中心极限定理的另一个重要应用是对二项分布做正态近似.为了直观地了解这种办法,分析例 4.1.3 的抽样问题,其中随机变量 $X \sim B(n=100, p=0.2)$, $EX=20$, $DX=16$. 如图 5.3 所示为该二项分布的分布律,以及连续型随机变量 $Y \sim N(20,16)$ 的密度函数曲线,随机变量 X 趋近于正态分布.

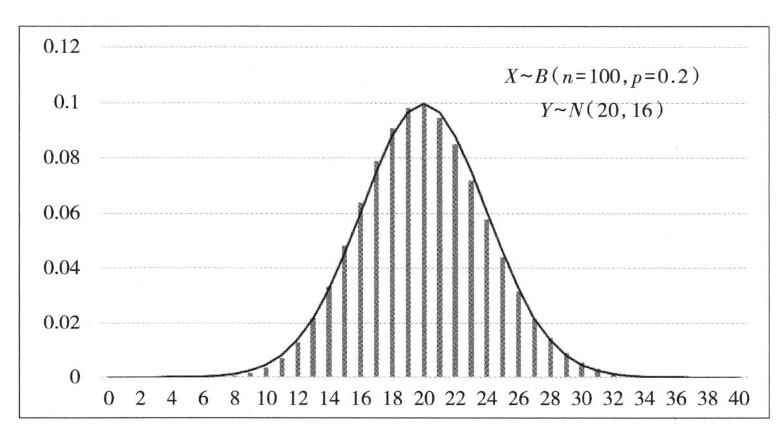

图 5.3

定理 5.4.2(棣莫佛—拉普拉斯中心极限定理)　设 $X \sim B(n,p)$,当 n 很大时,近似地有 X 服从正态分布,即

$$X \sim N(np,\ np(1-p)),\ \frac{X - np}{\sqrt{np(1-p)}} \sim N(0,1). \tag{5.4.3}$$

证明　由性质 4.1.1 可知,若 $X \sim B(n,p)$,则 X 可分解为 n 个相互独立的0-1 分布的线性和,即 n 个随机变量 $X_i(i=1,\cdots,n)$ 相互独立,

$$P\{X_i = 1\} = p, P\{X_i = 0\} = 1 - p, X = \sum_{i=1}^{n} X_i.$$

$X_1, X_2, \cdots, X_n$ 满足独立同分布的中心极限定理条件,则随机变量 X 服从正态分布.

$$EX_i = p, DX_i = p(1-p),$$
$$EX = np,\ DX = np(1-p),$$

所以 $X \sim N(np,\ np(1-p))$.

二项分布有两种近似计算方法:一是泊松分布近似,适用 n 很大而 p 很小的情形;二是正态分布近似,当 n 充分大(一般 $n \geqslant 30$) 时适用.当二项分布用正态分布近似时,二项分布是离散型概率分布,而正态分布是连续型概率分布,为改善近似的精度,对概率取值作连续修正,

$$P\{X = k\} \approx P\{k - 0.5 < X \leqslant k + 0.5\}.$$

例 5.4.4(抽样检测)　分析例 4.1.3 中的抽样问题.试用正态分布近似,求至少有 20 只

一级品、至多有 10 只一级品的概率是多少？

解 $X\sim B(n=100,p=0.2)$，$X\sim N(\mu=20,\sigma^2=16)$.

$P\{X\geqslant 20\}=0.5$.

$$P\{X\leqslant 10\}=P\left\{\frac{X-20}{4}\leqslant -2.5\right\}=\Phi(-2.5)=1-\Phi(2.5)\approx 0.0062.$$

例 5.4.5（保险理赔） 某保险公司的老年人寿保险有 1 万人参加，每人每年交 200 元. 若老人在该年内死亡，公司付给家属 1 万元. 设老年人死亡率为 0.017，求一年内保险公司的这项保险亏本的概率.

解 设 X 为一年中投保老人死亡数，则 $X\sim B(n,p)$，$(n=10\,000,p=0.017)$. 由中心极限定理，X 近似服从正态分布，$Y=\dfrac{X-np}{\sqrt{np(1-p)}}$ 近似服从标准正态分布.

$$\{\text{保险公司亏本}\}=\{10\,000X>10\,000\times 200\}=\{X>200\}.$$

$$P\{X>200\}=P\{Y>2.321\}\approx 1-\Phi(2.321)\approx 0.01.$$

采用连续修正，

$$\begin{aligned}P\{X>200\}&=P\{X=201\}+P\{X=202\}+\cdots\\&\approx P\{200.5<X<201.5\}+P\{201.5<X<202.5\}+\cdots\\&=P\{X>200.5\}=P\left\{\frac{X-170}{\sqrt{170\times 0.983}}>2.359\right\}\\&=1-\Phi(2.359)\approx 0.01.\end{aligned}$$

一年内保险公司的这项保险亏本的概率约为 0.01.

本章小结

本章知识结构图如下：

第 5 章　统计量的分布

5.1　随机样本

总体、个体、样本. 根据总体的分布信息确定样本的联合分布.

常用统计量：样本均值、样本 k 阶原点矩、样本中位数、样本众数、顺序统计量、样本方差、样本标准差和样本极差

统计量（样本均值 $\bar{X}$、样本方差 S^2）的分布特征

5.2　正态总体统计量的分布

正态总体的抽样定理：总体 $X\sim N(\mu,\sigma^2)$ $\begin{cases}\bar{X}\sim N\left(\mu,\dfrac{\sigma^2}{n}\right),\dfrac{(n-1)S^2}{\sigma^2}\sim\chi^2(n-1)\\ \bar{X}\text{ 和 }S^2\text{ 相互独立},\dfrac{\bar{X}-\mu}{S/\sqrt{n}}\sim t(n-1)\end{cases}$

5.3　大数定律→$\begin{cases}\text{样本均值依概率收敛到总体均值}\\\text{事件发生的频率依概率收敛到它的概率}\end{cases}$

5.4　中心极限定理

独立同分布的随机变量和近似服从正态分布←蒙特卡罗模拟

(1)当样本容量很大时,样本均值近似服从正态分布.

(2) $X \sim B(n,p)$,当 n 很大时,X 近似服从正态分布.

本章主要内容如下:

数理统计往往关注研究对象的某一项数量指标,对这一数量指标进行试验或观察,将试验的全部可能的观察值称为总体,每个观察值称为个体,总体中的每一个个体是某随机变量 X 的值.一个总体对应一个随机变量 X. 在相同条件下,对总体 X 进行 n 次独立重复的观察,得到 n 个结果 $X_1,X_2,\cdots,X_n$,称随机变量 $(X_1,X_2,\cdots,X_n)$ 为来自总体 X 的样本,它具有两个性质:①相互独立;②和总体 X 服从同一分布.可根据总体的分布信息确定样本的联合分布信息;反之,利用样本信息可推断出总体的种种结论.

样本$(X_1,X_2,\cdots,X_n)$的函数 $g(X_1,X_2,\cdots,X_n)$,若不包含其他未知参数,则称为统计量.统计量 $g(X_1,X_2,\cdots,X_n)$ 完全由样本确定,它的最大作用就是把一个 n 维随机变量的问题压缩成一个随机变量.常用统计量包括样本均值、样本 k 阶原点矩、样本中位数、样本众数、顺序统计量、样本方差、样本标准差和样本极差.其中,样本均值 $\bar{X}$ 和样本方差 S^2 是近似量化总体分布特征的两个重要指标.

统计量的分布称为抽样分布.样本均值 $\bar{X}$ 和样本方差 S^2 的分布特征是进行统计推断的重要理论依据,分正态总体和非正态总体两种情况.

总体的正态性假设是很多统计推断的前提.设$(X_1,X_2,\cdots,X_n)$是来自正态总体 $N(\mu,\sigma^2)$ 的样本,$\bar{X},S^2$ 分别是样本均值与样本方差.由正态总体的抽样定理,$\bar{X}$ 和 S^2 相互独立,而且具有以下分布特征:

$$\bar{X} \sim N\left(\mu,\frac{\sigma^2}{n}\right),\frac{(n-1)S^2}{\sigma^2} \sim \chi^2(n-1),\frac{\bar{X}-\mu}{S/\sqrt{n}} \sim t(n-1).$$

如果已知样本均值 $\bar{X}$ 与样本方差 S^2 的观测值,可进一步求得未知参数 μ 或 σ^2 的取值范围.

极限定理是概率论的基本理论,在理论研究和应用中起着非常重要的作用,其中重要的是“大数定律”和“中心极限定理”.由辛钦大数定律,样本均值依概率收敛于总体均值,样本方差依概率收敛于总体方差.由伯努利大数定律,事件发生的频率依概率收敛于它的概率,进一步论证了频率的稳定性.

中心极限定理表明,在一般条件下,当独立随机变量的个数不断增加时,其和的分布趋于正态分布,这一事实阐明了正态分布的重要性,也揭示了为什么在实际应用中会经常遇到正态分布.另外,它提供了独立同分布随机变量和 $\sum\limits_{i=1}^{n} X_i$(其中 X_i 的方差存在)的近似分布.

只要 n 充分大,不必考虑随机变量 X_i 服从什么分布, $\sum_{i=1}^{n} X_i$ 都可以用正态分布来近似,这点在应用上非常有效.

用中心极限定理推导出两个重要结论:①当样本容量很大时,样本均值近似服从正态分布; ② $X \sim B(n,p)$, 当 n 很大时,二项分布可用正态分布来近似. 中心极限定理的内容包含极限的思想,称为极限定理,它在统计中很重要,又称为中心极限定理.

习　题

1. 从某款汽车螺丝钉中随机抽取 5 只,测得其直径分别为(单位: mm):

$$13.12 \qquad 13.08 \qquad 13.10 \qquad 13.11 \qquad 13.09$$

(1)写出总体、样本、样本值、样本容量.

(2)求样本观测值的均值、中位数、极差、方差、标准差、2 阶原点矩.

2. 假设 $X_i(i=1,\cdots,20)$ 是一组随机样本,其概率分布如下:

$$P\{X_i=0\}=0.2, P\{X_i=1\}=0.3, P\{X_i=2\}=0.5,$$

求样本均值的数学期望和方差.

3. 假设往返于两所高校的课间班车路上所花时间服从正态分布,总的平均花费时间为 15 min,标准差为 3 min. 在一周内,课间班车运输教师的次数为 36 次. 求一周内平均花费时间超过 16 min 的概率是多少?

4. 某家公司生产电灯,灯泡寿命长度近似服从均值为 800 h、标准差为 40 h 的正态分布. 在一个由 16 个灯泡构成的随机样本中,求平均寿命低于 775 h 的概率.

5. 汽车工业中一个重要的生产环节是生产柱形零件. 该生产环节所生产零件的平均直径要为 5.0 mm. 有关工程师推测,总体均值就是 5.0 mm. 于是设计了一个实验,在这个生产环节中工程师随机选取了所生产的 100 个零件,并逐个测量其直径. 已知总体的标准差 $\sigma=0.1$. 该实验结果表明,样本的平均直径为 $\bar{x}=5.027$ mm. 问样本信息是支持还是违背工程师的推测?

6. 恒温器停止工作的温度服从方差为 4 的正态分布. 若恒温器被测试了 5 次, S^2 为 5 个观测值的样本方差. 求 $P\{S^2 \leqslant 7.2\}$ 和 $P\{3.4 \leqslant S^2 \leqslant 4.6\}$.

7. 某公司组织全体维修工完成一组培训计划,以往经验显示维修工的培训时间服从正态分布. 现随机选取 16 名维修工组成一组样本,计算可得样本均值为 51.5 d,样本标准差 4 d. 求全体维修工的平均培训时间 μ 和 51.5 d 的偏差不超过 3 d 的概率.

8. 车用蓄电池的厂商保证其电池可以持续使用的平均年限为 3 年,标准差为 1 年. 若该厂商生产的电池中有 5 件产品的寿命为 1.9,2.4,3.0,3.5,4.2 年,则该厂商仍然确信其产品寿命的标准差为 1 年吗? 假设产品寿命服从正态分布.

9. 一家电器公司生产照明灯泡,假设灯泡的寿命长度近似服从正态分布. 请根据以下 3

种不同的条件,计算事件发生的概率.

(1)已知灯泡的寿命长度近似服从均值为 800 h、标准差为 40 h 的正态分布.求在一个有 16 只灯泡的随机样本中,其平均寿命低于 780 h 的概率.

(2)已知灯泡的寿命长度近似服从标准差为 20 h 的正态分布(均值未知).若随机选取了 16 个灯泡,S^2 为 16 个观测值的样本方差,计算 $P\{S^2 \leqslant 160\}$.

(3)某家电器公司事先不知道这批灯泡的均值和标准差.随机抽取 16 只灯泡组成一组样本,测得平均寿命 $\mu = 4$ 年,样本标准差为 0.8 年.计算总体均值落在区间[3.8,4.2]上的概率.

10. 假设总体 X 的均值为 200,标准差为 50.从中随机抽取 $n = 100$ 的样本,并利用样本均值估计总体均值.

(1)求样本均值 $\bar{X}$ 的数学期望和标准差.

(2)确定样本均值 $\bar{X}$ 的抽样分布特征.

(3)当样本容量 n 增加时,样本均值 $\bar{X}$ 的抽样分布特征将发生哪些变化?

11. 已知 48 个独立的随机变量服从 [0,1] 区间上的均匀分布,求其和大于 20 的概率.

12. 某位教师通过过去的经验发现学生的数学考试成绩是均值为 77 分,标准差为 15 分的随机变量,但分布未知.目前,该教师正在教两个独立的班级,A 班人数为 81 人,B 班人数为 36 人.求:

(1)各个班的平均成绩为 72 ~ 82 分的概率.

(2)A 班平均成绩大于 B 班平均成绩的概率.

13. 某家保险公司拥有 1 万个车险投保人,若每个投保人每年的赔偿款记为随机变量 X,其均值为 500 元,标准差为 2 万元.估计年度赔偿款总额超过 900 万元的概率是多少?

14. 2010 年,税前收入在 3 万 ~ 6 万美元的纳税人中有 33% 在联邦所得税申报表中有分项扣减项目(《华尔街日报》,2012 年 10 月 25 日).这一纳税人总体的平均扣减额为 16 642 美元.假定标准差为 2 400 美元.

(1)由这一收入组有分项扣减项目的纳税人组成一个样本,分别对样本容量 $n = 36$, 100, 400 时,计算样本均值在总体均值附近 ±200 美元以内的概率.

(2)当试图估计总体均值时,大样本的好处是什么?

15. 假设某城市成年男人体重的均值为 68 kg,标准差为 12 kg.

(1)若选择 36 名成年男人的样本,估计样本均值为 66 ~ 70 的概率.

(2)当样本容量变为 144 名后,估计样本均值为 66 ~ 70 的概率.

(3)当样本容量变为 576 名后,估计样本均值为 67 ~ 69 的概率.

(4)比较(1)和(2)、(2)和(3)中样本均值在不同区间上取值的概率,你发现了什么?

16. 设随机变量 $X \sim B(100, 0.2)$,用下列 3 种方法近似计算 $P\{X > 18\}$.

(1)泊松近似.

(2)正态近似(不使用连续修正).

(3)正态近似(使用连续修正).

17. 银行为支付某日即将到期的债券需准备一笔现金. 已知这笔债券共发放了 10 000 张,每张支付本息 1 万元. 设持券人(1 人 1 券)到期日到银行兑现的概率为 0.1, 问银行该日应为此准备多少现金才有 99% 的把握保证客户兑现需求?

18. 任何产品的批量生产都会涉及质量控制问题. 质检部门处理这种问题的办法是批量抽样,谨慎检查. 基于样本中有缺陷的数量来决定是接收还是退回某批次产品. 例如,假设一个计算器生产商从日产量中选择了 200 个电路,用随机变量 X 表示样本中有缺陷的电路数. 假设缺陷率为 6%.

(1)求 X 的均值和标准差.

(2)利用正态分布近似计算 200 个样本中观察到 20 个或更多缺陷的概率.

19. 某学术会议理想的参会人数为 250. 会议主办者只允许事先在网上注册过的人参会. 根据过去的经验,网上注册过的人平均只有 40% 实际到会. 如果有 600 个人在网上注册过,计算实际参会人数为 230 ~ 260 的概率.

20. 某大楼有 1 600 台空调,在工作高峰时,平均有 80% 的空调开启,每台空调开启时耗电功率为 2 kW. 问供电所需要至少为此大楼的空调配备多少电,才能以 95% 的概率保证这些空调不会出现供电不足的现象?

21. 大约 25 年前,某神经系统科学家开始将褪黑素作为促进睡眠的荷尔蒙进行试验研究. 在研究过程中,科研工作者选择年轻的男性作为志愿者,分别服用小剂量的褪黑素和安慰剂(不含褪黑素),在中午时分被安置在一个黑暗的房间里,并被告知闭眼 30 min,关注的变量是睡眠起始潜伏期(单位:min). 研究表明,服用安慰剂的志愿者的睡眠起始潜伏期的均值为 15 min,标准差为 10 min. 服用褪黑素的 40 名志愿者大多在 5 ~ 6 min 进入睡眠状态,睡眠起始潜伏期的均值为 5.935 min. 基于此样本值,研究者分析认为,褪黑素是治疗失眠症的有效药物. 请用中心极限定理,对褪黑素作为促进睡眠的有效性进行推断.

本章习题答案

案例研究

A 公司于 2008 年推出首个 SUV 车型“Stone”,该车型 2010 年的销量比 2009 年有了一定提升. SUV 市场研究小组作了广泛的研究,以图发现进一步提高销量的方法. 市场研究小组在不同的总体中进行了一系列针对个体和团体的调查,包括不同年龄阶段的人群、不同教育程度的人群、社会不同行业的人群等. 通过调查,市场研究小组发现了“Stone”车型受其目标顾客群认可的原因,其中该车型的广告宣传取得了一定成功. 据调查,能回忆起该广告的人数从 2009 年的 25% 提高到了 35%;超过 25 万份的宣传手册被免费发放;公司网站“信赖 Stone”的活动影响巨大. 通过把“Stone”塑造成一个可以信赖的 SUV 品牌,有助于提高该车型的销售量. 请分析下列问题:

(1)假设 20% 的公众认为“Stone”是可信赖的 SUV 品牌,你从总体中随机抽取了 80 个样本,其中 30% 的人认为“Stone”车型是可以信赖的品牌. 请使用已学习的方法计算这一结果发生的概率.

(2)市场研究小组进行了定量调查以测试不同宣传策略的有效性. 假设测试开始时某策略的效果为 1.8,标准差为 0.7. 后来该策略受到批评并改进后,对 50 个人进行抽样,样本均值为 2.0,如果总体的均值为 1.8,得到大于等于该均值的概率是多少? 你认为样本均值是总体均值的偶然波动吗? 证明你的结论. 假设样本均值为 2.5,当总体均值仍为 1.8 时,偶然得到大于等于这一均值的可能性是多少? 假设这发生在策略改善之后,说明了什么问题?

第 6 章
参数估计

实践中的统计

(**德国坦克问题**)第二次世界大战期间,德国人大规模地生产战斗力强悍的坦克. 德军总共生产了多少辆坦克呢? 为了解这个信息,苏军采取了两种方法:一是派间谍刺探军情;二是根据苏军发现和截获的德国坦克数据进行统计分析. 根据谍报信息,德军坦克每个月的产量大约有 1 400 辆,但概率统计推断的数量只有数百辆. 第二次世界大战后,苏军对德国的坦克生产记录进行了检查,发现统计方法预测的答案(表 6.1)非常接近真实值. 这是统计学帮助苏军并打败德军的经典案例,是军事问题和点估计相结合的成果.

表 6.1

年　月	统计估计	情报估计	德国记录
1940 年 6 月	169	1 000	122
1941 年 6 月	244	1 550	271
1942 年 8 月	327	1 550	342

统计学家是怎么做到的呢? 为解决这个问题,苏军了解到德国人在生产坦克时从 1 开始连续编号,所有坦克的生产编号就是研究总体. 在战争中,苏军缴获了一些德国坦克,缴获坦克的生产编号就是研究样本. 点估计法从样本信息出发,推断出坦克的总数(见例 6.1.3).

数理统计的核心内容是统计推断,即由样本信息推断关于总体的种种结论. 统计推断的基本问题分为参数估计和假设检验两大类. 参数估计是统计推断的重要分支.

总体作为随机变量,其统计规律完全由分布函数刻画,统计推断的一个重要任务是由样本推断总体的分布. 在实际中,可以根据专业的或经验的知识判断出所研究总体的分布形式,但其若干分布参数未知;或者在已知总体分布形式的情形下关心其未知参数的某个函数为何值;又或者,虽然总体分布形式未知,但只关心某些数字特征. 例如,若已知例 1.2.1 的中层管理人员的年薪服从正态分布 $N(\mu,\sigma^2)$，但参数 μ 和 σ^2 未知，需要进一步估计 μ 和 σ^2 的值. 另外，年薪超过定值 a 的概率 $P\{X > a\} = 1 - \Phi\left(\frac{a-\mu}{\sigma}\right)$ 也是令人感兴趣的问题，需要进一步估计未知参数 μ 和 σ 的函数 $\Phi\left(\frac{a-\mu}{\sigma}\right)$. 又如，某一年龄段的人群对某种疾病发病率 X 的分布函数类型未知，但我们只关心该疾病在该人群中的平均发病率和发病率的波动情况，即需要估计数学期值和方差. 通常将总体参数的函数和总体的数字特征统称为总体参数. 参数估计就是利用样本信息对各类总体中的未知参数作出估计.

本章讨论参数估计的常用方法及优良性评价办法.

6.1　点估计

6.1.1　点估计的概念

例 6.1.1　某炸药厂一天中发生着火现象的次数 X 是一个随机变量，假设它服从参数 $\lambda > 0$ 的泊松分布，参数 λ 未知. 观察 250 天发生火灾的情况，得到样本值见表 6.2，试估计参数 λ.

表 6.2

着火次数 k	0	1	2	3	4	5	6
发生 k 次着火的天数 n_k	75	90	54	22	6	2	1

解　因 $X \sim P(\lambda)$，故 $EX = \lambda$. 250 天中每一天发生着火现象的次数用随机变量 $X_i(i = 1,\cdots,250)$ 表示，X_i 构成总体 X 的样本. 由大数定律，样本均值 $\bar{X}$ 依概率收敛于总体的数学期望 EX，可用样本均值的观测值 $\bar{x}$ 估计总体的参数 λ.

$$\bar{x} = \frac{1}{250}\sum_{k=1}^{250} x_k = \frac{1}{250}\sum_{k=0}^{6} kn_k$$
$$= (0 \times 75 + 1 \times 90 + 2 \times 54 + 3 \times 22 + 4 \times 6 + 5 \times 2 + 6 \times 1) = 1.22,$$

λ 的估计值为 1.22.

这里只有一个参数 λ 待定，用样本 $X_1,X_2,\cdots,X_n$ 构造统计量 $\hat{\lambda} = \bar{X} = \frac{1}{n}\sum_{k=1}^{n} X_k$，用统计量的观测值来近似参数 λ. 如果有多个参数待定，则需要增加新的统计量. 该方法可推广到一般情况：设总体 X 的分布函数形式已知，但它的一个或多个参数未知，借助于总体 X 的一个样本来估计总体的未知参数值的问题，称为点估计问题，其方法就是用统计量（样本函数）来估计总体的未知参数.

定义 6.1.1　一般情况下，设总体 X 的分布函数 $F(x;\theta)$ 的形式已知，参数 θ（θ 可为向

量）未知，记 θ 所有可能取值构成的集合为 Θ，Θ 称为参数空间. 用样本（$X_1,X_2,\cdots,X_n$）构造统计量 $\hat{\theta}=\hat{\theta}(X_1,X_2,\cdots,X_n)$ 来估计 θ，$\hat{\theta}$ 称为 θ 的**估计量**. 对样本的一组观察值（$x_1,x_2,\cdots,x_n$），相应估计量的观察值 $\hat{\theta}(x_1,x_2,\cdots,x_n)$ 称为 θ 的估计值，简记为 $\hat{\theta}$. 若 θ 为 m 维向量，则 θ 为 m 维欧氏空间的点. 用 $\hat{\theta}$ 估计 θ，即用一个 m 维向量 $\hat{\theta}=(\hat{\theta}_1,\hat{\theta}_2,\cdots,\hat{\theta}_m)$ 去估计 m 维点 $\theta=(\theta_1,\cdots,\theta_m)$，这样的估计称为**点估计**.

本节介绍点估计的两种常用方法：矩估计法和极大似然估计法. 实际应用中还有最小二乘法（见第 8 章）、判决函数法、自适应法、稳健估计法及 Bayes 法.

6.1.2　矩估计法

矩估计法由英国统计学家皮尔逊于 1894 年提出，是一种简单而直观的传统估计方法. 在例 6.1.1 中，只有一个待定参数 λ，且 $EX=\lambda$，估计方法为

$$\hat{\lambda}=A_1=\frac{1}{250}\sum_{k=1}^{250}X_k,$$

即用样本一阶原点矩作为总体一阶原点矩（数学期望）的估计量.

例 6.1.2（中奖率问题）　某超市发放 10 000 张奖券，中奖率 p 保密. 现从中有放回地随机抽取 100 张奖券，其中只有两张中奖，试估计中奖率 p 的值.

解　用随机变量 X 表示每次抽取奖券中奖的情况，

$$X=\begin{cases}1,\text{中奖}, & \text{概率为 } p,\\ 0,\text{不中奖}, & \text{概率为 } 1-p.\end{cases}$$

则随机变量 X 服从 0 - 1 分布，$EX=p$.

随机抽取 100 张奖券，每次抽奖情况用随机变量 X_i 表示（$i=1,\cdots,100$）. 用样本均值作为总体数学期望的估计量，

$$\hat{p}=\bar{X}=\frac{1}{n}\sum_{i=1}^{n}X_i,$$

代入可得 $\hat{p}$ 的估计值

$$\hat{p}=\bar{x}=\frac{1}{n}\sum_{i=1}^{n}x_i=\frac{2}{100}=0.02.$$

$\sum\limits_{i=1}^{n}X_i$ 是事件 A 在 n 次试验中发生的次数，$\hat{p}$ 是事件 A 发生的频率.

例 6.1.2 的解答过程就是点估计的统计分析过程. 如果某分布函数中有两个待定参数，就需增加新的样本函数，用样本二阶原点矩作为总体二阶原点矩的估计量，

$$A_2=\frac{1}{n}\sum_{i=1}^{n}X_i^2=E(\hat{X^2})$$

以此类推，可以求出某分布函数中有 k 个待定参数的情况，这种方法称为矩估计法. 由辛钦大数定律，样本的 k 阶原点矩依概率收敛于总体的 k 阶原点矩. 随着样本容量的增大，样本的 k 阶原点矩将越来越逼近其总体的 k 阶原点矩的真值，估计精度越来越高.

定义 6.1.2　设总体 X 是分布律为 $P\{X=x\}=p(x;\theta_1,\theta_2,\cdots,\theta_k)$ 的离散型随机变量，或

是概率密度为$f(x;\theta_1,\cdots,\theta_k)$的连续型随机变量,其中$\theta_1,\cdots,\theta_k$为待估参数. 假定总体$X$的$k$阶原点矩存在,则其$l$阶原点矩($l=1,2,\cdots,k$)

$$\alpha_l=E(X^l)=\begin{cases}\int_{-\infty}^{+\infty}x^l f(x;\theta_1,\theta_2,\cdots,\theta_k)\,dx, & X\text{ 为连续型随机变量},\\ \sum x^l p(x;\theta_1,\theta_2,\cdots,\theta_k), & X\text{ 为离散型随机变量}.\end{cases}$$

是$\theta_1,\theta_2,\cdots,\theta_k$的函数,

$$\alpha_l=\alpha_l(\theta_1,\theta_2,\cdots,\theta_k)(l=1,2,\cdots,k).$$

设($X_1,X_2,\cdots,X_n$)为取自X的样本,样本的l阶原点矩为

$$A_l=\frac{1}{n}\sum_{i=1}^{n}X_i^l.$$

同样本的l阶原点矩作为总体X的l阶原点矩的估计量,得k个方程

$$\hat{d}_l=\frac{1}{n}\sum_{i=1}^{n}X_i^l(l=1,2,\cdots,k).\qquad(6.1.1)$$

求解上述方程组得到的一组解

$$\hat{\theta}_l=\hat{\theta}_l(X_1,X_2,\cdots,X_n)(l=1,2,\cdots,k)$$

作为未知参数$\theta_1,\theta_2,\cdots,\theta_k$的估计量,称为**矩估计量**. 矩估计量的观察值称为**矩估计值**.

例 6.1.3　用矩估计法分析"第二次世界大战中苏军如何破解德国坦克产量"的问题.

解　(方法1)假设德国某个月生产了N(待定)辆坦克并被全部派上战场,坦克编号记为X,X是离散型随机变量,$P\{X=k\}=\dfrac{1}{N},k=1,2,\cdots,N$. X的数学期望

$$EX=\sum_{k=1}^{N}kP\{X=k\}=\sum_{k=1}^{N}k\times\frac{1}{N}=\frac{N+1}{2}.$$

假设缴获了m辆坦克,其编号分别记为$X_1,X_2,\cdots,X_m$,则X_i是总体X的样本,样本均值记为$\bar{X}$. 由矩估计法,有

$$\hat{E}X=\bar{X}.$$

解得坦克总数N的矩估计量

$$\hat{N}=2\bar{X}-1.$$

被缴获的坦克编号的样本均值为$\bar{x}$,则坦克总数的估计值$\hat{n}=2\bar{x}-1$. 例如,缴获了一批坦克,它们的平均编号是487,那么坦克总数的点估计值

$$\hat{n}=2\bar{x}-1=973.$$

(方法2)设德国某个月生产了N(待定)辆坦克并被全部派上战场. 随机缴获坦克并分组(每组k辆),每组坦克的最大编号记为X,研究总体X是离散型随机变量,$P\{X=m\}=\dfrac{C_{m-1}^{k-1}}{C_N^k},m=k,\cdots,N$. X的数学期望

$$EX=\sum_{m=k}^{N}mP\{X=m\}=\sum_{m=k}^{N}m\frac{C_{m-1}^{k-1}}{C_N^k}=\frac{k}{C_N^k}\sum_{m=k}^{N}C_m^k.$$

考虑多项式的和式 $\sum_{m=k}^{N}(1+x)^m=\frac{(1+x)^{N+1}-(1+x)^k}{(1+x)-1}=\frac{(1+x)^{N+1}-(1+x)^k}{x}$，等式两边含 x^k 项的系数相等，即 $\sum_{m=k}^{N} C_m^k=C_{N+1}^{k+1}$. 代入可得，

$$EX=\frac{k}{C_N^k}C_{N+1}^{k+1}=\frac{k}{k+1}(N+1).$$

假设缴获了 n 组坦克，每组坦克的最大编号记为 $X_i(i=1,2,\cdots,n)$，设 X_i 相互独立且与总体 X 同分布，样本均值记为 $\bar{X}$. 由矩估计法，

$$\hat{EX}=\bar{X}.$$

解得坦克总数 N 的矩估计量

$$\hat{N}=\bar{X}\left(1+\frac{1}{k}\right)-1.$$

假设把所有数据看成一组，则 X 的样本均值（观测值）就是最大编号值，

$$\hat{N}=\text{最大编号值}\times\left(1+\frac{1}{k}\right)-1.$$

例如，缴获了 50 辆坦克，最大编号是 3 000，则坦克总数的点估计值

$$\hat{n}=3\,000\times\left(1+\frac{1}{50}\right)-1=3\,059.$$

除此之外，分析"德国坦克问题"的方法很多. 基于各种统计分析，苏军推测出了德国飞机、大炮、枪支数量，并由此推知了德国军事力量的规模，在此基础上联合盟军一起打败了第二次世界大战中疯狂的德军.

例 6.1.4 设总体 X 的均值 μ 和方差 σ^2 均未知，求 μ 和 σ^2 的矩估计量.

解 设 $(X_1,X_2,\cdots,X_n)$ 是来自总体 X 的样本，由于有两个未知参数，因此需要建立两个方程.

$$\begin{cases}\hat{EX}=A_1=\frac{1}{n}\sum_{i=1}^{n}X_i.\\ E(\hat{X}^2)=A_2=\frac{1}{n}\sum_{k=i}^{n}X_i^2.\end{cases}$$

又因为

$$\sigma^2=E(X^2)-(EX)^2,$$

解得 μ 和 σ^2 的矩估计量

$$\hat{\mu}=\bar{X}, \tag{6.1.2}$$

$$\hat{\sigma}^2=A_2-A_1^2=\frac{1}{n}\sum_{i=1}^{n}X_i^2-\bar{X}^2=\frac{1}{n}\sum_{i=1}^{n}(X_i-\bar{X})^2=\tilde{S}^2. \tag{6.1.3}$$

结论 6.1.1 对于任何总体而言，只要其数学期望和方差存在，则总体期望 μ 的矩估计量为样本均值 $\bar{X}$，总体方差 σ^2 的矩估计量为样本二阶中心矩 $\tilde{S}^2$.

例 6.1.5 分析例 1.2.1 中"中层管理人员的年薪"问题. 若年薪 $X\sim N(\mu,\sigma^2)$（μ 和 σ^2 未知），根据例 1.4.2 和例 1.4.4 中的结果，求参数 μ 和 σ^2 的矩估计值.

解　μ 和 σ^2 的矩估计量分别为

$$\hat{\mu}=\bar{X},\quad \hat{\sigma}^2=\tilde{S}^2.$$

在例1.4.2中,样本均值 $\bar{x}=11.163$ 万元,μ 的矩估计值为11.163万元.由样本二阶中心距 $\tilde{S}^2$ 和样本方差之间的关系 $\tilde{S}^2=\frac{n-1}{n}S^2$,可得样本二阶中心距的观测值 $\tilde{s}^2=\frac{29}{30}s^2$. 在例1.4.4中,样本方差 $s^2=2.067$, $\tilde{s}^2=\frac{29}{30}s^2=1.998$, 参数 σ^2 的矩估计值为1.998.

6.1.3　极大似然估计法

由高斯和费希尔提出的极大似然估计法是被广泛使用的一种参数估计方法.

例6.1.6　设一袋中装有多个白球和黑球,已知两种球的数目之比为1∶2,但不知黑球多还是白球多.现从中有放回地依次取出3个球,结果是(白,黑,白),试由此估计白球所占比例 p 究竟为 $\frac{1}{3}$ 还是 $\frac{2}{3}$?

解　白球所占比例 p 也是从袋中任取一球得白球的概率. p 可视为两点分布中总体 X 的参数,

$$X=\begin{cases}1, & \text{当取到一白球},\\ 0, & \text{当取到一黑球}.\end{cases}$$

于是,有放回地取出3个球,就是对总体 X 的样本 (X_1,X_2,X_3) 的一次观察试验.试验的结果(白,黑,白),即样本观察值为 $(1,0,1)$,由这一结果判定 $p=\frac{1}{3}$ 还是 $p=\frac{2}{3}$.

分别在 $p=\frac{1}{3}$ 和 $p=\frac{2}{3}$ 时计算试验结果(白,黑,白)的概率,

$$P\{X_1=1,X_2=0,X_3=1\}=P\{X_1=1\}P\{X_2=0\}P\{X_3=1\}$$

$$=\begin{cases}\left(\frac{1}{3}\right)^2\times\frac{2}{3}=\frac{2}{27}, & \text{相应于 } p=\frac{1}{3},\\ \left(\frac{2}{3}\right)^2\times\frac{1}{3}=\frac{4}{27}, & \text{相应于 } p=\frac{2}{3}.\end{cases}$$

当 $p=\frac{2}{3}$ 时,试验结果(白,黑,白)发生的概率最大,选取 $\frac{2}{3}$ 为 p 的估计值更合理,这就是极大似然估计思想,选取的参数对应一次试验结果发生的概率最大值.

类似可分别计算当 $p=\frac{1}{3}$ 和 $\frac{2}{3}$ 时,试验的任一结果,即样本 (X_1,X_2,X_3) 的任一组取值发生的概率 $P\{X_1=x_1,X_2=x_2,X_3=x_3\}$,见表6.3.其中,第2~5列给出当 $p=\frac{1}{3}$ 或 $\frac{2}{3}$ 时各种可能试验结果的概率值,试验的任一结果位于某列的第一行,该列的第2,3行是这一结果分别在 $p=\frac{1}{3}$ 和 $\frac{2}{3}$ 时的概率值.

表 6.3

(x_1,x_2,x_3)	$(0,0,0)$	$(1,0,0),(0,1,0),(0,0,1)$	$(1,1,0),(0,1,1),(1,0,1)$	$(1,1,1)$
$p=1/3$	8/27	4/27	2/27	1/27
$p=2/3$	1/27	1/27	4/27	8/27

当试验结果为至多有 1 个白球时(含 4 种情况,对应 2,3 列),$p=\dfrac{1}{3}$ 对应的试验结果发生的概率最大,选取 $p=\dfrac{1}{3}$ 为 p 的估计值更合理;当试验结果为至少有 2 个白球时(含 4 种情况,对应 4,5 列),$p=\dfrac{2}{3}$ 对应的试验结果发生的概率最大,选取 $p=\dfrac{2}{3}$ 为 p 的估计值更合理.

上述方法建立的依据是极大似然原理:一个试验有若干个可能结果 $A_1,A_2,\cdots,A_n$,若一次试验的结果是 A_i 发生,则自然认为 A_i 在所有可能结果中发生的概率最大. 当总体 X 的未知参数 θ 待估时,应用这一原理,对 X 的样本 $(X_1,X_2,\cdots,X_n)$ 作一次观测试验得样本观察值 $(x_1,x_2,\cdots,x_n)$ 为一次试验结果,那么参数 θ 的估计值应取为使这一结果发生的概率最大才合理.

该总体 X 的未知参数 θ 待估,$(x_1,x_2,\cdots,x_n)$ 为 X 的一组样本观察值,则:

①当 X 为离数型随机变量时,该组样本观察值发生的概率

$$L(\theta)=P(X_1=x_1,X_2=x_2,\cdots,X_n=x_n;\theta)=\prod_{i=1}^{n}p(x_i;\theta),\theta\in\Theta$$

应最大,求 θ 的极大似然估计值即求使函数 $L(\theta)$ 达到最大的估计值 $\hat{\theta}(x_1,\cdots,x_n)$.

②当 X 为连续型随机变量时,观察值 $(x_1,x_2,\cdots,x_n)$ 发生的概率为 0,但由于样本的联合概率密度在一点处的函数值大小反映和决定样本在该点附近取值的概率变化的快慢,因此,观察值 $(x_1,x_2,\cdots,x_n)$ 发生的概率最大可用样本联合概率密度在观察点的函数值

$$L(\theta)=f(x_1,\cdots,x_n;\theta)=\prod_{i=1}^{n}f(x_i;\theta)$$

最大来反映和表示(其中 $f(x;\theta)$ 为总体的概率密度函数).

例 6.1.7 设总体 X 的分布列见表 6.4,其中 $\theta(0<\theta<1)$ 为未知参数,样本观察值 $x_1=1,x_2=2,x_3=1$,求 θ 的极大似然估计值.

表 6.4

X	1	2	3
P	θ^2	$2\theta(1-\theta)$	$(1-\theta)^2$

解

$$\begin{aligned}P\{X_1=1,X_2=2,X_3=1\}&=P\{X_1=1\}P\{X_2=2\}P\{X_3=1\}\\&=\theta^2\cdot2\theta(1-\theta)\cdot\theta^2\\&=2(1-\theta)\theta^5=L(\theta).\end{aligned}$$

求 θ 的极大似然估计值,即求 $L(\theta)$ 达到最大值对应的 θ.

令 $\frac{\partial L(\theta)}{\partial \theta}=0$，可得 $(5-6\theta)\theta^4=0$，即 $\theta=5/6$，θ 的极大似然估计值为 5/6.

定义 6.1.3　设总体 X 是分布律为 $P\{X=x\}=p(x;\theta_1,\theta_2,\cdots,\theta_k)$ 的离散型随机变量，或是概率密度为 $f(x;\theta_1,\cdots,\theta_k)$ 的连续型随机变量，其中 $\theta_1,\cdots,\theta_k$ 为待估参数，Θ 为参数 $\theta=(\theta_1,\cdots,\theta_k)$ 可能取值所构成的参数空间，$(x_1,\cdots,x_n)$ 是样本 $(X_1,\cdots,X_n)$ 的一组观察值. 称

$$L(x_1,\cdots,x_n;\theta)=\begin{cases}\prod\limits_{i=1}^{n}p(x_i;\theta), & X\text{ 为离散型随机变量},\\ \prod\limits_{i=1}^{n}f(x_i;\theta), & X\text{ 为连续型随机变量}.\end{cases} \tag{6.1.4}$$

为样本的**似然函数**. 若存在 $\hat{\theta}=(\hat{\theta}_1,\cdots,\hat{\theta}_k)$，使得

$$L(x_1,\cdots,x_n;\hat{\theta})=\max_{\theta\in\Theta}L(x_1,\cdots,x_n;\theta)$$

成立，称

$$\hat{\theta}=\hat{\theta}(x_1,\cdots,x_n)=(\hat{\theta}_1(x_1,\cdots,x_n),\cdots,\hat{\theta}_k(x_1,\cdots,x_n))$$

为参数 θ 的**极大似然估计值**，而称

$$\hat{\theta}=\hat{\theta}(X_1,\cdots,X_n)=(\hat{\theta}_1(X_1,\cdots,X_n),\cdots,\hat{\theta}_k(X_1,\cdots,X_n))$$

为参数 θ 的**极大似然估计量**.

由于 $f(x;\theta)$ 往往是关于 θ 可微的，因此一般极大似然估计量 $\hat{\theta}$ 可从方程

$$\frac{\partial L(\theta)}{\partial \theta_i}=0\ (i=1,2,\cdots,k) \tag{6.1.5}$$

解得. 又因似然函数 $L(x_1,\cdots,x_n;\theta)$ 多为乘积的形式，为简化计算常把似然函数取对数，$\ln L(\theta)$ 与 $L(\theta)$ 同时取得最大值，故等价地由方程组

$$\frac{\partial \ln L(\theta)}{\partial \theta_i}=0\ (i=1,2,\cdots,k) \tag{6.1.6}$$

求得 θ. 但要注意，当 $f(x;\theta)$ 关于 θ 不可微或上述方程组无解时，必须根据极大似然估计的定义和 θ 的取值范围 Θ 求 $\hat{\theta}$.

综上所述，极大似然估计法的计算过程如下：

①写出样本的似然函数 $L(x_1,\cdots,x_n;\theta)$.

②建立似然方程，令 $\frac{\partial L(\theta)}{\partial \theta_i}=0$ 或 $\frac{\partial \ln L(\theta)}{\partial \theta_i}=0$.

③解似然方程即得 $\hat{\theta}$.

例 6.1.8　用极大似然估计法估计例 6.1.2 中奖率 p 的值.

解　在该案例中，样本 $X_1,X_2,\cdots,X_n(i=1,\cdots,100)$ 的分布律可表示为

$$P(X_i=x_i)=p^{x_i}(1-p)^{1-x_i},x_i=0,1,$$

似然函数

$$L(p)=\prod_{i=1}^{n}p^{x_i}(1-p)^{1-x_i}=p^{\sum\limits_{i=1}^{n}x_i}(1-p)^{n-\sum\limits_{i=1}^{n}x_i}.$$

对上式取对数,并记 $\bar{x}=\frac{1}{n}\sum_{i=1}^{n}x_i$,得

$$\ln L(p)=n\bar{x}\ln p+n(1-\bar{x})\ln(1-p).$$

关于 p 求导,得似然方程

$$\frac{n\bar{x}}{p}-\frac{n(1-\bar{x})}{1-p}=0.$$

解此方程得 p 的极大似然估计值为

$$\hat{p}=\bar{x}=\frac{1}{n}\sum_{i=1}^{n}x_i.$$

现 $n=100$, $\sum_{i=1}^{n}x_i=2$, 此时中奖率 p 的极大似然估计值为

$$\hat{p}=\bar{x}=\frac{2}{100}=2\%.$$

类似于例 6.1.2 和例 6.1.8 的分析办法,可得以下重要结论,它常用于估计事件发生的概率 p.

结论 6.1.2 随机事件发生的频率是随机事件发生概率 p 的矩估计量和极大似然估计量.

例 6.1.9(文稿校对) 两个校对员审阅同一份文稿. A 校对员发现 n_1 个错误, B 校对员发现 n_2 个错误,其中相同的有 $n_{1,2}$ 个,试估计这份文稿中的总错误数 N.

解 设一个错误被 A 校对员发现的概率为 p. A 校对员从 N 个总错误数中发现 n_1 个错误,由结论 6.1.2 可得频率 p 的点估计值

$$\hat{p}=\frac{n_1}{N}.$$

再把 B 校对员发现的 n_2 个错误看成一个独立的整体, A 校对员发现了其中的 $n_{1,2}$ 个错误,同样可得频率 p 的点估计值

$$\hat{p}=\frac{n_{1,2}}{n_2}.$$

两个点估计值近似相等, $\frac{n_1}{N}\approx\frac{n_{1,2}}{n_2}$, 可得 $N\approx\frac{n_1n_2}{n_{1,2}}$.

考虑下列不同的应用背景,上述结果具有更大的应用价值.

例 6.1.10(基因密码破译) 两个研究队伍最近宣布他们破解了人类基因密码序列,都估计人类基因组大约包含 33 000 个基因. 由于两支队伍是独立得到相同的数值,因此许多科学家认为这个数字可信. 而对结果的进一步观察发现两支队伍仅对大约 17 000 个基因有相同的认定. 是否可以估计出基因的正确数字?

解 根据例 6.1.9 中的结论,估计出基因的正确数字为

$$N\approx\frac{n_1n_2}{n_{1,2}}=\frac{33\,000\times33\,000}{17\,000}\approx64\,000,$$

这个结论充分否定了人类基因组大约包含 33 000 个基因的认知.

例 6.1.11(使用寿命) 某电子管的使用寿命 X 服从指数分布,其概率密度

$$f(x;\lambda)=\begin{cases}\lambda e^{-\lambda x}, & x>0,\\ 0, & x\leqslant 0.\end{cases}$$

现随机抽取 100 个电子管,测得平均寿命为 7. 8 年,试求参数 λ 的极大似然估计.

解　设 $x_1,x_2,\cdots,x_{100}$ 为 100 个电子管的使用寿命. 由式(6. 1. 2),似然函数为

$$L(\lambda)=\prod_{i=1}^{n}f(x_i;\lambda)=\prod_{i=1}^{n}\lambda e^{-\lambda x_i}=\lambda^n e^{-\lambda\sum\limits_{i=1}^{n}x_i}.$$

将上式取对数,

$$\ln L(\lambda)=n\ln\lambda-\lambda\sum_{i=1}^{n}x_i.$$

关于 λ 求导,得似然方程

$$\frac{\mathrm{d}\ln L(\lambda)}{\mathrm{d}\theta}=\frac{n}{\lambda}-\sum_{i=1}^{n}x_i=0.$$

解方程得 λ 的极大似然估计值为

$$\hat{\lambda}=\frac{n}{\sum\limits_{i=1}^{n}x_i}=\frac{1}{\frac{1}{n}\sum\limits_{i=1}^{n}x_i}=\frac{1}{7.8}.$$

关于正态分布的极大似然估计,这里不作详细推导,只给出重要结论.

结论 6. 1. 3(正态分布的极大似然估计)　设总体 $X\sim N(\mu,\sigma^2)$, $X_1,X_2,\cdots,X_n$ 为 n 个样本, 则样本均值 $\bar{X}$ 和样本二阶中心矩 $\tilde{S}^2$ 分别是 μ 和 σ^2 的极大似然估计量.

6.1.4　估计量的评选标准

参数的点估计方法有多种,对同一参数,用不同的估计法可能得到不同的估计量,这时就存在采用哪一个估计量更好的问题. 另外,即使使用不同的估计法得到了某参数的相同估计量,也存在评判该估计量好不好的问题. 这就需要先明确什么是“好”,“好”的标准是怎样的. 本节介绍 3 种常用的评价估计量优良性的标准.

估计量是随机变量,相应于不同的样本观测值而得到不同的估计值. 由于随机性,其取值难免与参数的真值有或大或小的偏差,但估计量的所有可能取值按概率加权的平均值与参数真值没有偏差,也即要求估计量的数学期望等于参数的真值[见图 6. 1(a), $\hat{\theta}$ 是参数 θ 的估计量],这就是无偏性标准. 如图 6. 1(b)所示, $E(\hat{\theta})$ 比 θ 大,从而样本统计量以较大的概率高估总体参数值 θ.

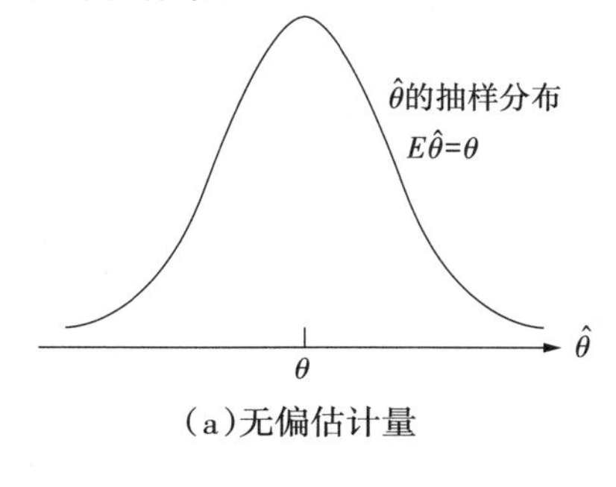

(a)无偏估计量

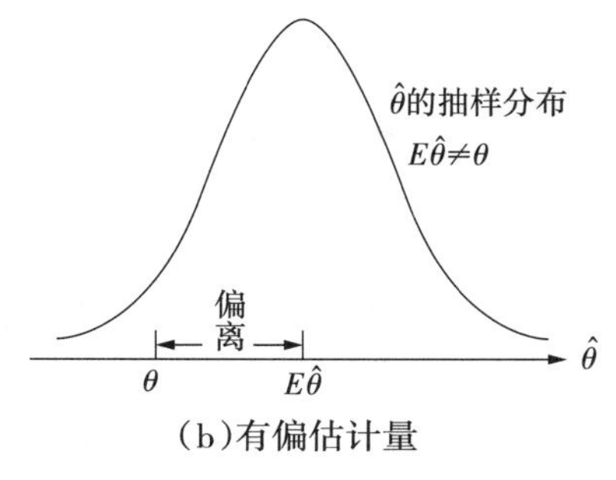

(b)有偏估计量

图 6. 1

定义 6.1.4 设 $\hat{\theta}=\hat{\theta}(X_1,X_2,\cdots,X_n)$ 是参数 θ 的估计量,若对任意 $\theta\in\Theta$,有

$$E\hat{\theta}=\theta,$$

则称 $\hat{\theta}$ 是 θ 的**无偏估计量**(或称估计量 $\hat{\theta}$ 是无偏的).记

$$b_n=E(\hat{\theta})-\theta,$$

称 b_n 为估计量 $\hat{\theta}$ 的**偏差**.当 $b_n\neq 0$ 时,称 $\hat{\theta}$ 是 θ 的**有偏估计**;若

$$\lim_{n\to\infty} b_n=0,$$

则称 $\hat{\theta}$ 是 θ 的**渐近无偏估计量**.

例 6.1.12 设总体 X 的 k 阶原点矩 $\alpha_k=E(X^k)(k\geqslant 1)$ 存在,$(X_1,X_2,\cdots,X_n)$ 是 X 的样本,证明样本 k 阶原点矩 $A_k=\frac{1}{n}\sum\limits_{i=1}^{n}X_i^k$ 是 α_k 的无偏估计量.

证明 样本 $X_1,X_2,\cdots,X_n$ 与 X 同分布,

$$E(X_i^k)=E(X^k)=\alpha_k,k\geqslant 1,i=1,2,\cdots,n.$$

$$EA_k=\frac{1}{n}\sum_{i=1}^{n}E(X_i^k)=\alpha_k.$$

例 6.1.12 的结论具有一般性:无论总体 X 服从什么分布,其样本 k 阶原点矩是总体 k 阶原点矩 α_k(若存在)的无偏估计量.特别地,样本均值 $\bar{X}$ 是总体均值 EX 的无偏估计量.

例 6.1.13 设总体方差 $DX=\sigma^2<+\infty$,证明样本方差 $S^2=\frac{1}{n-1}\sum\limits_{i=1}^{n}(X_i-\bar{X})^2$ 是 σ^2 的无偏估计量.

证明 设总体均值 $EX=\mu$,由 $DX=\sigma^2<+\infty$ 知 μ 存在且有限.

$$\begin{aligned}
ES^2&=E\left[\frac{1}{n-1}\sum_{i=1}^{n}(X_i-\bar{X})^2\right]\\
&=E\left\{\frac{1}{n-1}\sum_{i=1}^{n}[(X_i-\mu)-(\bar{X}-\mu)]^2\right\}\\
&=\frac{1}{n-1}E\left\{\sum_{i=1}^{n}[(X_i-\mu)^2-2(X_i-\mu)(\bar{X}-\mu)+(\bar{X}-\mu)^2]\right\}\\
&=\frac{1}{n-1}\left[\sum_{i=1}^{n}E(X_i-\mu)^2-2E\sum_{i=1}^{n}(X_i-\mu)(\bar{X}-\mu)+nE(\bar{X}-\mu)^2\right]\\
&=\frac{1}{n-1}\sum_{i=1}^{n}E(X_i-\mu)^2-\frac{n}{n-1}E(\bar{X}-\mu)^2\\
&=\frac{n}{n-1}\sigma^2-\frac{n}{n-1}\cdot\frac{\sigma^2}{n}\\
&=\sigma^2.
\end{aligned}$$

值得注意的是,由例 6.1.4 可知,方差 σ^2 的矩估计量为 $\tilde{S}^2=\frac{1}{n}\sum\limits_{i=1}^{n}(X_i-\bar{X})^2$.

$$E(\tilde{S}^2)=E\left(\frac{n}{n-1}S^2\right)=\frac{n}{n-1}\sigma^2,$$

即 $\tilde{S}^2$ 是 σ^2 的有偏估计量. 进一步分析，$\lim\limits_{n\to+\infty}[E(\tilde{S}^2)-\sigma^2]=0$，即 $\tilde{S}^2$ 是 σ^2 的渐近无偏估计量. 当 n 比较大时，取 S^2 和 $\tilde{S}^2$ 作为 σ^2 的估计量皆可.

综合例 6.1.12 和例 6.1.13，得到以下重要结论：

结论 6.1.4　设总体方差 $DX=\sigma^2<\infty$，则样本均值 $\bar{X}$ 是总体均值 EX 的无偏估计量，样本方差 $S^2=\dfrac{1}{n-1}\sum\limits_{i=1}^{n}(X_i-\bar{X})^2$ 是总体方差 σ^2 的无偏估计量.

基于此，用样本方差 S^2 估计总体方差 σ^2 效果更好.

例 6.1.14　在例 6.1.5 的"中层管理人员的年薪"问题中，求参数 μ 和 σ 的无偏估计值，并进一步估算偏高收入（$X>13$ 万元）和偏低收入（$X<10$ 万元）概率.

解　样本均值 $\bar{X}$ 和样本方差 S^2 分别是 μ 和 σ^2 的无偏估计量，即

$$\hat{\mu}=\bar{X},\qquad \hat{\sigma}^2=S^2.$$

年薪的样本均值 $\bar{x}=11.163$ 万元，样本方差 $S^2=2.067$. X 近似服从正态分布，$X\sim N(\hat{\mu}=11.163,\hat{\sigma}^2=2.067)$.

$P\{X>13\}=1-P\{X\leqslant 13\}=1-\text{NORMDIST}(13,11.163,1.438,1)\approx 0.101.$

$P\{X<10\}=\text{NORMDIST}(10,11.163,1.438,1)\approx 0.209.$

中层管理人员的年薪处于偏高收入和偏低收入的概率分别为 0.101 和 0.209.

例 6.1.15　样本 (X_1,X_2,X_3) 来自总体 $N(\mu,\sigma^2)$，且 $Y=\dfrac{1}{3}X_1+\dfrac{1}{3}X_2+aX_3$ 为参数 μ 的无偏估计量，则 a 为多少？

解　Y 为参数 μ 的无偏估计量，$EY=\mu$.

$$EY=E\left(\frac{1}{3}X_1+\frac{1}{3}X_2+aX_3\right)=\left(\frac{1}{3}+\frac{1}{3}+a\right)\mu=\mu,a=\frac{1}{3}.$$

显然，对同一未知参数，可以构造许多无偏估计. 例如，若 $(X_1,X_2,\cdots,X_n)$ 是总体 X 的一个样本，则对于任意满足 $\sum\limits_{i=1}^{n}c_i=1$ 的常数 $c_i(1\leqslant i\leqslant n)$ 而言，估计量 $\sum\limits_{i=1}^{n}c_iX_i$ 总是总体期望 EX 的无偏估计. 这表明，一个未知参数可以有多个不同的无偏估计量.

既然同一未知参数可以有多个无偏估计量，就存在对多个无偏估计量作优劣比较的问题. 图 6.2 给出了待估参数 θ 的两个无偏点估计量 $\hat{\theta}_1$ 和 $\hat{\theta}_2$ 的抽样分布，虽然它们取值都集

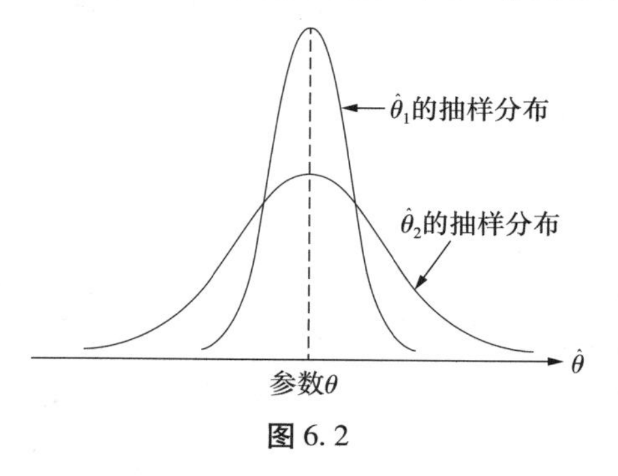

图 6.2

中在参数值 θ 附近,但集中程度会有差异. $\hat{\theta}_1$ 的方差比 $\hat{\theta}_2$ 的方差小, $\hat{\theta}_1$ 比 $\hat{\theta}_2$ 的集中程度更高, $\hat{\theta}_1$ 的值比 $\hat{\theta}_2$ 的值接近参数 值 θ 的机会更大. 无偏估计量的数学期望就是参数值 θ, 这意味着,要求无偏估计量偏离其数学期望的程度越小越好,即方差越小越好,这就产生了评价估计量的有效性标准.

定义 6.1.5 设 $\hat{\theta}_1 = \hat{\theta}_1(X_1, X_2, \cdots, X_n)$ 与 $\hat{\theta}_2 = \hat{\theta}_2(X_1, X_2, \cdots, X_n)$ 都是待估参数 θ 的无偏估计量,若有

$$D(\hat{\theta}_1) < D(\hat{\theta}_2),$$

则称无偏估计量 $\hat{\theta}_1$ 比 $\hat{\theta}_2$ 更有效.

上面的无偏性与有效性标准是在样本 n 固定的前提下提出的. 当样本容量 n 增大时,样本中包含的总体信息将增多,估计量作为样本的函数,其包含的总体信息也会增多. 一个基本而自然的要求是,随着 n 的增大,估计量越来越逼近估计参数的真值,这就是一致性(也称为相合性)标准. 严格定义如下:

定义 6.1.6 设 $\hat{\theta}(X_1, X_2, \cdots, X_n)$ 为参数 θ 的估计量,若对任意的 $\theta \in \Theta$ 及任意的 $\varepsilon > 0$, 有

$$\lim_{n \to +\infty} P(\,|\hat{\theta}(X_1, X_2, \cdots, X_n) - \theta| \leqslant \varepsilon) = 1,$$

即估计量 $\hat{\theta}(X_1, \cdots, X_n)$ 依概率收敛于参数 θ, 称 $\hat{\theta}(X_1, \cdots, X_n)$ 为 θ 的**一致估计量**.

6.2 区间估计

点估计法直接给出未知参数的具体估计值,如用样本均值 $\bar{X}$ 的观测值估计总体均值 u,简单明确而便于应用. 但是,样本均值恰好与总体均值相等是不可能的,很难相信点估计能得到总体参数的精确值. 在例 6.1.14 中,用样本的平均年薪(11.163 万元)来估计总体的平均年薪,估计值与总体的平均年薪偏差多少? 可信程度又如何? 这样的问题,点估计法都无法回答.

解决这一问题的一个直观想法是,给定一个概率(可信程度)要求,然后基于样本来寻求一个未知参数值的范围(区间),使能以给定的概率相信该区间包含了未知参数的真值,从而也能以所给定的概率相信,该区间中任一点作为参数估计值时与参数真值的偏差不超过该区间的长度,这就是区间估计的思想.

6.2.1 区间估计的概念

区间估计,即以点估计±边际误差的形式建立未知参数值的区间.

例 6.2.1 某连锁酒店每周选择 100 桌酒席组成一个随机样本 ($n = 100$), 了解每桌的消费额,并以此判断该酒店本周酒席的平均消费额. 根据历史数据,酒席消费额的总体 X 近似服从正态分布,标准差 $\sigma = 20$ 元. 最近一周,该酒店调查了 100 桌酒席,得到样本均值为 300 元. 设该连锁酒店酒席的平均消费额为 μ 元,如何建立参数 μ 的区间估计?

解　随机抽取的每桌酒席的消费额用随机变量 $X_i(i=1,\cdots,100)$ 表示,则 X_i 是来自总体的样本. 由正态总体的抽样定理,

$$\bar{X} \sim N\left(\mu,\sigma_{\bar{X}}^2=\frac{\sigma^2}{n}=4\right),\frac{\bar{X}-\mu}{2} \sim N(0,1).$$

$\bar{X}$ 的抽样分布如图 6.3 所示. 查标准正态分布表,可得

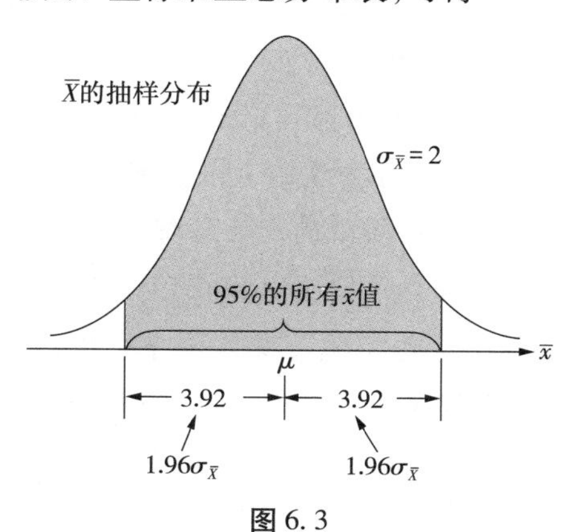

图 6. 3

$$P\left\{-1.96 \leqslant \frac{\bar{X}-\mu}{2} \leqslant 1.96\right\}=0.95,$$

$$P\{\mu-3.92 \leqslant \bar{X} \leqslant \mu+3.92\}=0.95.$$

样本均值的所有值中有 95% 落在以 μ 为中心、以 3. 92 为半径的区间内.

设总体均值 μ 的区间估计的一般形式为点估计 $\bar{X}$ ±边际误差. 计算可得

$$P\{\bar{X}-3.92 \leqslant \mu \leqslant \bar{X}+3.92\}=0.95, \tag{6.2.1}$$

不妨用区间 $\bar{X}\pm3.92$ 来估计总体均值 μ. 为了解释这个区间估计,随机选取 4 个不同的样本均值 $\bar{x}$, 如图 6. 4 所示. $\bar{x}_1\pm3.92$ 和 $\bar{x}_2\pm3.92$ 构建的区间包括总体均值 μ. 观察 $\bar{x}_3\pm3.92$ 构

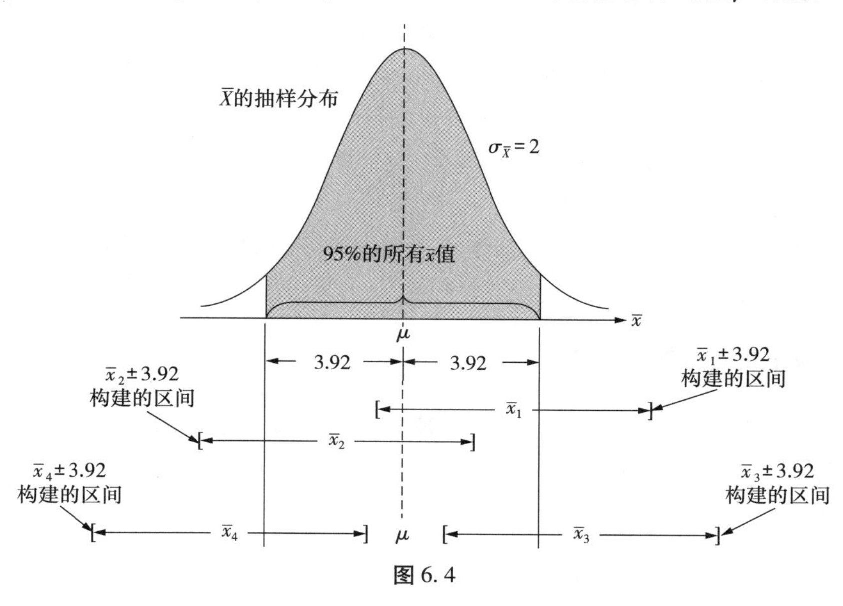

图 6. 4

建的区间,由于 $\bar{x}_3$ 落在抽样分布的上侧,偏离 μ 的距离超过3.92,因此区间 $\bar{x}_3 \pm 3.92$ 不包括总体均值 μ. 同样地,区间 $\bar{x}_4 \pm 3.92$ 也不包括总体均值 μ. 当且仅当样本均值 $\bar{x}$ 落在阴影区域内(概率为95%),区间 $\bar{x} \pm 3.92$ 才包括总体均值 μ. 区间 $\bar{X} \pm 3.92$ 中有95%的区间包括总体均值 μ,还有5%的区间不包括总体均值 μ.

在例6.2.1中,该酒店100桌酒席消费额的样本均值 $\bar{x}=300$ 元,总体均值 μ 的区间估计为 $[\bar{x}-3.92,\bar{x}+3.92]=[296.08,303.92]$,该区间有95%的概率包含 μ. 称区间 $[296.08,303.92]$ 是在95%的置信水平下建立的总体均值 μ 的置信区间,其中,数值0.95称为置信系数,296.08和303.92分别称为置信下限和置信上限.

通过点估计±边际误差的方法获得参数值 θ 所在的一个区间(范围),并得到区间内包含参数值 θ 的可信度. 具体到一维参数 θ,即要由总体样本 $(X_1,X_2,\cdots,X_n)$ 构造一个随机区间 $[\hat{\theta}_1,\hat{\theta}_2]$,使得区间 $[\hat{\theta}_1,\hat{\theta}_2]$ 以给定的概率覆盖参数 θ,称 $[\hat{\theta}_1,\hat{\theta}_2]$ 为 θ 的区间估计. 当待估参数为多维向量时,这个范围就是相应多维空间的一个区域. 一般定义如下:

定义6.2.1 设总体 X 的分布函数为 $F(x;\theta)$(θ 是未知参数),$X_1,X_2,\cdots,X_n$ 为 X 的样本,给定 $\alpha(0<\alpha<1)$,若统计量 $\hat{\theta}_1=\hat{\theta}_1(X_1,X_2,\cdots,X_n)$ 和 $\hat{\theta}_2(X_1,X_2,\cdots,X_n)$ 满足

$$P\{\hat{\theta}_1<\theta<\hat{\theta}_2\}=1-\alpha, \tag{6.2.2}$$

则称区间 $[\hat{\theta}_1,\hat{\theta}_2]$ 是参数 θ 的置信水平为 $1-\alpha$ 的**置信区间**,$\hat{\theta}_1$ 和 $\hat{\theta}_2$ 分别称为**置信下限**和**置信上限**,$1-\alpha$ 称为**置信水平**.

值得注意的是,区间 $[\hat{\theta}_1,\hat{\theta}_2]$ 的上、下限都是统计量,从而置信区间是随机区间. 随着样本观察值的不同,随机区间 $[\hat{\theta}_1,\hat{\theta}_2]$ 产生不同的具体区间. 式(6.2.2)的意义是,随机区间 $[\hat{\theta}_1,\hat{\theta}_2]$ 包含真值 θ 的概率为 $1-\alpha$,而不是 θ 的真值落在区间 $[\hat{\theta}_1,\hat{\theta}_2]$ 内的概率为 $1-\alpha$. 换句话说,若反复抽样多次(各次抽取的样本容量都是 n),则每组样本观测值都确定一个具体区间 $[\hat{\theta}_1,\hat{\theta}_2]$,每个这样的区间要么包含真值 θ,要么不包含真值 θ. 在所得区间中,包含 θ 真值的占 $100(1-\alpha)\%$,不包含 θ 真值的占 $100\%\alpha$. 例如,若 $\alpha=0.05$,反复抽样1 000次,则得到的1 000个区间中包含 θ 真值的约占95%. 对每组样本观察值确定的具体区间而言,它属于包含 θ 真值的区间的置信概率为 $100\times(1-0.05)\%=95\%$,而不能说一个具体的区间以95%的概率包含真值 θ.

总体均值的区间估计分单个正态总体和大样本非正态总体两种情况. 有关方差的区间估计这里不作介绍.

6.2.2 单个正态总体均值的区间估计

设 $X_1,X_2,\cdots,X_n$ 是正态总体 $N(\mu,\sigma^2)$ 的样本,$\bar{X}$ 和 S^2 分别为样本均值和样本方差. 给定置信水平 $1-\alpha$,对总体均值 μ 作区间估计.

1. σ^2 已知

在例6.2.1中,边际误差 $3.92=z_{\alpha/2}\dfrac{\sigma}{\sqrt{n}}$,这里 $\alpha=0.05$. 还原式(6.2.1),有

$$P\left\{\bar{X}-z_{\alpha/2}\frac{\sigma}{\sqrt{n}}\leqslant\mu\leqslant\bar{X}+z_{\alpha/2}\frac{\sigma}{\sqrt{n}}\right\}=1-\alpha. \tag{6.2.3}$$

σ^2 已知情形下正态总体均值 μ 的区间估计的一般形式如下：

定义 6.2.2　σ^2 已知情形下，正态总体均值 μ 的置信水平为 $100(1-\alpha)\%$ 的置信区间为

$$\left[\bar{X}-z_{\alpha/2}\frac{\sigma}{\sqrt{n}},\bar{X}+z_{\alpha/2}\frac{\sigma}{\sqrt{n}}\right], \tag{6.2.4}$$

其中，$1-\alpha$ 为置信系数，$z_{\alpha/2}$ 为标准正态分布的上 $\alpha/2$ 分位点，$\bar{X}-z_{\alpha/2}\frac{\sigma}{\sqrt{n}}$ 为置信下限，$\bar{X}+z_{\alpha/2}\frac{\sigma}{\sqrt{n}}$ 为置信上限.

例 6.2.1（续）　当每周选取 400 桌酒席组成样本，平均消费额为 300 元时，求总体均值 μ 的置信水平为 95% 的置信区间.

解　$z_{\alpha/2}\frac{\sigma}{\sqrt{n}}=z_{0.025}\frac{20}{\sqrt{400}}=1.96$

代入式（6.2.2），可得 μ 的置信水平为 95% 的置信区间为

$$\left[\bar{x}-z_{\alpha/2}\frac{\sigma}{\sqrt{n}},\bar{x}+z_{\alpha/2}\frac{\sigma}{\sqrt{n}}\right]=[298.04,301.96].$$

例 6.2.2　某企业生产的滚珠直径 $X\sim N(\mu,\ 0.0006)$. 现从产品中随机抽取 6 颗检测，测得它们的直径（单位：mm）如下：

1.46, 1.51, 1.49, 1, 48, 1.52, 1.51.

求滚珠的平均直径 μ 的置信水平为 95% 的置信区间.

解　$1-\alpha=0.95,\alpha=0.05,z_{\alpha/2}=1.96,\sigma^2=0.0006,n=6,\bar{x}=1.495.$

代入式(6.2.4)，可得直径 μ 的置信水平为 95% 的置信区间为

$$\begin{aligned}&\left[\bar{x}-z_{\alpha/2}\frac{\sigma}{\sqrt{n}},\bar{x}+z_{\alpha/2}\frac{\sigma}{\sqrt{n}}\right]\\&=\left[1.495-1.96\times\sqrt{\frac{0.0006}{6}},1.495+1.96\sqrt{\frac{0.0006}{6}}\right]\\&\approx[1.475,1.515].\end{aligned}$$

估计滚珠的平均直径为 1.475 ~ 1.515 mm，这个估计的可信度为 95%. 若以此区间的任一值作为 μ 的近似值，其误差不大于 $2z_{\alpha/2}\frac{\sigma}{\sqrt{n}}\approx0.040$ mm，这个误差估计的可信度为 95%.

记式（6.2.4）置信区间的长度为 l，则

$$l=2z_{\alpha/2}\frac{\sigma}{\sqrt{n}}.$$

由此可知 l 与 n,α 的关系如下：

①对给定 α，区间长度 l 随 n 的增加而减少.

②对给定 n，区间长度 l 随 α 的减少(即置信水平 $1-\alpha$ 增大)而增大.

在同一置信水平下,置信区间的选取不唯一. 在例 6.2.2 中,令 $\alpha=0.01+0.04$，由

$$P\left(-\mu_{0.01}<\frac{\bar{X}-\mu}{\sigma}<\mu_{0.04}\right)=95\%,$$

查标准正态分布表，得 $\mu_{0.04}=1.75$,$\mu_{0.01}=2.33$，μ 的另一个置信水平为 95% 的置信区间为

$$\left(\bar{x}-1.75\frac{\sigma}{\sqrt{n}},\bar{x}+2.33\frac{\sigma}{\sqrt{n}}\right).$$

其区间长度 $l_2=\frac{4.08\sigma}{\sqrt{n}}=0.041$，例 6.2.2 中的区间长度 $l_1=0.040$，$l_2>l_1$.

在同一置信水平下,置信区间的长度越小,意味着估计的精度越高. 因标准正态分布的概率密度函数的图形是单峰且对称,故当样本容量 n 和置信水平 $1-\alpha$ 固定时,式(6.2.4)所示的置信区间是所有置信区间中长度最短的,用它作为 μ 的置信水平为 $1-\alpha$ 的置信区间.

2. σ^2 **未知**

在建立总体均值的区间估计时,通常不知道总体标准差的具体值,这属于 σ^2 未知的情形.

例 6.2.3 在例 6.2.1 中,假若只知道消费额总体 X 服从正态分布,但是总体标准差 σ 未知. 最近一周,该酒店调查了 100 名顾客,得到样本均值为 300 元,样本标准差为 15 元. 如何建立总体均值 μ 的置信水平为 95% 的置信区间?

解 此时不能用式(6.2.4),因为其中含未知参数 σ. 由正态总体的抽样定理,

$$\frac{\bar{X}-\mu}{S/\sqrt{n}}\sim t(n-1).$$

由 t 分布的性质可得,

$$P\left\{-t_{0.025}(n-1)\leqslant\frac{\bar{X}-\mu}{S/\sqrt{n}}\leqslant t_{0.025}(n-1)\right\}=0.95,$$

$$P\left\{\bar{X}-t_{0.025}(n-1)\frac{S}{\sqrt{n}}\leqslant\mu\leqslant\bar{X}+t_{0.025}(n-1)\frac{S}{\sqrt{n}}\right\}=0.95.$$

$t_{0.025}(99)=1.984$,$\bar{x}=300$,$S=15$ 代入可得

$$P\{297.024\leqslant\mu\leqslant302.976\}=0.95,$$

总体均值 μ 的置信度为 95% 的置信区间为 $[297.024,302.976]$.

综合上述分析过程可得,

$$P\left\{\bar{X}-t_{\alpha/2}(n-1)\frac{S}{\sqrt{n}}\leqslant\mu\leqslant\bar{X}+t_{\alpha/2}(n-1)\frac{S}{\sqrt{n}}\right\}=1-\alpha. \tag{6.2.5}$$

σ 未知情形下正态总体均值 μ 的区间估计的一般形式如下:

定义 6.2.3 σ^2 未知情形下,正态总体均值 μ 的置信水平为 $100(1-\alpha)\%$ 的置信区间为

$$\left[\bar{X}-t_{\alpha/2}(n-1)\frac{S}{\sqrt{n}},\bar{X}+t_{\alpha/2}(n-1)\frac{S}{\sqrt{n}}\right],\tag{6.2.6}$$

其中，$1-\alpha$ 为置信系数，$t_{\alpha/2}(n-1)$ 为 t 分布（自由度为 $n-1$）的上 $\alpha/2$ 分位数，$\bar{X}-t_{\alpha/2}(n-1)\frac{S}{\sqrt{n}}$ 为置信下限，$\bar{X}+t_{\alpha/2}(n-1)\frac{S}{\sqrt{n}}$ 为置信上限.

例 6.2.4　若例 6.2.2 中的总体方差未知，求 μ 的置信水平为 95% 的置信区间.

解　$\alpha=0.05$，查 t 分布表得 $t_{\alpha/2}(n-1)=t_{0.025}(5)=2.57$.

由样本数据算出样本标准差 $S=0.0226$. 代入式（6.2.6），得到参数 μ 的置信水平为 95% 的置信区间

$$\left[\bar{x}-t_{\alpha/2}(n-1)\frac{s}{\sqrt{n}},\bar{x}+t_{\alpha/2}(n-1)\frac{s}{\sqrt{n}}\right]=[1.4715,1.5187].$$

在实际问题中，总体方差 σ^2 未知的情况居多，总体方差 σ^2 未知时对总体均值进行区间估计的方法应用更广泛.

6.2.3　大样本情形总体均值的区间估计

在大多数情况下，并不知道总体的分布形式，该如何确定总体均值 μ 的区间估计呢？由中心极限定理，对大样本总体（样本容量 n 足够大，如 $n\geqslant 30$），无论总体是什么分布，样本均值 $\bar{X}$ 近似服从正态分布，即

$$\bar{X}\sim N\left(\mu,\frac{\sigma^2}{n}\right),\frac{\bar{X}-\mu}{\sigma/\sqrt{n}}\sim N(0,1).$$

同样方法可以求得均值 μ 的置信水平为 $100(1-\alpha)\%$ 的置信区间

$$\left[\bar{X}-z_{\alpha/2}\frac{\sigma}{\sqrt{n}},\bar{X}+z_{\alpha/2}\frac{\sigma}{\sqrt{n}}\right].\tag{6.2.7}$$

如果 σ 未知，样本方差 S^2 是总体方差 σ^2 的无偏估计量. 根据大数定律，样本方差 S^2 依概率收敛于总体方差 σ^2，可用样本标准差 S 近似代替 σ. 此时，均值 μ 的置信水平为 $100(1-\alpha)\%$ 的 置信区间为

$$\left[\bar{X}-z_{\alpha/2}\frac{S}{\sqrt{n}},\bar{X}+z_{\alpha/2}\frac{S}{\sqrt{n}}\right].\tag{6.2.8}$$

例 6.2.5　在例 6.1.5 中，若中层管理人员的年薪 X 的分布形式未知，求平均工资（总体均值 μ）的置信水平为 95% 置信区间.

解　$\alpha=0.05$，$z_{0.025}=1.96$，$\bar{x}=11.163$，$s=\sqrt{s^2}=1.615$.

代入式(6.2.8)，得到参数 μ 的置信水平为 95% 置信区间

$$\left[\bar{x}-z_{\alpha/2}\frac{s}{\sqrt{n}},\bar{x}+z_{\alpha/2}\frac{s}{\sqrt{n}}\right]=[10.585,11.741].$$

不同条件下总体均值 μ 的置信水平为 $100(1-\alpha)\%$ 置信区间见表 6.5.

表 6.5

假设条件	置信区间
正态总体，σ^2 已知	$\left[\bar{X}-z_{\alpha/2}\dfrac{\sigma}{\sqrt{n}},\bar{X}+z_{\alpha/2}\dfrac{\sigma}{\sqrt{n}}\right]$
正态总体，σ^2 未知	$\left[\bar{X}-t_{\alpha/2}(n-1)\dfrac{S}{\sqrt{n}},\bar{X}+t_{\alpha/2}(n-1)\dfrac{S}{\sqrt{n}}\right]$
大样本，σ^2 已知	$\left[\bar{X}-z_{\alpha/2}\dfrac{\sigma}{\sqrt{n}},\bar{X}+z_{\alpha/2}\dfrac{\sigma}{\sqrt{n}}\right]$
大样本，σ^2 未知	$\left[\bar{X}-z_{\alpha/2}\dfrac{S}{\sqrt{n}},\bar{X}+z_{\alpha/2}\dfrac{S}{\sqrt{n}}\right]$

附　录　Excel 在参数估计中的应用

可以用 Excel 软件来求总体参数的置信区间，其中 CONFIDENCE 函数用于求总体均值的置信区间，其操作步骤如下：

在例 6.2.1 中，单击“公式”菜单下的 f_x（插入函数），在弹出对话框中选择“统计”函数类，选择 CONFIDENCE 函数. 在弹出的函数参数对话框中输入相关参数，如图 6.5 所示. 单击“确定”按钮，得到 $z_{\alpha/2}\dfrac{\sigma}{\sqrt{n}}\approx 3.920$. 再用 $\bar{x}\pm z_{\alpha/2}\dfrac{\sigma}{\sqrt{n}}$ 即可.

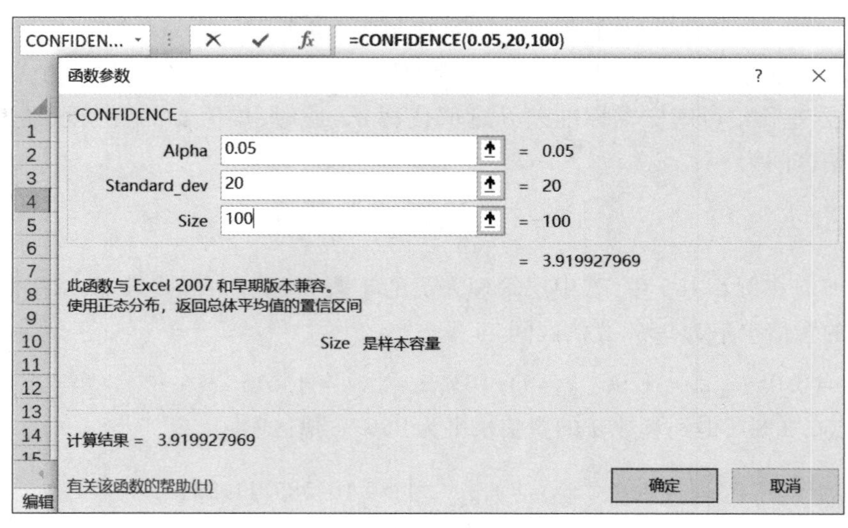

图 6.5

在例 6.2.3 中，可以用 CONFIDENCE. T 函数先求 $t_{\alpha/2}(n-1)\dfrac{s}{\sqrt{n}}\approx 2.976$，再用 $\bar{x}\pm$

$t_{\alpha/2}(n-1)\dfrac{s}{\sqrt{n}}$ 即可.

在例 6.2.5 中,可以用 CONFIDENCE 函数先求 $z_{\alpha/2}\dfrac{s}{\sqrt{n}}\approx 0.578$, 再用 $\bar{x}\pm z_{\alpha/2}\dfrac{s}{\sqrt{n}}$ 即可.

本章小结

本章知识结构图如下:

第 6 章　参数估计

6.1　点估计

适当地选择一个统计量作为未知参数的估计(点估计量→点估计值).

矩估计法 $E(X^l)=\dfrac{1}{n}\sum\limits_{i=1}^{n}X_i^l$.

极大似然估计法——→求似然函数取最大值对应的参数.

估计量的优良性标准:无偏性、有效性、一致性.

6.2　区间估计

点估计±边际误差

置信区间是一个随机区间 $[\hat{\theta}_1,\hat{\theta}_2]$, 它覆盖未知参数 θ 具有预先给定的高概率 $1-\alpha$, 即 $P\{\hat{\theta}_1<\theta<\hat{\theta}_2\}=1-\alpha$, $\hat{\theta}_1$ 和 $\hat{\theta}_2$ 分别称为置信下限和置信上限, $1-\alpha$ 称为置信水平.

总体均值的区间估计 $\begin{cases}\text{单个正态总体}(\sigma^2\text{ 已知、}\sigma^2\text{ 未知})\\ \text{非正态总体且大样本情形}(\text{样本容量 } n\geqslant 30)\end{cases}$

本章主要内容如下:

参数估计问题分为点估计和区间估计两类. 点估计是适当地选择一个统计量作为未知参数的估计(称为估计量). 若已取得一组样本,将样本值代入估计量后,以估计量的值作为未知参数的估计值.

本章介绍了两种求点估计的方法:矩估计法和极大似然估计法. 矩估计法是以样本矩作为总体矩的估计量(如果有 k 个未知参数,就建立 k 个等式),

$$E(X^l)=\frac{1}{n}\sum_{i=1}^{n}X_i^l\,(l=1,\cdots,k),$$

解方程(或方程组)得到总体未知参数的矩估计量.

极大似然估计法的基本思想是,若已观察到样本 $(X_1,X_2,\cdots,X_n)$ 的样本值 $(x_1,x_2,\cdots,x_n)$, 而取到这一样本值的概率为 p(离散型情况),或 $(X_1,X_2,\cdots,X_n)$ 落在这一样本值 $(x_1,$

$x_2,\cdots,x_n$) 的邻域内的概率为 p(连续型情况),而 p 与未知参数 θ 有关,当概率 p 取得最大值时对应的 θ 值,称为 θ 的极大似然估计值.

参数的点估计方法有多种.本章介绍了 3 种常用的评价估计量优良性的标准:无偏性、有效性和一致性,其中一致性是对估计量的基本要求.

点估计法直接给出未知参数的具体估计值,但是点估计不能得到总体参数的精确值.估计值与未知参数的真值偏差多少?可信程度又如何?为回答这些问题,引入了区间估计,以点估计±边际误差的形式建立未知参数值的置信区间$[\hat{\theta}_1,\hat{\theta}_2]$,它覆盖未知参数 θ 具有预先给定的高概率 $1-\alpha$,即

$$P\{\hat{\theta}_1<\theta<\hat{\theta}_2\}=1-\alpha,$$

$\hat{\theta}_1$ 和 $\hat{\theta}_2$ 分别称为置信下限和置信上限,$1-\alpha$ 称为置信水平.值得注意的是,区间$[\hat{\theta}_1,\hat{\theta}_2]$的上、下限都是统计量,从而置信区间是随机区间.随着样本观察值的不同,随机区间$[\hat{\theta}_1,\hat{\theta}_2]$产生不同的具体区间.对于每组样本观察值所确定的具体区间而言,它包含 θ 真值的概率为 $100\times(1-\alpha)\%$.

总体均值的区间估计分单个正态总体和大样本非正态总体两种情况.例如,总体 $X\sim N(\mu,\sigma^2)$(σ^2 已知),可得均值 μ 的置信水平为 $1-\alpha$ 的置信区间

$$\left[\bar{X}-z_{\alpha/2}\frac{\sigma}{\sqrt{n}},\bar{X}+z_{\alpha/2}\frac{\sigma}{\sqrt{n}}\right].$$

进一步得到单个正态总体且方差未知或大样本情况下总体均值的区间估计.

习　题

1. 随机取 8 只活塞环,测得它们的直径(单位:mm)为

74.001,74.005,74.003,74.001,74.000,73.998,74.006,74.002.

求总体均值 μ 及方差 σ^2 的矩估计值,并求样本方差 S^2.

2. 从一批电子元件中抽取 6 个进行寿命测试,得到寿命观测值(单位:h)为

1 030,1 170,1 140,1 060,1 120,1 080.

求这批元件平均寿命的矩估计值、寿命分布方差的矩估计值.

3. 设总体 X 的分布律见表 6.6,其中 $\theta(0<\theta<1)$ 为未知参数.已知样本观察值 $x_1=1$,$x_2=2$,$x_3=3$,求 θ 的矩估计值和极大似然估计值.

表 6.6

X	1	2	3
p_k	θ^2	$2\theta(1-\theta)$	$(1-\theta)^2$

4. 设一个货运司机在 5 年内发生交通事故的次数服从泊松分布,对 136 名货运司机的调查结果见表 6.7,其中,r 表示一个货运司机 5 年内发生交通事故的次数,m 表示观察到的

货运司机人数.

表 6.7

r	0	1	2	3	4	5
m	56	43	22	8	5	2

求这个货运司机在 5 年内发生交通事故的平均次数的极大似然估计.

5. 设 X_1,X_2,X_3,X_4 是来自总体 X 的样本,其中 $EX=\mu$ 未知. 设有估计量

$$T_1=\frac{1}{6}(X_1+X_2)+\frac{1}{3}(X_3+X_4),$$

$$T_2=\frac{1}{5}(X_1+2X_2+3X_3+4X_4),$$

$$T_3=\frac{1}{4}(X_1+X_2+X_3+X_4).$$

(1)指出 T_1,T_2,T_3 中哪几个是 μ 的无偏估计量.

(2)在上述 μ 的无偏估计中指出哪一个更有效.

6. 一个电子秤给出的读数为真实质量加上一个随机误差,该误差是均值为 0(mg)、标准差为 0.1(mg)的正态分布. 假设同一个物体连续 5 次测量的结果为

3.142,3.163,3.155,3.150,3.141.

确定真实质量的 95% 置信区间.

7. 从一批灯泡中随机抽取 16 只灯泡,测得它们的寿命(单位:h)为

1 502,1 480,1 485,1 511,1 514,1 527,1 603,1 480,

1 532,1 580,1 490,1 470,1 520,1 505,1 485,1 540.

设灯泡寿命 X 服从正态分布. 分别求灯泡平均寿命的置信水平为 95% 的置信区间、置信上限和置信下限.

8. 某旅行社调查当地每一旅游者的日平均消费额,随机访问 100 名旅游者,得知日平均消费额为 80 元. 根据经验,已知旅游者日消费额服从正态分布,且方差 $\sigma^2=144$, 求该地旅游者日平均消费额 μ 的置信水平为 95% 的置信区间.

9. 在一次“概率论与数理统计”课程的测验后,抽取 25 位学生的分数,计算得平均成绩为 75 分,标准差为 10.5 分. 假设学生成绩服从正态分布,求平均成绩的 95% 置信区间.

10. 某批牛奶中被混入了一种有害物质,现从中抽取 10 盒进行检测,得到每千克牛奶中该有害物质的含量(单位:mg/kg)为

0.86,1.53,1.57,1.81,0.99,1.09,1.29,1.78,1.29,1.58.

假设这批牛奶中该有害物质的含量服从正态分布 $X\sim N(\mu,\sigma^2)$, 试求含量均值 μ 的置信水平为 95% 的置信区间.

11. 某种清漆的 9 个样品,其干燥时间(单位:h)分别为

6.0,5.7,5.8,6.5,7.0,6.3,5.6,6.1,5.0.

设干燥时间总体 $X \sim N(\mu,\sigma^2)$，求 μ 的置信度为 0.95 的置信区间.

(1)若由以往经验知 $\sigma = 0.6(\mathrm{h})$.

(2)若 σ 为未知.

12. 在例 6.1.5 中，中层管理人员的年薪 X 服从正态分布 $N(\mu,\sigma^2)$，但参数 μ 和 σ^2 未知. 根据例 1.4.2 和例 1.4.4 的结果，求平均年薪 μ 的置信水平为 95% 的置信区间.

(1)假若历史数据表明总体年薪的方差 $\sigma = 1.7$(万元).

(2)若 σ 为未知.

13. 一个简单随机样本由 49 项组成，样本均值 $\bar{x} = 6$，样本标准差 $s = 3$.

(1)求总体均值 μ 的置信水平为 90% 的置信区间.

(2)求总体均值 μ 的置信水平为 95% 的置信区间.

14. 在例 6.2.3 中，每桌酒席的消费额用随机变量 X 表示，选择 100 桌酒席的消费额作为样本. 假设总体 X 的分布形式未知，求总体均值 μ 的置信水平为 95% 置信区间.

15. 从一批灯泡中随机抽取 100 只做试验，测得灯泡的平均寿命 $\bar{x} = 1\,509$ h，样本标准差 $s = 32.226$ h. 试求灯泡平均寿命的置信水平为 95% 的置信区间、置信上限和置信下限.

16. 每个航班上的空置位置使得航空公司失去相应的收入. 假设某航空公司要估计在过去一年里每个航班的平均空置座位的数量. 要做到这一点，随机挑选 225 个航班的记录，每个选中的航班都记录了空位. 综合数据显示，空置座位的均值 $\bar{x} = 11.596$ 个，样本标准差 $s = 4.103$. 试求空置座位的平均数量 μ 的置信水平为 95% 的置信区间.

17. 对乳胶过敏的医护工作者一直是医用手套制造商关注的核心问题. 乳胶过敏的症状有结膜炎、手湿疹、鼻堵塞、皮疹和呼吸急促. 在一个含有 100 名医护工作者的样本中，基于皮肤点刺试验的报告结果被用来确定经诊断为乳胶过敏的人员情况. 乳胶过敏的医护工作者每周使用乳胶手套数量的统计结果为 $\bar{x} = 19.3$ 个，$s = 11.9$.

(1)求出所有乳胶过敏的医护工作者每周使用乳胶手套的数量的平均值的点估计.

(2)求出所有乳胶过敏的医护工作者每周使用乳胶手套的数量的平均值的 95% 的置信区间.

(3)给出问题(2)中区间的实际解释.

18. 考虑某银行想要估计拖欠贷款债务人所欠的平均逾期账款，用随机变量 X 表示. 随机抽取 $n = 100$ 的样本量，计算这 100 个逾期账款样本的均值 $\bar{x} = 1\,780$ 元，样本标准差 $s = 542$. 在下列不同条件下，求逾期账款的均值 μ 的置信水平为 95% 的置信区间.

(1)总体 X 服从正态分布，且经验表明总体的标准差 $\sigma = 600$ 元.

(2)总体 X 服从正态分布，总体的标准差未知.

(3)总体的分布形式未知.

19. 2019 年，武汉市大力加强城市规划和绿地建设. 普通市民非常关心武汉市的房价情况. 根据某房产网站信息，随机抽取 2019 年 4 月 40 个楼盘的价格，见表 6.8. 总体房价用随机变量 X 表示，X 的均值和方差分别记为 μ 和 σ^2. 分析以下问题.

表 6.8

30 478	22 897	21 204	20 016	19 357	17 000	15 594	14 162	23 000	21 924
23 954	22 622	21 000	20 000	18 904	16 730	15 121	13 350	20 544	19 500
23 609	22 608	20 826	19 965	18 559	16 212	14 916	13 310	17 574	16 000
23 231	22 000	20 794	19 568	18 435	16 111	14 331	12 720	14 202	12 500

(1)求 μ 和 σ 的点估计值.

(2)假如历史数据表明，房价 X 服从正态分布，经验表明总体标准差 $\sigma = 3\ 200$ 元，分别求 μ 的置信水平为 95% 的置信区间、置信下限和置信上限.

(3)假如历史数据表明，房价 X 服从正态分布，总体标准差 σ 未知，求 μ 的置信水平为 95% 的置信区间.

(4)假如 房价 X 的分布形式未知，求 μ 的置信水平为 95% 的置信区间.

本章习题答案

案例研究

(**糖果的参数估计**)某糖果公司为得到某款超长效口香糖球的口味持续时间(用随机变量 X 表示)，随机抽取了 10 个，样本值见表 6.9. 根据样本信息，帮助首席执行官解决以下问题：

表 6.9

61.9	62.6	63.3	64.8	65.1	66.4	67.1	67.2	68.7	69.9

(1)为确定该公司的糖球比别家的糖球嚼得久，总体口味的平均持续时间有多长，即求出总体均值的点估计值.

(2)为判断糖球总体的口味持续时间有可能出现多大程度的变异性，请求出总体方差的点估计值.

(3)该公司随机抽取了 40 个人，问他们喜欢该公司的口香糖球还是喜欢竞争对手生产的口香糖球，其中有 32 个人偏爱该公司的口香糖球. 用点估计的方法，确定总体中偏爱该公司的口香糖球的人所占的比例.

(4)为便于携带,该糖果公司生产小袋装糖球.根据公司对总体的估计,每个小包装袋里的糖球数目均值为10个,方差为1.现在一位最忠实的顾客买了30袋糖球,结果发现每袋糖球中的糖球平均数目只有8.5个.该首席执行官担心失去最佳顾客,于是想给他一些补偿,但是他并不想补偿所有顾客.他想知道,这种事的发生概率是多少?

(5)该公司用一个包含100粒糖球的样本得到口味持续时间均值的点估计量为62.7 min,同时总体标准差的点估计量为5 min.该首席执行官在电视节目黄金时段宣布:该糖球口味的平均持续时间为62.7 min.该公司是否可用点估计量的精确值做广告呢?你认为错在哪里?为什么?如果有人因为该广告和他们打官司,请利用区间估计的办法,帮助摆脱困境(置信水平$\mu=95\%$).根据区间估计的结果,请帮助更新广告用语.

(6)有家糖果店想知道糖球的平均质量,以便于向顾客推荐更多糖球.该公司抽取了一个具有代表性的样本,共10颗,称了每一粒糖球的质量,得到样本均值$\bar{x}=14$ g,样本方差$S^2=0.09$.假设总体中的每一粒糖球的质量都符合正态分布,请为糖球的平均质量建立一个置信度为95%的置信区间.具体分两种情况:①总体标准差$\sigma=0.33$;②σ为未知.

第 7 章 假设检验

实践中的统计

(**女士品茶**)这个故事首次出现在统计学家 R. A. Fisher 的著作 *the Design of Experiment*(1935 年)中. 有位女士声称,把茶加到奶里和把奶加到茶里得到的奶茶的味道是不一样的,而且自己能区分出来是先倒茶还是先倒奶. Fisher 教授设计了一个实验来验证这位女士是否真的具有这种能力. 他首先调配出其他条件一模一样而仅仅是倒茶和倒奶的顺序相反的茶,然后随机地把这两种奶茶端给女士品尝,并请她判断是先加奶还是先加茶. 女士依次正确地鉴别出来 8 杯茶,她真的具有这种能力吗?

为了分析这个实验结果,Fisher 教授运用了以下逻辑分析:

①建立原假设. 假设该女士没有这个能力,她是碰巧猜对的,即每一杯奶茶猜对的概率都为 0.5.

②计算概率. 如果原假设成立,计算事件 $A=\{$女士依次正确地鉴别出来 8 杯茶$\}$发生的可能性大小 $P(A)=0.5^8=0.003\,906$.

③推断结论. 事件 A 发生的概率只有 0.003 906,概率值很小. 这种概率很小的事件被称为小概率事件. 根据小概率事件的基本原理,事件 A 在一次试验中几乎是不会发生的. 反之,小概率事件既然发生了,就有理由怀疑原假设的真实性,即推断出“该女士不是碰巧猜对的,而是真的具有这种能力”.

在上述过程中,Fisher 教授(现代统计学奠基人之一)从“女士品茶”这个游戏中提炼出统计推断方法——假设检验,其核心思想就是反证法.

统计推断的重要问题是假设检验,它包括两种情形:总体的分布形式未知和只知道总体的分布形式但所含参数未知. 为推断总体的某些性质,提出关于总体的各种假设,这些假设可能来自对实际问题的观测而提出,也可能来自理论的分析而确定. 假设检验就是根据样本信息对所提出的假设作出判断:是接受,还是拒绝. 判断给定假设的方法称为假设检验. 如果假设是对总体的参数提出的,则称为参数假设检验,否则称为非参数假设检验. 本章对参数假设检验进行讨论.

7.1 假设检验的基本概念

在实际中经常会碰到这样一些问题:①某城市的房价是否稳定;②某银行信用卡用户的平均透支额度是否上涨;③治疗某疾病的新药是否比旧药疗效更高;④厂商关于产品质量符合标准的声明是否可信等.用下面的例子来讨论假设检验的一般提法.

例 7.1.1 某健身俱乐部欲根据以往的会员情况,制订会员发展营销策略.主管经理估计会员的平均年龄相对于去年不变,依然是 35 岁.长期实践表明,俱乐部会员年龄 X 近似服从正态分布,且标准差为稳定值 $\sigma = 6$(年).研究人员从今年入会的新会员中随机抽取 25 人,调查得到他们的年龄见表 7.1.主管经理认为会员平均年龄是 35 岁的估计是否准确呢?

表 7.1

33	28	32	33	52	33	34	38	32	28	32	34	28
28	27	31	32	36	32	40	25	24	29	33	36	

解 会员年龄 X 近似服从正态分布,且标准差 σ 为稳定值,假设 $X \sim N(\mu,\sigma^2)$.如果 X 的均值 μ 等于 35 岁,主管经理的估计是正确的,于是提出假设:

$$H_0:\mu = \mu_0 = 35, \qquad H_1:\mu \neq \mu_0,$$

这样的假设称为统计假设.

7.1.1 统计假设

关于总体 X 的分布(或随机事件之概率)的各种论断称为统计假设,简称假设,用"H"表示,例如:

①对于检验某个总体 X 的分布,可提出假设:

H_0:X 服从正态分布, $\quad$ H_1:X 不服从正态分布;

H_0:X 服从泊松分布, $\quad$ H_1:X 不服从泊松分布.

②对于总体 X 的分布参数,若检验均值,可提出假设:

$$H_0:\mu = \mu_0, \qquad H_1:\mu \neq \mu_0;$$

$$H_0:\mu \leqslant \mu_0, \qquad H_1:\mu > \mu_0;$$

$$H_0:\mu \geqslant \mu_0, \qquad H_1:\mu < \mu_0.$$

若检验标准差,可提出假设:

$$H_0:\sigma = \sigma_0, \qquad H_1:\sigma \neq \sigma_0;$$

$$H_0:\sigma \geqslant \sigma_0, \qquad H_1:\sigma < \sigma_0;$$

$$H_0:\sigma \leqslant \sigma_0, \qquad H_1:\sigma > \sigma_0.$$

这里μ_0,σ_0是已知数,而$\mu = EX,\sigma^2 = DX$是未知参数.

以上对总体X的每个论断,都提出了两个互相对立的统计假设.对总体分布类型或未知参数值提出的假设称为**原假设**,用H_0表示;在原假设被拒绝后可供选择的假设称为**备择假设**,用H_1表示.显然,H_0与H_1只有一个成立,或H_0真H_1假,或H_0假H_1真.

原假设和备择假设可能并不是显而易见的,必须谨慎地构成适当的假设.在处理实际问题时,通常将受到挑战的假设作为原假设.在例7.1.1中,$H_0:\mu=\mu_0=35$为原假设,它的对立假设是$H_1:\mu \neq \mu_0 = 35$.有时也将研究中的假设作为备择假设,如为促销而开展一项新的销售奖励促销计划,则备择假设为新的奖励计划能够促进销售,原假设为新的奖励计划不能促进销售.

统计假设提出之后,我们关心的是它的真伪,即对假设H_0的检验,就是根据来自总体的样本,按照一定的规则对H_0作出判断:是接受H_0,还是拒绝H_0.这个对假设作出判断的规则称为检验准则,简称检验.如何对统计假设进行检验呢?

7.1.2　假设检验的基本思想

例7.1.2　某箱子中有白球及黑球共100个,白球及黑球具体的比例未知.现在分析以下问题:

(1)庄家声称黑球比例为10%.现从中取两个球,都是黑球.你能拒绝相信庄家的说法吗?

(2)庄家声称黑球比例为45%.现从中取两个球,都是黑球.你能拒绝相信庄家的说法吗?

解　为解决这个问题,建立两个完全对立的假设.

H_0:庄家说了真话;H_1:庄家没有说真话.

分析在不同情况下,如果庄家说了真话,"两个都是黑球"这一现象发生的可能性大小.

(1)假设H_0成立,即庄家说黑球比例为10%是真话,$P\{2个黑球\} = \dfrac{10 \times 9}{100 \times 99} \approx 0.01$,这是一个小概率事件.根据"小概率事件基本原理",这个结果在一次试验中几乎是不可能发生的.理智的推测是:庄家没有说真话,拒绝庄家"90:10"的说法,即拒绝H_0而选择H_1.

(2)假设H_0成立,即庄家说黑球比例为45%是真话,$P\{2个黑球\} = \dfrac{45 \times 44}{100 \times 99} \approx 0.20$.尽管这个概率也不大,但不算很离奇.相当于5张奖券中有4张有奖励,只有1张没有奖励,随机摸一张发现没有奖,可能是运气不好,还是可以接受的.因此,我们不能拒绝庄家"黑球比例为45%"的说法,选择接受H_0.

上述例子中的统计推断过程称为假设检验,最终决定接受或拒绝原假设H_0的说法,是建立在"小概率事件在一次试验中几乎不会发生"的基本原理之上的反证法.假设检验的基本思路是:首先提出原假设H_0,其次在H_0成立的条件下计算已经观测到的样本信息出现的概率.当概率值很小时,表明小概率事件在一次试验中既然发生了,这个结果违背了"小概率事件基本原理",假设H_0是不正确的,因此拒绝H_0而选择H_1.反之,如果不能确定观测到的样本信息是小概率事件,就无法拒绝 H_0 而选择接受 H_0.假设检验的基本思想体现了统计推断中的保护原假设原则,也称为谨慎否定原假设原则.

7.1.3 假设检验的基本方法

例 7.1.1(续)

解 先假设主管经理的估计正确,即提出假设

$$H_0:\mu=\mu_0=35 \qquad H_1:\mu\neq 35.$$

要检验的假设是总体均值 μ,因样本均值 $\bar{X}$ 是 μ 的无偏估计,故首先想到借助样本均值 $\bar{X}$ 来进行判断. $\bar{X}$ 的观察值 $\bar{x}$ 在一定程度上反映 μ 的大小,求得样本均值 $\bar{x}=32.4$ 岁,比估计的平均年龄 35 岁小 2.6 岁.这个差异有两种不同的解释:

(1)统计假设 H_0 是正确的,总体会员的平均年龄是 35 岁,2.6 岁的差异是由抽样误差造成的.

(2)统计假设 H_0 不正确,$\mu\neq 35$,即抽样的随机性不可能造成2.6 岁这么大的误差,主管经理的估计不准确.

这两种解释到底哪一种比较合理呢?为了回答这个问题,先假设 H_0 成立,即认为主管经理对会员平均年龄是 35 岁的估计是准确的,观察值 $\bar{x}$ 与 $\mu_0=35$ 的偏差 $|\bar{x}-\mu_0|$ 不应太大;反之,如果偏差 $|\bar{x}-\mu_0|$ 太大,就怀疑 H_0 的正确性而拒绝 H_0. 当 H_0 成立时,$\dfrac{\bar{X}-\mu_0}{\sigma/\sqrt{n}}\sim N(0,1)$,衡量 $|\bar{X}-\mu_0|$ 的大小可归结为衡量 $\left|\dfrac{\bar{X}-\mu_0}{\sigma/\sqrt{n}}\right|$ 的大小.基于这些想法,可适当选择一个正数 k,当样本观察值满足 $\left|\dfrac{\bar{x}-\mu_0}{\sigma/\sqrt{n}}\right|>k$ 时就拒绝假设 H_0;反之,若 $\left|\dfrac{\bar{x}-\mu_0}{\sigma/\sqrt{n}}\right|\leqslant k$ 时就接受假设 H_0.

k 值该如何确定?为便于计算,选取样本函数

$$Z=\frac{\bar{X}-\mu_0}{\sigma/\sqrt{n}},$$

Z 称为**检验统计量**,$Z\sim N(0,1)$. 由标准正态分布的分布函数性质,

$$P\{|Z|\leqslant z_{\alpha/2}\}=1-\alpha.$$

当 $\alpha=0.05$ 时,

$$P\{|Z|\leqslant z_{0.025}=1.96\}=0.95,$$

也就是说 $|Z|>1.96$ 的概率只有 0.05,通常认为这是一个小概率.代入样本值,计算可得 $|z|=\left|\dfrac{32.4-35}{6/\sqrt{25}}\right|\approx 2.17>1.96$. 这个结果表明,小概率事件既然发生了,这和"小概率事件基本原理"相矛盾,判断假设 H_0 是不正确的,从而选择备择假设 $H_1:\mu\neq 35$,即认为平均年龄是 35 岁的估计不准确.

当 $\alpha=0.01$ 时,

$$P\{|Z| \leqslant z_{0.005} = 2.58\} = 0.01,$$

也就是说 $|Z| > 2.58$ 的概率只有0.01,通常认为这也是一个小概率.代入样本值, $|z| \approx 2.17 < 2.58$ 这个结果表明,此时不能判断这个结果是小概率事件,不能拒绝原假设 H_0 而只能接受它,即认同平均年龄是35岁的估计.

综合上述,假设检验的结果取决于对小概率事件的认定,它依据一个主观性的指标 α. 对给定的 α, 确定区间 $|z| > z_{\alpha/2}$. 把样本值代入检验统计量 Z 的表达式中,对应的计算结果落入该区间就拒绝 H_0, 称 $\{|z| > z_{\alpha/2}\}$ 为拒绝域(一般记为 W), 反之称 $\{|z| \leqslant z_{\alpha/2}\}$ 为接受域. α 的大小直接给出了拒绝域和接受域的边界值 $z_{\alpha/2}$, 也决定了我们的结论是拒绝还是接受原假设 H_0.

基于上述推断过程,一个完整的假设检验通常包括以下5个步骤:

①根据实际问题的要求,提出原假设 H_0 和备择假设 H_1;

②根据已知条件确定适当的检验统计量和相应的抽样分布;

③选择显著性水平 α(通常 $\alpha = 0.10, 0.05$ 等),确定原假设 H_0 的接受域和拒绝域;

④取样,将样本观察值代入检验统计量 Z 的表达式,得到它的观察值;

⑤根据检验统计量的观察值作统计决策:拒绝 H_0 或接受 H_0.

7.1.4　假设检验的两类错误

由于是根据样本作出接受 H_0 或拒绝 H_0 的决定,而样本具有随机性,因此在进行判断时,不可避免地会犯错误. 例如,在上述例子中,即使认为主管经理对会员平均年龄是35岁的估计不准确而选择了 H_1, 但是主管经理一定错了吗? 如果总体会员的平均年龄是35岁,2.6岁的差异是由抽样误差造成的,但是却拒绝 H_0 而犯了错误.

假设检验的错误分两种:一种错误是,当 H_0 为真时,而样本的观察值落入拒绝域 W 中,按给定的法则我们拒绝了 H_0, 这种错误称为第一类错误,其发生的概率称为犯第一类错误的概率或弃真概率,通常记为 α, 即

$$P\{拒绝\ H_0 \mid H_0\ 为真\} = \alpha.$$

例7.1.1中,当且仅当样本值落入拒绝域 $W = \{|z| > z_{\alpha/2}\}$ 时拒绝 H_0, 而 $P\{|z| > z_{\alpha/2}\} = \alpha$, 犯第一类错误的概率为 α.

另一种错误是,当 H_0 不为真时,而样本的观察值落入拒绝域 W 之外,按给定的检验法则我们却接受了 H_0, 这种错误称为第二类错误,其发生的概率称为犯第二类错误的概率或取伪概率,通常记为 β, 即

$$P\{接受\ H_0 \mid H_0\ 不真\} = \beta.$$

假设检验中的正确与错误结论的具体情况见表7.2.

表7.2

H_0	判断结论		犯错误的概率
真	接受	正确	0
	拒绝	犯第一类错误(弃真错误)	α

续表

H_0	判断结论		犯错误的概率
假	接受	犯第二类错误(取伪错误)	β
	拒绝	正确	0

对一对给定的 H_0 和 H_1，总可以找到许多拒绝域 W. 当然我们希望寻找的拒绝域 W，其中犯两类错误的概率 α 与 β 都很小. 但是在样本容量 n 固定时,要使 α 与 β 都很小是不可能的. 一般情形下,减小犯其中一类错误的概率,会增加犯另一类错误的概率,它们之间的关系犹如在区间估计问题中置信水平与置信区间的长度的关系那样. 通常的做法是控制犯第一类错误的概率不超过某个事先指定的 $\alpha(0 < \alpha < 1)$，而使犯第二类错误的概率也尽可能小,具体实行这个原则会有许多困难. 在实际应用中,有时把这个原则简化成优先控制犯第一类错误的概率 α，α 通常取 0.1,0.05,0.01 等. 这种只控制犯第一类错误概率的检验称为**显著性检验**，α 也称为**显著性水平**或**检验水平**.

7.2 单个正态总体均值的假设检验

7.2.1 方差 σ^2 已知时关于总体均值 μ 的假设检验(Z 检验法)

设总体 $X \sim N(\mu,\sigma^2)$，方差 σ^2 已知,关于正态总体均值 $\mu = \mu_0$ 是否成立的假设检验分为以下 5 个步骤(见例 7.1.1)：

①提出待检验的假设：

$$H_0:\mu = \mu_0; \qquad H_1:\mu \neq \mu_0.$$

②选取检验统计量

$$Z = \frac{\bar{X} - \mu_0}{\sigma/\sqrt{n}} \sim N(0,1). \tag{7.2.1}$$

③对给定的显著性水平 α，根据 $P\{|Z| > z_{\alpha/2}\} = \alpha$，查标准正态分布表得双侧 α 分位点 $z_{\alpha/2}$,得到拒绝域(见图 7.1)

$$W = \{|Z| > z_{\alpha/2}\}, \tag{7.2.2}$$

④代入样本观测值计算得到检验统计量的观察值

$$z = \frac{\bar{x} - \mu_0}{\sigma/\sqrt{n}}.$$

⑤根据 H_0 的拒绝域作出判断:如果 $|z| > z_{\alpha/2}$，则在显著性水平 α 下拒绝原假设 H_0(接受备择假设 H_1)；如果 $|z| \leq z_{\alpha/2}$，则在显著性水平 α 下接受原假设 H_0.

利用 H_0 为真时服从标准正态分布的统计量 Z 来确定拒绝域的这种检验法称为 **Z 检验法**.

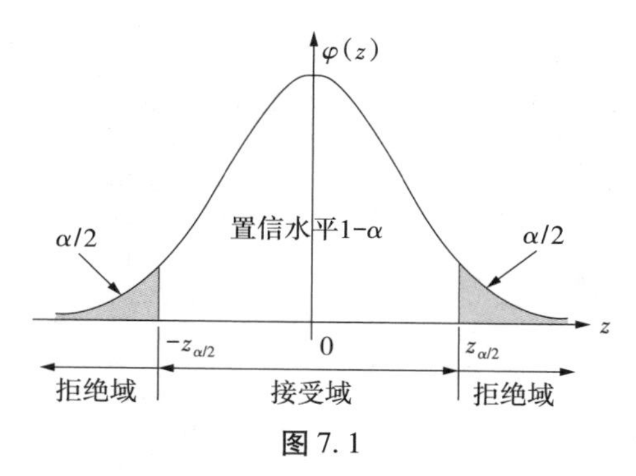

图 7.1

例 7.2.1　某大型企业生产玩具并通过零售商分销其产品.拟推出本年度最重要的一种新款玩具时,必须在知道零售商的实际需求量的基础上确定生产规模.市场负责人根据以往的销售经验,预计平均每个零售商的需求量为 50 个.为慎重起见,在作最后生产决策之前对 36 个零售商进行调查.市场负责人向每个零售商提供这款玩具的特征、成本以及建议零售价格等信息,并要求他们给出一个预计的订货量,具体数值见表 7.3.假设各个零售商的产品需求量 X 服从正态分布,且标准差 σ 为稳定值 6.6 个.问显著性水平 $\alpha=0.05$ 时,市场负责人的预计是否正确?

表 7.3

48	52	48	54	65	60	52	40	38	50	40	52
47	39	55	55	38	50	40	40	55	36	45	46
46	45	54	46	40	46	55	45	50	40	46	48

解　由已知条件,各个零售商的产品需求量 $X \sim N(\mu,\sigma^2)$.

(1)提出假设

$$H_0:\mu=\mu_0=50;\qquad H_1:\mu\neq\mu_0=50.$$

(2)若 H_0 为真,即平均每家零售的需求量 $\mu=\mu_0=50$,选取检验统计量

$$Z=\frac{\bar{X}-50}{\sigma/\sqrt{n}}\sim N(0,1).$$

(3)对给定的显著性水平 $\alpha=0.05$,求 $z_{0.025}$ 使

$$P\{|Z|>z_{0.025}\}=0.05,$$

这里 $z_{0.025}=1.96$,该假设检验的拒绝域 $W=\{|Z|>1.96\}$.

(4)代入样本值,计算可得样本均值 $\bar{x}\approx 47.4$ 个,进一步得到 Z 的观察值

$$z=\frac{\bar{x}-50}{\sigma/\sqrt{n}}\approx\frac{47.4-50}{1.1}=-2.36.$$

(5)判断:由于 $|z|\approx 2.36>1.96$,落入拒绝域,因此在显著性水平 $\alpha=0.05$ 时否定 H_0,即每个零售商的平均需求量 50 个的预计不成立.

例 7.2.2　某银行信用卡中心想了解 2018 年的信用卡余额信息.现随机抽取 25 个信用卡用户组成样本,其信用卡余额数据见表 7.4(单位:元).假若历史数据显示,信用卡余额 X

服从正态分布,且均值 $\mu = 7\ 200$ 元,标准差 $\sigma = 6\ 000$ 元,长期实践显示标准差 σ 是稳定值.在显著性水平 $\alpha = 0.10$ 时,2018 年的信用卡余额的平均值是否有较大波动?

表 7.4

9 730	4 078	5 604	5 179	4 416	10 676	1 627	10 112	6 567
8 720	3 412	3 200	2 539	2 237	23 197	9 876	10 746	4 359
18 719	14 661	7 535	12 587	1 200	13 627	17 589		

解 由已知条件,信用卡余额 $X \sim N(\mu, 6\ 000^2)$. 若2018 年的信用卡余额的平均值没有较大波动, $\mu = \mu_0 = 7\ 200$ 元.

(1)提出假设

$$H_0: \mu = \mu_0 = 7\ 200; \qquad H_1: \mu \neq \mu_0.$$

(2)若 H_0 为真,即信用卡余额的平均值 $\mu = \mu_0 = 7\ 200$ 元,选取检验统计量

$$Z = \frac{\bar{X} - 7\ 200}{\sigma / \sqrt{n}} \sim N(0,1).$$

(3)对给定的显著性水平 $\alpha = 0.10$, 求 $z_{0.05}$ 使

$$P\{\ |Z| > z_{0.05}\} = 0.10,$$

这里 $z_{0.05} = 1.65$, 拒绝域为 $W = \{\ |Z| > 1.65\}$.

(4)代入样本值,计算可得样本均值 $\bar{x} \approx 8\ 495$ 元,进一步计算可得统计量 Z 的观察值

$$z = \frac{\bar{x} - 7\ 200}{\sigma / \sqrt{n}} \approx \frac{8\ 495 - 7\ 200}{1\ 200} = 1.079.$$

(5)判断, $|z| = 1.079 < 1.65$, 不属于拒绝域,判断接受 H_0, 即 2018 年的信用卡余额的平均值没有较大波动.

7.2.2 方差 σ^2 未知时关于 μ 的假设检验(t 检验法)

例 7.2.3 在例 7.2.1 中,假设不知道总体标准差的大小,即 μ 和 σ 都未知,该如何根据样本值来判断 $\mu = 50$ 是否成立呢?

解 (1)提出假设

$$H_0: \mu = \mu_0 = 50; \qquad H_1: \mu \neq \mu_0.$$

(2)选取统计量. 当 H_0 为真时, σ 未知, $\frac{\bar{X} - \mu_0}{\sigma / \sqrt{n}}$ 不再是统计量. 由正态总体的抽样定理,

$$\frac{\bar{X} - \mu}{S / \sqrt{n}} \sim t(n-1),$$

故选取样本函数

$$T = \frac{\bar{X} - \mu_0}{S / \sqrt{n}}$$

作为检验统计量,且 $T \sim t(35)$.

(3)对给定的显著性水平 $\alpha=0.05$，求 $t_{0.025}(35)$.

$$P\{|T|>t_{0.025}(35)\}=0.05,$$

这里 $t_{0.025}(35)=\mathrm{TINV}(0.025,35)\approx 2.34$，拒绝域为 $W=\{|z|>2.34\}$.

(4)代入样本值，计算可得样本均值 $\bar{x}\approx 47.4$，样本标准差 $s\approx 6.77$. 进一步计算可得统计量 T 的观察值

$$t=\frac{\bar{x}-50}{s/\sqrt{n}}\approx\frac{47.4-50}{6.77/\sqrt{36}}\approx -2.30.$$

(5)判断：$|z|\approx 2.30<t_{0.025}(35)=2.34$，不属于拒绝域，判断接受 H_0，即接受市场负责人的预计结果.

在上述检验过程中，选取检验统计量 $T=\dfrac{\bar{X}-\mu}{S/\sqrt{n}}$，这种检验方法称为 T 检验法. 方差 σ^2 未知时关于正态总体均值 $\mu=\mu_0$ 是否成立的假设检验分为以下 5 个步骤：

(1)提出假设

$$H_0:\mu=\mu_0;\qquad H_1:\mu\neq\mu_0.$$

(2)选取统计量. 当 H_0 为真时，选取样本函数

$$T=\frac{\bar{X}-\mu_0}{S/\sqrt{n}}$$

作为检验统计量，$T\sim t(n-1)$.

(3)对给定的检验显著性水平 α，由

$$P\{|T|>t_{\alpha/2}(n-1)\}=\alpha,$$

查 t 分布表得双侧分位点 $t_{\alpha/2}(n-1)$，或运用 Excel 软件计算 $t_{\alpha/2}(n-1)=\mathrm{TINV}(\alpha,n-1)$，原假设 H_0 的拒绝域(见图 7.2)

$$W=\{|T|>t_{\alpha/2}(n-1)\}.\tag{7.2.3}$$

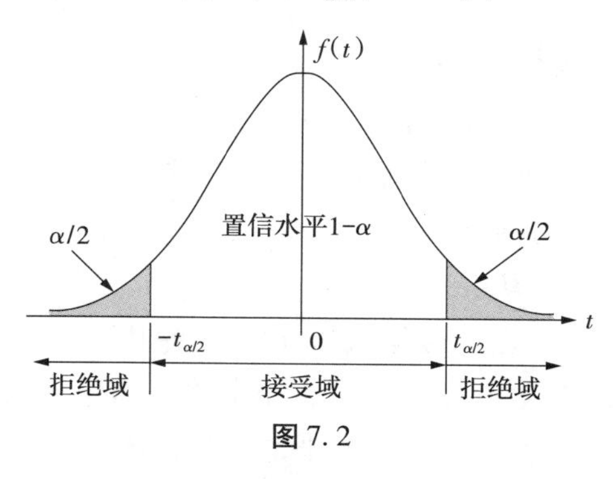

图 7.2

(4)代入样本观察值计算统计量 T 的观察值

$$t=\frac{\bar{x}-\mu_0}{s/\sqrt{n}}.$$

(5)根据拒绝域作出判断：若 $|t|>t_{\alpha/2}(n-1)$，则拒绝 H_0 并接受 H_1；若 $|t|\leqslant t_{\alpha/2}(n-1)$，则接受原假设 H_0.

在实际中,正态总体的方差通常未知,常用 t 检验法来检验关于正态总体均值的问题.

例 7.2.4 在例 7.2.2 中,假设不能确定标准差是否稳定,即 μ 和 σ 都未知,根据样本值来判断:在显著性水平 $\alpha = 0.10$ 时,2018 年的信用卡余额的平均值是否有较大波动?

解 由已知条件,信用卡余额 $X \sim N(\mu,\sigma^2)$,这里 μ 和 σ 都未知.

(1)提出假设

$$H_0:\mu = \mu_0 = 7\,200;H_1:\mu \neq \mu_0.$$

(2)若 H_0 为真,选取检验统计量

$$T = \frac{\bar{X} - \mu_0}{S/\sqrt{n}} \sim t(24).$$

(3)对给定的显著性水平 $\alpha = 0.10$,求 $t_{0.05}(24)$ 使

$$P\{|T| > t_{0.05}(24)\} = 0.10,$$

这里 $t_{0.05}(24) = \text{TINV}(0.10,24) \approx 1.71$,拒绝域为 $W = \{|T| > 1.71\}$.

(4)代入 $\bar{x} = 8\,495$ 元,$s = 5\,792$,得到统计量 T 的观察值

$$t = \frac{\bar{x} - 7\,200}{s/\sqrt{n}} \approx \frac{8\,495 - 7\,200}{5\,792/\sqrt{25}} \approx 1.118.$$

(5)判断:由于 $|z| = 1.118 < t_{0.05}(24) = 1.71$,因此在显著性水平 $\alpha = 0.10$ 下不能否定 H_0,判断 2018 年的信用卡余额的均值没有较大波动.

7.2.3 双边检验与单边检验

在上面讨论的假设检验中,H_0 为 $\mu = \mu_0$,而备择假设 $H_1:\mu \neq \mu_0$ 意思是 μ 可能大于 μ_0,也可能小于 μ_0,称为**双边备择假设**,称形如 $H_0:\mu = \mu_0$,$H_1:\mu \neq \mu_0$ 的假设检验为**双边检验**.

有时我们只关心总体均值是否增大,如试验新工艺以提高材料的强度,这时所考虑的总体均值越大越好. 如果能判断在新工艺下总体均值 μ 比以往正常生产时的总体均值 μ_0 大时,可考虑采用新工艺. 此时,需要检验假设

$$H_0:\mu = \mu_0; \qquad H_1:\mu > \mu_0. \tag{7.2.4}$$

(在这里作了不言而喻的假定,即新工艺不可能比旧的更差). 形如 (7.2.4) 的假设检验称为**右边检验**. 类似地,有时需要检验假设

$$H_0:\mu = \mu_0; \qquad H_1:\mu < \mu_0. \tag{7.2.5}$$

形如 (7.2.5) 的假设检验,称为**左边检验**. 右边检验与左边检验统称为**单边检验**.

例 7.2.5 在例 7.7.2 中,银行信用卡中心非常关心信用卡余额是否增加的信息. 在显著性水平 $\alpha = 0.10$ 时,2018 年信用卡余额的平均值是否增加?

解 信用卡余额 $X \sim N(\mu,6\,000^2)$. 为保守起见,先假设 2018 年的信用卡余额的平均值没有增加,即原假设 $H_0:\mu \leq \mu_0 = 7\,200$ 元. 在构造拒绝域的时候需要用到检验统计量的分布,此时需要取 $\mu = \mu_0 = 7\,200$,该问题简化为

$$H_0:\mu = \mu_0 = 7\,200; \qquad H_1:\mu > \mu_0.$$

这是右侧检验. 先假设 H_0 成立,同双侧检验,取检验统计量

$$Z=\frac{\bar{X}-\mu_0}{\sigma/\sqrt{n}}=\frac{\bar{X}-7\,200}{1\,200}\sim N(0,1).$$

当 H_0 为真时，Z 的取值不应太大；而当 H_1 为真时，样本均值 $\bar{X}$ 是 μ 的无偏估计，当 μ 偏大时，$\bar{X}$ 也偏大，从而 Z 也偏大. 拒绝域的形式为

$$Z=\frac{\bar{X}-7\,200}{1\,200}\geqslant k(k\text{ 待定}).$$

由标准正态分布的上 α 分位点 z_α 的定义，

$$P\left\{\frac{\bar{X}-7\,200}{1\,200}\geqslant z_{0.10}=1.29\right\}=0.10,$$

拒绝域为

$$W=\{Z\geqslant k=1.29\}.$$

代入样本均值 $\bar{x}=8\,495$，可得检验统计量 Z 的观测值

$$z=\frac{\bar{x}-7\,200}{1\,200}\approx 1.079<1.29.$$

在显著性水平 $\alpha=0.05$ 下接受 H_0，即 2018 年信用卡余额的均值未明显增加.

例 7.2.6（质量检测）　按照产品质量标准，每 100 g 罐头番茄汁中维生素 C 的含量不得少于 21 mg. 现从某公司生产的一批罐头中随机抽取 16 罐，测得每 100 g 中维生素 C 含量的样本均值是 20.5，设维生素 C 的含量测定值 X 服从标准差为 1.9 的正态分布. 在显著性水平 0.05 下，能否认为该批产品维生素 C 含量合格？

解　$X\sim N(\mu,1.9^2)$. 为保守起见，先假设该批产品的维生素 C 含量是合格的，即原假设 $H_0:\mu\geqslant\mu_0=21$ g. 在构造拒绝域的时候需要用到检验统计量的分布，该问题简化为

$$H_0:\mu=\mu_0=21;\qquad H_1:\mu<\mu_0.$$

这是一个左侧检验问题. 类似地，该问题的拒绝域为

$$\left\{Z=\frac{\bar{X}-21}{1.9/\sqrt{16}}\leqslant -z_{0.05}=-1.65\right\}.$$

代入样本均值 $\bar{x}=20.5$，可得检验统计量 Z 的观测值

$$z=\frac{\bar{x}-21}{1.9/\sqrt{16}}=-1.053>-1.65.$$

在显著性水平 $\alpha=0.05$ 下不能否定 H_0，即维生素 C 的含量是合格的.

上述两个例题是在方差已知的条件下对正态总体均值的单侧检验. 设总体 $X\sim N(\mu,\sigma^2)$，方差 σ^2 已知，$X_1,X_2,\cdots,X_n$ 是来自总体 X 的样本. 给定显著性水平 α. 分析右侧检验问题

$$H_0:\mu=\mu_0;\qquad H_1:\mu>\mu_0.$$

取检验统计量 $Z=\dfrac{\bar{X}-\mu_0}{\sigma/\sqrt{n}}\sim N(0,1)$，拒绝域为

$$W=\left\{Z=\frac{\bar{X}-\mu_0}{\sigma/\sqrt{n}}\geqslant z_\alpha\right\}.\tag{7.2.6}$$

类似地,分析左侧检验问题

$$H_0:\mu=\mu_0;\qquad H_1:\mu<\mu_0.$$

同样取检验统计量 $Z=\dfrac{\bar{X}-\mu_0}{\sigma/\sqrt{n}}\sim N(0,1)$, 拒绝域为

$$W=\left\{Z=\frac{\bar{X}-\mu_0}{\sigma/\sqrt{n}}\leqslant -z_\alpha\right\}. \tag{7.2.7}$$

右侧检验和左侧检验的拒绝域如图 7.3 所示.

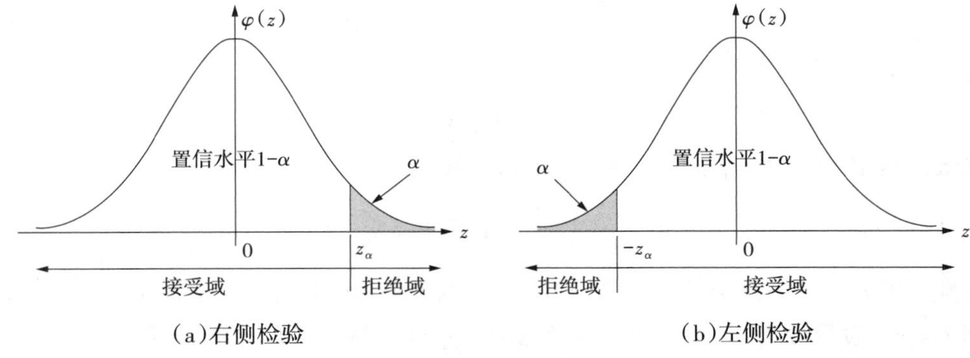

图 7.3

表 7.5 给出了当总体 $X\sim N(\mu,\sigma^2)$ 时,总体均值的双侧检验和单侧检验办法,分为方差 σ^2 已知和未知两种情况. H_0 中的不等号改成等号,所得的拒绝域不变.

表 7.5

检验参数	条件	H_0	H_1	检验统计量及其分布	拒绝域 W
数学期望 μ	σ^2 已知	$\mu=\mu_0$ $\mu\leqslant\mu_0$ $\mu\geqslant\mu_0$	$\mu\neq\mu_0$ $\mu>\mu_0$ $\mu<\mu_0$	$Z=\dfrac{\bar{X}-\mu_0}{\sigma/\sqrt{n}}\sim N(0,1)$	$\{\lvert z\rvert>z_{\alpha/2}\}$ $\{z>z_\alpha\}$ $\{z<-z_\alpha\}$
	σ^2 未知	$\mu=\mu_0$ $\mu\leqslant\mu_0$ $\mu\geqslant\mu_0$	$\mu\neq\mu_0$ $\mu>\mu_0$ $\mu<\mu_0$	$T=\dfrac{\bar{X}-\mu_0}{S/\sqrt{n}}\sim t(n-1)$	$\{\lvert t\rvert>t_{\alpha/2}(n-1)\}$ $\{t>t_\alpha(n-1)\}$ $\{t<-t_\alpha(n-1)\}$

7.3 大样本情况下总体均值的假设检验

实际应用中,经常会遇到总体的分布未知、均值和方差存在的情况,该如何对总体均值的假设进行检验呢?同样地,借助于独立同分布的中心极限定理.若 $(X_1,X_2,\cdots,X_n)$ 是来自总体 X 的大样本 $(n\geqslant 30)$, 由独立同分布的中心极限定理,样本均值 $\bar{X}$ 近似服从正态分布,

$$\bar{X}\sim N\left(\mu,\frac{\sigma^2}{n}\right),\text{或}\ \frac{\bar{X}-\mu}{\sigma/\sqrt{n}}\sim N(0,1).$$

7.2 节中的所有例题如果去掉正态分布的前提条件,且在样本容量比较大的时候（$n \geqslant 30$），都可以利用大样本均值的渐进正态性对总体均值进行假设检验,该方法称为 U **检验法**.

U 检验法,同样分为 σ^2 已知和 σ^2 未知两种情况. 当 σ^2 已知时,检验统计量 $U=\dfrac{\bar{X}-\mu_0}{\sigma/\sqrt{n}}$.
当 σ^2 未知时,可用样本方差 S^2 代替方差 σ^2, 此时 $\dfrac{\bar{X}-\mu}{S/\sqrt{n}}$ 近似服从标准正态分布 $N(0,1)$，可仿照 σ^2 已知的情形,检验统计量 $U=\dfrac{\bar{X}-\mu_0}{S/\sqrt{n}}$.

例 7.3.1　在例 6.2.5 中,如果上一年度所有中层管理人员的平均年薪为 10.5 万元,年薪的分布特征未知. 显著性水平 $\alpha=0.05$, 判断本年度的平均年薪较上一年度是否有明显提高?

解　要推断本年度的平均年薪较上一年度是否有明显提高,即检验 $\mu>\mu_0$ 是否成立. 同样先假设本年度的平均年薪较上一年度无明显波动,即提出假设

$$H_0:\mu=\mu_0=10.5;H_1:\mu>\mu_0.$$

检验统计量为 $U=\dfrac{\bar{X}-\mu_0}{S/\sqrt{n}}$. 当显著性水平 $\alpha=0.05$ 时,拒绝域

$$W=\{U>z_{0.05}=1.65\}.$$

根据样本值计算检验统计量 U 的观察值

$$\mu=\frac{\bar{x}-\mu_0}{s/\sqrt{n}}=\frac{11.163-10.5}{1.615/\sqrt{30}}=2.248.$$

$|\mu|=2.248>1.65$, 在显著性水平 $\alpha=0.05$ 时否定 H_0, 即本年度的平均年薪较上一年度有明显提高.

本章小结

本章知识结构图如下:

第 7 章　假设检验

7.1　假设检验的基本概念

统计假设:有关总体分布的未知参数或未知分布的形式种种论断.

基本思想:基于小概率事件基本原理,用反证法对统计假设作出接受或拒绝的决策.

基本方法(5 步骤):提出原假设、确定检验统计量、确定拒绝域、计算检验统计量的观察值、统计决策.

两类错误:弃真错误、取伪错误.

7.2　单个正态总体均值的假设检验

方差 σ^2 已知、方差 σ^2 未知、双侧检验与单侧检验.

7.3　大样本情况下总体均值的假设检验

本章讨论假设检验问题. 有关总体分布的未知参数或分布形式的种种论断称为统计假设. 人们要根据样本所提供的信息对所考虑的假设作出接受或拒绝的决策,假设检验就是作出这一决策的过程. 假设检验是建立在“小概率事件在一次试验中几乎不会发生”的基本原理之上的反证法,其结果取决于对小概率事件的界定,它依据一个主观的概率 α.

一个完整的假设检验通常包括 5 个步骤:

(1)根据实际问题的需求,提出原假设 H_0 和备择假设 H_1.

(2)根据已知条件确定适当的检验统计量和相应的抽样分布.

(3)选择显著性水平 α, 确定原假设 H_0 的拒绝域.

(4)取样,将样本观察值代入检验统计量 Z 的表达式,得到它的观察值.

(5)根据检验统计量的观察值作出统计决策:拒绝 H_0 或接受 H_0.

判断原假设 H_0 是否为真的依据是一个样本,由于样本的随机性,当 H_0 为真时,检验统计量的观察值会落入拒绝域,致使作出拒绝 H_0 的错误决策,称为弃真错误;而当 H_0 不为真时,检验统计量的观察值未落入接受域,致使作出接受 H_0 的错误决策,称为取伪错误. 在检验过程中,犯弃真错误的概率为主观概率 α, α 也称为显著性水平或检验水平.

本章详细分析了有关正态总体均值的双侧和单侧假设检验(含方差 σ^2 已知和未知两种情况),简单介绍了大样本情况下总体均值的假设检验.

习　题

1. 容量为 3 L 的橙汁容器上,标签标明橙汁脂肪含量的均值不超过 1 g. 对标签上的说明进行假设检验,回答下列问题:

(1)建立适当的原假设和备择假设.

(2)在这种情况下,第一类错误是什么? 这类错误的后果是什么?

(3)在这种情况下,第二类错误是什么? 这类错误的后果是什么?

2. 如果假设检验支持新的生产方法能够降低每小时操作成本的结论,则将采用这种新的生产方法.

(1)如果目前生产方法的平均成本为每小时 1 200 元,建立合适的原假设和备择假设.

(2)在这种情况下,第一类错误是什么? 这类错误的后果是什么?

(3)在这种情况下,第二类错误是什么? 这类错误的后果是什么?

3. 一个盒子中有黑白两种颜色的球共 10 个,且球数比例为 4 : 1,但不知道哪种颜色的球多. 现考虑原假设 8 白 2 黑,备择假设 8 黑 2 白,任取两球,如果都是黑球则拒绝原假设. 求犯第一类错误和第二类错误的概率.

4. 某工厂用包装机包装奶粉,额定标准为每袋净重 0. 5 kg. 设包装机称得奶粉的质量用随机变量 X 表示, X 服从正态分布. 为检验某台包装机的工作是否正常,随机抽取包装的奶粉 100 袋,称得平均净重为 0. 47 kg. 在下列情况下,显著性水平 0. 05 时该包装机的工作是否正常?

(1)根据长期的经验知总体的标准差 $\sigma = 0.15$ kg.

(2)标准差 σ 未知,样本标准差 $s = 0.18$ kg.

5. 在正常状态下,某种牌子的香烟一支平均 1.1 g,若从这种香烟堆中任取 36 支作为样本,测得样本均值为 1.008 g. 已知香烟(支)的质量(g)近似服从正态分布. 在下列情况下,显著性水平 0.05 时这堆香烟是否处于正常状态?

(1)且根据长期的经验知总体的标准差 $\sigma = 0.15$ g.

(2)标准差 σ 未知,样本方差 $s^2 = 0.1$.

6. 某厂宣称已采取措施进行废水治理,现环保部门抽测了 9 个水样,测得每 kg 水样中有毒物质含量的样本均值为 17(单位:mg),样本标准差为 2.4. 假设该有毒物质的含量服从正态分布,以往该厂废水中有毒物质的平均含量为 18.2. 在显著性水平 0.01 下,问废水中有毒物质的含量有无显著变化?

7. 某公司宣称由他们生产的某种型号的电池其平均寿命为 215 h,标准差为 29 h. 在实验室测试了该公司生产的 6 只电池,得到它们的寿命(单位:h)为 190,180,200,220,165,255,问这些结果是否表明电池的平均寿命比该公司宣称的平均寿命短? 设电池寿命近似服从正态分布(取 $\alpha = 0.05$).

8. 一则新牙膏的广告声称它能帮助儿童减少蛀牙. 已知儿童每年蛀牙的数量服从均值为 3、标准差为 1 的正态分布. 一项对使用这种牙膏的 2 500 名儿童的调查显示,这些儿童的平均蛀牙数量为 2.95. 假设这些使用新牙膏的儿童蛀牙数量的标准差也是 1.

(1)在显著性水平 0.05 下,这些数据是否足以支持这则广告?

(2)这些数据能让你信服,从而选择使用这种新牙膏吗?

9. 假设某批首饰的金含量服从正态分布. 现测得 4 个样品中的金含量,计算得样本均值为 32.85 g,样本标准差为 4 g. 在显著性水平 0.01 下,能否认为这批首饰的金含量平均值明显低于 35 g?

10. 已知一种标准药物对某类型感染有效率为 75%. 研发部开发了一种新药,并被用于 50 位患者,结果对其中 42 例有效. 在显著性水平 0.05 下,能否认为新药的疗效有明显改善?

11. 某果园的苹果树剪枝前平均每枝产苹果 52 kg,剪枝后任取 50 株单独采收,经核算平均株产量 54 kg,样本标准差 $s = 8$ kg. 在显著性水平 0.05 下,剪枝是否提高了株产量?

12. 已知某企业应收账款金额的标准差为 40. 现抽取一个容量为 36 的样本,样本均值为 240. 请问在显著性水平 0.05 下,审计师可否认为应收账款金额的均值为 260?

13. 某次数学考试后为了评估考生成绩的平均水平,随机抽取了 36 位考生的成绩,算得平均成绩为 66.5 分,样本标准差为 15 分. 在显著性水平 0.05 下,是否可以认为这次考试全体考生的平均成绩为 70 分?

14. 某厂的生产管理员认为,该厂第一道工序加工完的产品送到第二道工序进行加工前的平均等待时间为 90 min. 现对 100 件产品的随机抽样结果是,平均等待时间为 96 min,样本标准差为 30 min. 在显著性水平 0.05 下,抽样的结果是否充分支持该管理?

15. 在一项新的安全计划实施之前,某厂每天的平均岗位事故数为 3. 为了检验此项安全计划在减少每天岗位事故方面是否有效,在实施新的安全计划后随机抽取了一个 100 d 的样本,并记录下每天的事故数,样本均值和标准差分别为 2.7 和 2.6 在显著性水平 0.05 下,能否认为新的安全计划是有效的?

16. 对 49 家上市公司组成的一个样本,计算了按年率计算的月收益率,并得出以下数据:样本均值为 13.50%,样本标准差为 23.84%.在显著性水平 0.05 下,检验上市公司股票按年率计算的月收益率是否超过 10%.

17. 某查账员声称某公司 15% 的发票不正确,随机抽取了 100 张进行检验,其中有 14 张不正确.在显著性水平 0.05 下,查账员的结论是否能够被接受?

18. 某车间用一台包装机包装葡萄糖,包得的袋装糖重(单位:kg)用随机变量 X 表示.

(1)假若随机变量 X 服从正态分布.当机器正常时,其均值为 0.5 kg,标准差为 0.02 kg(长期实践表明标准差比较稳定).某日开工后为检验包装机是否正常,随机抽取它所包装的糖 9 袋,称得净重为:

$$0.497, 0.506, 0.518, 0.524, 0.498, 0.511, 0.520, 0.515, 0.512.$$

在显著性水平 0.05 下,这天包装机是否正常?

(2)假若随机变量 X 的分布形式未知.当机器正常时,其均值为 0.5 kg.某日开工后为检验包装机是否正常,随机地抽取它所包装的糖 100 袋,算得平均净重为 0.52 kg,样本标准差为 0.02 kg.在显著性水平 0.05 下,这天包装机是否正常?

本章习题答案

案例研究

(**老虎机赌场的麻烦**)第 3 章案例已经讲过,某赌场有一大排老虎机,等着大家去赌博.不过,这个星期它遇到了麻烦:老虎机总是出头奖.赌场再这么开下去就撑不住了,赌场老板怀疑有人动了手脚.请帮他探明究竟.

表 7.6 为某台老虎机正常情况下净收益的概率分布.其中每局成本 2 元,如果无盈利就损失 2 元;如果中了头奖,净收益 98 元.赌场随机抽取了一些统计数据,给出了赌客获得某种收益的次数,得到 1 000 次赌局中每局净收益的频数,见表 7.7.用随机变量 X 代表每局游戏的净收益,把 1 000 次赌局的净收益记为 $X_i(i=1,\cdots,1\,000)$,则 X_i 构成总体 X 的样本.

表 7.6

X	-2	23	48	73	98
$P\{X=k\}$	0.997	0.008	0.008	0.006	0.001

表 7.7

X	-2	23	48	73	98
频数	965	10	9	9	7

(1)计算正常情况下每局游戏的净收益值 X 的均值 μ 和方差 σ^2.

(2)我们关注的首要问题是老虎机的平均收益 μ 是否有大的变动.假设收益值的方差 σ^2 稳定,通过对参数 μ 的假设检验,在 5% 的显著性水平下,判断老虎机是否被人动了手脚(或老虎机出了故障).

(3)根据(2)中的检验结果,赌场老板该如何作选择?老板的抉择一定是对的吗?是否存在老虎机是正常的,但老板得到“故障”的错误判断呢?

(4)如果判断老虎机的平均收益 μ 有大的变动,会怀疑方差 σ^2 也不稳定.在方差 σ^2 不确定的前提下,通过对参数 μ 的假设检验,在 5% 的显著性水平下,判断老虎机是否被人动了手脚.

第 8 章 线性回归模型

实践中的统计

(**身高回归趋势**)为了研究父母平均身高 x 与子女平均身高 y 之间的遗传关系,英国生物学家兼统计学家 F. 高尔顿观察了 1 074 对父母和子女的平均身高值 (x_i, y_i),算得平均值 $\bar{x} = 68$ 英寸(1 英寸=2.54 cm),$\bar{y} = 69$ 英寸. 这似乎表明,如果父母的平均身高为 x 英寸,其子女的平均身高大约为 $y = x + 1$ 英寸. 但高尔顿的进一步研究结果却与此不符:当父母平均身高为 $x = 72$ 英寸时,其子女的平均身高仅为 $y = 71$ 英寸;当父母平均身高为 $x = 64$ 英寸时,其子女的平均身高达 $y = 67$ 英寸. 高尔顿于 1886 年提出一个重要论点:“子代身高会受到父代身高的影响,但身高偏离父代平均水平的父代,其子代身高有回归到子代平均水平的趋势”,“回归分析”因此得名. 用线性回归模型证实高尔顿的论点(见例 8.2.2).

数学的一个重要任务就是研究变量与变量之间的关系. 变量之间的关系有以下 3 类:

①函数关系:由一个(组)变量的值可以完全确定另一个(组)变量的值. 例如,打的士的起步价为 10 元,3 km 以上按 1.8 元/km 计价,则打的士的费用 y(元)与行驶里程 x(km)有函数关系

$$y = \begin{cases} 10, & x \leqslant 3, \\ 10 + 1.8(x - 3), & x > 3. \end{cases}$$

根据行驶里程 x 可以完全确定打的士的费用 y.

②独立关系:一个(组)变量的取值不受另一个(组)变量取值的影响. 例如,一个人的收入不会受到他体重的影响(当体重在正常范围内时),即人的收入 y 与体重 x 是独立关系. 当然一个学生的身高也不会影响他的数学成绩,即学生的身高 x 与数学成绩 y 是独立关系.

③相关关系(统计关系):一个(组)变量的取值受到另一个(组)变量取值的影响,但不能由后者的取值完全确定. 例如,身材高大的人体重较重,身材矮小的人体重偏轻,但人的身高并不能完全确定他的体重,有许多身高相同的人体重并不一样,即一个人的身高 x 与他的体重 y 具有相关关系.

显然,相关关系是介于函数关系与独立关系之间的一种变量间的关系.回归分析是确定两个或两个以上变量间相关关系的一种统计分析方法,主要包括确定变量、建立回归模型、模型检验、预测与控制几个方面,应用非常广泛.

本章将建立简单的线性回归模型来分析和研究这种关系.

8.1 一元线性回归模型

8.1.1 问题的提出

例 8.1.1 表 8.1 是我国 1999—2018 年能源消耗与国民经济发展的数据(资料来源于《中华人民共和国国家统计年鉴 2018》9-7,中国统计出版社),其中,x 为电力生产较上一年增长的百分比,y 为国民生产总值(GDP)较上一年增长的百分比(按可比价计算).

表 8.1

年份	电力生产比上年增长 x/%	国内生产总值比上年增长 y/%	年份	电力生产比上年增长 x/%	国内生产总值比上年增长 y/%
1999	6.3	7.7	2009	7.1	9.4
2000	9.4	8.5	2010	13.3	10.6
2001	9.2	8.3	2011	12.0	9.6
2002	11.7	9.1	2012	5.8	7.9
2003	15.5	10.0	2013	8.9	7.8
2004	15.3	10.1	2014	4.0	7.3
2005	13.5	11.4	2015	2.9	6.9
2006	14.6	12.7	2016	5.6	6.7
2007	14.5	14.2	2017	5.7	6.8
2008	5.6	9.7	2018	7.7	6.6

从表 8.1 中数据可知,如果某年电力生产的增长率较低(x 值较小),那么该年的 GDP 增长率也较低(y 值较小);反之,在电力生产增长率较高(x 值较大)的年份,相应的 GDP 增长率也较高(y 值较大).为了更清楚地看出这种关系,以 x 为横坐标、y 为纵坐标画出这些数据的散点图,如图 8.1 所示.

x 和 y 构成的二维数据点似乎在围绕着一条直线波动,但又不是完全在一条直线上,说明 x 的变化与 y 的变化是相互影响的,但这两个量中任何一个量都不能完全决定另一个量的取值,这就是相关关系.对此提出以下问题:

备注:本章中的 y 根据上下文的具体含义,可指随机变量或者观测值.

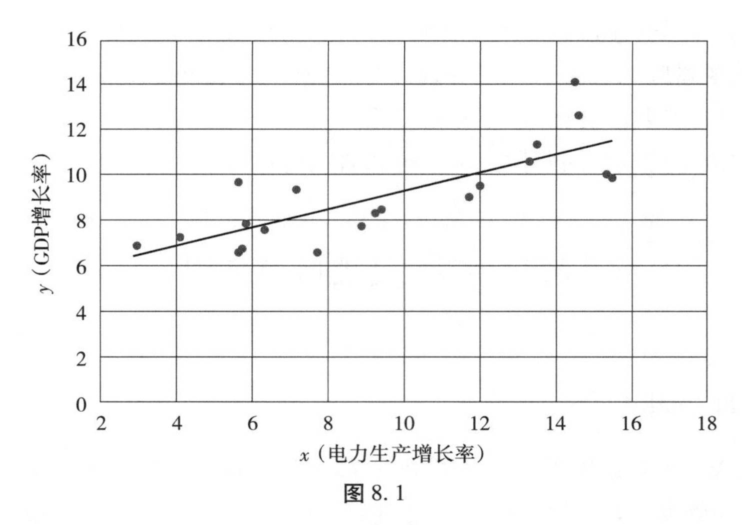

图 8.1

①可否建立一个数学模型来合理地描述这种相关关系?

②可否通过①所建立的数学模型,由模型中一个变量的取值来推测另一个变量的取值?

③可否通过设计试验手段获取“优质”的数据,使问题①和 ② 获得更加令人满意的结果? 也就是说,通过优化数据的获取技术,来构造与实际拟合得更好的数学模型,从而可以更精确地推测未知变量.

8.1.2 一元线性回归模型

为分析例 8.1.1 中两个变量 x 和 y 之间的相关关系,构建数学模型. 首先,假设变量 x 和 y 之间存在准确的函数关系,这个模型称为**确定性模型**. 如图 8.1 所示,由电力生产增长率 x 和 GDP 增长率 y 构成的二维数据点似乎在围绕着一条直线波动, x 和 y 之间的关系初步表示为以下线性关系:

$$y=\beta_0+\beta_1 x,$$

这意味着 x 和 y 之间存在一个确定性关系. 已知 x 的值,就可以准确计算出 y 值,在这个预测中不存在误差.

但是,上述模型显然是不准确的,因为图 8.1 中变量 x 和 y 不完全在一条直线上. 设想 GDP 增长率 y 之所以不能由 x 值完全确定,是因为 y 还受到除 x 以外的许多变量的影响,这些变量中的每一个对 y 的影响都很微弱,其累积影响具有随机性,用随机变量 ε 来表示. 放弃确定型模型,使用**统计模型**来解释变量 x 和 y 之间的关系. 这种统计模型包括一个确定性部分和一个随机变量部分. 电力生产增长率 x 与 GDP 增长率 y 之间的关系可表示为

$$y=\beta_0+\beta_1 x+\varepsilon, \tag{8.1.1}$$

这里 β_0 和 β_1 为待定常数, $\beta_0+\beta_1 x$ 表示 x 和 y 之间的确定性关系,随机变量 ε 表示除 x 以外许多变量的累计影响,主要表征不可模拟或不可解释的随机现象.

为简单起见,假设随机变量 ε(有正有负)的期望值等于 0, $E\varepsilon=0$, 即假设 y 的数学期望 Ey 等于模型的确定性部分. 当 x 的值给定时, y 的条件数学期望为

$$E(y\mid x)=\beta_0+\beta_1 x. \tag{8.1.2}$$

随机变量 $\varepsilon = y - E(y \mid x)$，则方差 $D\varepsilon = Dy$，记为 σ^2. 建立以下一元线性回归模型：

$$\begin{cases} y = \beta_0 + \beta_1 x + \varepsilon, \\ E\varepsilon = 0, D\varepsilon = \sigma^2. \end{cases} \tag{8.1.3}$$

称 x 为**回归变量或自变量**，y 为**响应变量或因变量**，ε 为**随机误差或随机干扰**，β_0 和 β_1 为**回归系数**，β_0, β_1 和方差 σ^2 都是回归模型中的未知参数.

在上述回归模型中，主要用电力生产增长率 x 的线性函数来估计 GDP 增长率 y 的平均值，随机误差 ε 的引入允许 GDP 增长率 y 偏离直线. 对一个给定的电力生产增长率 x，GDP 增长率 y 是随机的. 相对于确定性模型，统计模型给 y 一个更真实的模拟. 还有其他例子，如一个公司平均销售收入取决于广告支出，汽车公司平均月产量取决于前一个月的销量，都可用类似方法建立统计模型.

对模型(8.1.3)，要解决以下问题：

①估计 β_0, β_1 和 σ^2，得到确定的回归模型，这是第7章的参数估计问题.

②检验模型对实际数据的拟合程度，这是第8章的假设检验问题.

③对给定的输入值 x 预测输出值 y，或对希望的输出值 y 控制输入值 x，这也是统计中的估计问题.

8.1.3　最小二乘法

假如已有变量 x 和 y 的观察数据 (x_i, y_i)，$i = 1, 2, \cdots, n$，要寻求如图8.1所示中的一条直线，使其能很好地拟合这些观察数据，意味着确定直线的截距 β_0 和斜率 β_1 使这些数据点与直线偏差最小，而这个偏差简单合理的描述是残差平分和(见图8.2)，

$$Q(\beta_0, \beta_1) = \sum_{i=1}^{n} (y_i - \beta_0 - \beta_1 x_i)^2, \tag{8.1.4}$$

它是实际观测值关于回归直线的变异性度量.

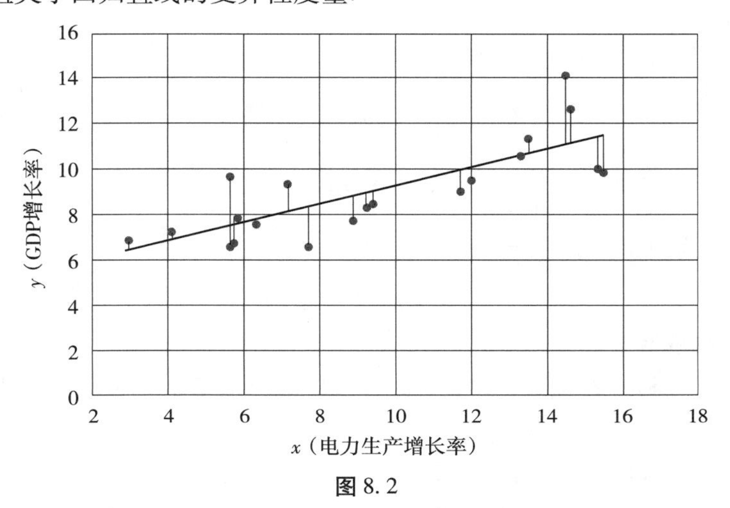

图8.2

估计 β_0 和 β_1 的取值就转化为求残差平分和 $Q(\beta_0, \beta_1)$ 的最小值点. 将 $Q(\beta_0, \beta_1)$ 分别对 β_0 和 β_1 求偏导，并令其等于0，

$$\frac{\partial Q}{\partial \beta_0} = -2\sum_{i=1}^{n}(y_i - \beta_0 - \beta_1 x_i) = 0,$$

$$\frac{\partial Q}{\partial \beta_1} = -2\sum_{i=1}^{n}(y_i - \beta_0 - \beta_1 x_i)x_i = 0.$$

得到以下方程组

$$\begin{cases} \beta_0 n + \beta_1 \sum_{i=1}^{n} x_i = \sum_{i=1}^{n} y_i, \\ \beta_0 \sum_{i=1}^{n} x_i + \beta_1 \sum_{i=1}^{n} x_i^2 = \sum_{i=1}^{n} x_i y_i. \end{cases}$$

设 $\bar{x} = \frac{1}{n}\sum_{i=1}^{n} x_i, \bar{y} = \frac{1}{n}\sum_{i=1}^{n} y_i$，解上述方程组得到 β_0 和 β_1 的解

$$\hat{\beta}_1 = \frac{\sum_{i=1}^{n} x_i y_i - n\bar{x}\bar{y}}{\sum_{i=1}^{n} x_i^2 - n\bar{x}^2}, \qquad \hat{\beta}_0 = \bar{y} - \hat{\beta}_1 \bar{x}.$$

上述利用变量间的函数关系来拟合实际观察数据的基本方法称为“最小二乘估计法”，“拟合”是指在几何上让空间中的数据点尽可能地靠近所求函数的图像，所谓“最小二乘”是指在数值上使所求函数值与因变量观察值之差的平方（二次）和达到最小. 最小二乘法的使用对问题的统计背景（如分布、数学期望、方差等）并无要求，它也是其他非随机数学分支的常用方法.

综上所述，得到以下定理：

定理 8.1.1 一元线性回归模型（8.1.3）中回归系数 β_0 和 β_1 的**最小二乘估计**为

$$\hat{\beta}_1 = \frac{l_{xy}}{l_{xx}}, \qquad \hat{\beta}_0 = \bar{y} - \hat{\beta}_1 \bar{x}, \tag{8.1.5}$$

其中

$$l_{xy} = \sum_{i=1}^{n} x_i y_i - n\bar{x}\bar{y} = \sum_{i=1}^{n}(x_i - \bar{x})(y_i - \bar{y}),$$

$$l_{xx} = \sum_{i=1}^{n} x_i^2 - n\bar{x}^2 = \sum_{i=1}^{n}(x_i - \bar{x})^2.$$

以 $\hat{\beta}_0$ 为截距、$\hat{\beta}_1$ 为斜率作的直线

$$y = \hat{\beta}_0 + \hat{\beta}_1 x,$$

称为**经验回归直线**或**经验回归方程**.

例 8.1.1（续） 利用表 8.1 中数据建立国民生产总值增长率 y 对电力生产增长率 x 的经验回归直线.

解 由表 8.1 的 20 对数据可以算得

$$\bar{x} = 9.43, \bar{y} = 9.065, l_{xx} = 314.142, l_{xy} = 125.121,$$

$$\hat{\beta}_0 = 5.309, \qquad \hat{\beta}_1 = 0.398,$$

即所求经验回归直线为 $y = 5.309 + 0.398x$，这就是图 8.1 和图 8.2 中的直线.

回归分析应用广泛，目前许多计算器都设有统计功能键，可以直接计算 $\hat{\beta}_0$ 和 $\hat{\beta}_1$，而一般的统计软件则可以计算更丰富的统计量观察值，如多元回归系数(8.4 节). Excel 的"数据分析"工具可直接得到回归系数，见本章附录.

例 8.1.2　根据例 1.2.1 中 30 名管理人员的年龄和年薪的样本值(表 1.1)，建立年薪 y 对年龄 x 的经验回归直线.

解　把表 1.1 中的样本数据代入 Excel 软件，用"数据分析"中的"回归分析"工具可得回归系数，

$$\hat{\beta}_0 = 1.138, \qquad \hat{\beta}_1 = 0.236,$$

即所求经验回归直线为 $y = 1.138 + 0.236x$.

8.1.4　正态假设下的极大似然估计及性质

现在用参数估计方法估计线性回归模型(8.1.3)中的未知参数 β_0, β_1 和 σ^2. 对模型(8.1.3)中的随机误差作正态分布假设，即

$$\begin{cases} y = \beta_0 + \beta_1 x + \varepsilon, \\ \varepsilon \sim N(0, \sigma^2). \end{cases} \tag{8.1.6}$$

或假设因变量 y 的分布形式为

$$y \sim N(\beta_0 + \beta_1 x, \sigma^2). \tag{8.1.7}$$

用极大似然估计法求未知参数 β_0, β_1 和 σ^2 的估计量. 视 (x_i, y_i) 为样本 (X_i, Y_i) 的观测值，由于

$$Y_i \sim N(\beta_0 + \beta_1 x_i, \sigma^2), \ (i = 1, \cdots, n)$$

且相互独立，故得到 β_0, β_1 和 σ^2 的极大似然估计量.

结论 8.1.1　一元线性回归模型中 β_0, β_1 和 σ^2 的极大似然估计量分别为

$$\hat{\beta}_0 = \bar{y} - \frac{l_{xy}}{l_{xx}}\bar{x}, \quad \hat{\beta}_1 = \frac{l_{xy}}{l_{xx}}, \quad \hat{\sigma}^2 = \frac{Q(\hat{\beta}_0, \hat{\beta}_1)}{n} = \frac{l_{xx}l_{yy} - l_{xy}^2}{nl_{xx}}, \tag{8.1.8}$$

其中 $l_{yy} = \sum_{i=1}^{n} y_i^2 - n\bar{y}^2 = \sum_{i=1}^{n}(y_i - \bar{y})^2$. 这里 $\hat{\beta}_0$ 和 $\hat{\beta}_1$ 也是式(8.1.5)中的最小二乘估计.

定理 8.1.2　极大似然估计量 $\hat{\beta}_0$ 和 $\hat{\beta}_1$ 均服从正态分布，

$$\hat{\beta}_0 \sim N\left(\beta_0, \left(\frac{1}{n} + \frac{\bar{x}^2}{l_{xx}}\right)\sigma^2\right), \quad \hat{\beta}_1 \sim N\left(\beta_1, \frac{\sigma^2}{l_{xx}}\right). \tag{8.1.9}$$

显然，估计量 $\hat{\beta}_0$ 和 $\hat{\beta}_1$ 分别是未知参数 β_0 和 β_1 的无偏估计量. $\hat{\sigma}^2 = \dfrac{Q(\hat{\beta}_0, \hat{\beta}_1)}{n}$ 是 σ^2 的极大似然估计量，它是否也是 σ^2 的无偏估计量？给出估计量 $\hat{\sigma}^2$ 的分布特征(证明略)，

$$\frac{n\hat{\sigma}^2}{\sigma^2} = \frac{Q(\hat{\beta}_0, \hat{\beta}_1)}{\sigma^2} \sim \chi^2(n-2),$$

且与 $\hat{\beta}_0$ 和 $\hat{\beta}_1$ 相互独立. 由 χ^2 分布的性质,

$$E\left(n\frac{\hat{\sigma}^2}{\sigma^2}\right)=n-2,\ E\left(\frac{n}{n-2}\hat{\sigma}^2\right)=\sigma^2.$$

$$\frac{n}{n-2}\hat{\sigma}^2=\frac{Q(\hat{\beta}_0,\hat{\beta}_1)}{n-2}.$$

定理 8.1.3 随机变量 $\frac{Q(\hat{\beta}_0,\hat{\beta}_1)}{n-2}$ 是未知参数 σ^2 的无偏估计量.

该定理和残差平方和 $Q(\beta_0,\beta_1)$ 与实际观测值关于估计的回归直线的变异性度量相一致. 可以进一步讨论上述估计量的有效性和一致性,这里不赘述.

例 8.1.3 为了研究大气压强与水的沸点的相关关系,福布斯(Forbes)(1857)进行了一项试验,得到了不同大气压强(用水银英寸表示)下相应水的沸点值(用华氏温度表示),其数据见表 8.2(数据来源:Morris & Mark《Probability and statistics》P613). 若沸点 x 与压强 y 满足模型表达式(8.1.6),试建立 y 对 x 的线性回归方程,并比较 β_0 和 β_1 的估计值精度.

表 8.2

沸点 x	194.5	194.3	197.9	198.4	199.4	199.9	200.9	201.1	201.4
压强 y	20.79	20.79	22.40	22.67	23.15	23.35	23.89	23.99	24.02
沸点 x	201.3	203.6	204.6	209.5	208.6	210.7	211.9	212.2	—
压强 y	24.01	25.14	26.57	28.49	27.76	29.04	29.88	30.06	—

解 由表 8.2 中的数据可以算得

$$\bar{x}=202.95,\ \bar{y}=25.059,\ l_{xx}=530.78,\ l_{xy}=277.54,$$

$$\hat{\beta}_0=-81.064,\ \hat{\beta}_1=0.523,$$

即压强 y 对沸点 x 的经验回归直线为

$$y=-81.064+0.523x.$$

再由式(8.1.9)算得 $\hat{\beta}_0$ 和 $\hat{\beta}_1$ 的方差

$$D(\hat{\beta}_0)=\left(\frac{1}{n}+\frac{\bar{x}^2}{l_{xx}}\right)\sigma^2=\left(\frac{1}{17}+\frac{202.95^2}{530.78}\right)\sigma^2=77.659\sigma^2,$$

$$D(\hat{\beta}_1)=\frac{\sigma^2}{l_{xx}}=\frac{\sigma^2}{530.78}=0.001\,88\sigma^2.$$

显然,β_1 的估计值比 β_0 的估计值精度更高.

8.2 模型的检验

对任何成对的数据 $(x_i,y_i),i=1,2,\cdots,n$, 无论它们是否适合模型 (8.1.3), 都可以由最小二乘估计式(8.1.5)拟合出一条回归直线. 有必要对模型的实用性进行验证,可以通过假设检验的方法来达到这一目的.

8.2.1　相关性的检验—— F 检验

通过第 3 章的学习知道,两个**随机变量** x 与 y 的相关系数 ρ_{xy} 刻画了它们之间的线性相关程度,可以通过检验统计假设:

$$H_0: \rho_{xy} = 0, \quad H_1: \rho_{xy} \neq 0$$

来验证随机变量 x 与 y 是否存在显著的线性相关性. 数据 $(x_i, y_i), i = 1, 2, \cdots, n$, 为二维随机变量 (x, y) 的样本,则 ρ_{xy} 的 Pearson 矩估计为下面的**样本相关系数**

$$r = \frac{\sum_{i=1}^{n}(x_i - \bar{x})(y_i - \bar{y})}{\sqrt{\sum_{i=1}^{n}(x_i - \bar{x})^2 \sum_{i=1}^{n}(y_i - \bar{y})^2}} = \frac{l_{xy}}{\sqrt{l_{xx}}\sqrt{l_{yy}}}. \tag{8.2.1}$$

如果 r^2 太大,则有理由拒绝 H_0, 认为 x 与 y 之间存在显著的线性相关性,从而适合线性回归模型. 对模型(8.1.6)中的 (x, y), 可以证明(略)

$$F = (n-2)\frac{r^2}{1-r^2} = \frac{(n-2)l_{xy}^2}{l_{xx}l_{yy} - l_{xy}^2} \sim F(1, n-2), \tag{8.2.2}$$

F 是 r^2 的增函数. 给定显著性水平 α, H_0 的拒绝域为 $W = \{|F| > F_\alpha(1, n-2)\}$.

8.2.2　相关系数的检验—— t 检验

当 $\beta_1 = 0$ 时,模型 $y = \beta_0 + \beta_1 x + \varepsilon$ 就不能描述 x 与 y 的相关关系了,还可以通过检验统计假设

$$H_0: \beta_1 = 0, H_1: \beta_1 \neq 0$$

来验证模型的显著性. 由 8.1.4 节中给出的结论: $\hat{\beta}_1 \sim N\left(\beta_1, \frac{\sigma^2}{l_{xx}}\right)$, $\frac{Q(\hat{\beta}_0, \hat{\beta}_1)}{\sigma^2} \sim \chi^2(n-2)$,

且 $\hat{\beta}_1$ 和 $\frac{Q(\hat{\beta}_0, \hat{\beta}_1)}{\sigma^2}$ 相互独立. 当 H_0 成立,

$$T = \frac{\hat{\beta}_1 - 0}{\sqrt{Q/(n-2)}}\sqrt{l_{xx}} \sim t(n-2). \tag{8.2.3}$$

给定显著性水平 α, H_0 的拒绝域为 $W = \{|T| > t_{\alpha/2}(n-2)\}$.

例 8.2.1　利用表 8.1 中电力生产增长率与 GDP 增长率的数据,检验例 8.1.1 所建回归模型的显著性(取显著性水平 $\alpha = 0.05$).

解　例 8.1.1 中已得到回归直线 $y = 5.309 + 0.398x$.

(1) F 检验法. 计算由式(8.2.1)定义的样本相关系数

$$r = \frac{l_{xy}}{\sqrt{l_{xx}}\sqrt{l_{yy}}} = \frac{125.121}{\sqrt{314.142}\sqrt{80.4655}} = 0.787.$$

可见电力生产增长率 x 与 GDP 增长率 y 之间有较强的正的线性相关性. 将其代入式(8.2.2)计算 F 统计量的值

$$F=(20-2)\frac{0.787^2}{1-0.787^2}=29.102.$$

查 F 分布的分位点 $F_{0.05}(1,18)=4.4138$，因 F 统计量的值远远大于 $F_{0.05}(1,18)$，故应拒绝 H_0，认为 y 对 x 的直线回归在显著性水平 $\alpha=0.05$ 时是显著的.

(2) t 检验法. 将回归直线的显著性写成

$$H_0:\beta_1=0,H_1:\beta_1\neq 0.$$

将统计量的值 $\hat{\beta}_1=0.398$，$l_{xx}=314.142$，$Q=30.631$ 代入式(8.2.3)，

$$T=\frac{\hat{\beta}_1-0}{\sqrt{Q/(n-2)}}\sqrt{l_{xx}}=\frac{0.398}{\sqrt{30.631/18}}\sqrt{314.142}=5.408.$$

并查 t 分布的分位点 $t_{0.025}(18)=2.101$，因 $|T|>t_{0.025}(18)$，故应拒绝 H_0，即认为 y 对 x 的直线回归在显著性水平 $\alpha=0.05$ 时是显著的.

细心的读者会发现，上面介绍检验回归模型显著性的 F 检验和 t 检验实际上是等价的，因为在式(8.2.2)和式(8.2.3)中有 $F=T^2$ 和 $F_\alpha(1,n-2)=[t_{\frac{\alpha}{2}}(n-2)]^2$. 也就是说，在一元线性回归分析中，对同一组数据和同样的显著性水平 α，F 检验与 t 检验的结论一定相同. 从下面的例子将会看到 t 检验还可以对回归模型作进一步的统计分析.

例 8.2.2 针对统计学家 F. 高尔顿的“**身高回归趋势**”理论，统计学家 K. 皮尔逊也收集了大量数据对这一问题进行整理性研究. 表 8.3 是其中一部分数据，试用这些数据来证实高尔顿的论点.

表 8.3 单位:英寸

父亲身高 x	60	62	64	65	66	67	68	70	72	74
儿子身高 y	63.6	65.2	66	65.5	66.9	67.1	67.4	68.3	70.1	70

解 (1)证实高尔顿论点的前半段:“子代身高会受到父代身高的影响”，即儿子身高 y 对父亲身高 x 的线性回归是显著的. 由表 8.3 中的数据可得，

$$\bar{x}=66.8,\ \bar{y}=67.01,\ l_{xx}=171.6,\ l_{yy}=38.592,\ l_{xy}=79.72,$$

代入式(8.1.5)得到回归直线

$$y=35.977+0.4646x.$$

代入相关系数表达式(8.2.1)得相关系数估计值 $r=0.98$，将其代入式(8.2.2)得到 F 统计量的值 $F=198.4>F_{0.05}(1,8)=5.32$，$y$ 对 x 的线性回归是显著的，子代身高会受到父代身高的影响.

(2)证实高尔顿论点的后半段:“身高偏离父代平均水平的父代，其子代身高有回归到子代平均水平的趋势”，即子代身高偏离子代平均水平的程度 $|y-\bar{y}|$ 应小于父代身高偏离父代平均水平的程度 $|x-\bar{x}|$. 如果用观察数据的平均值 $\bar{x}$ 和 $\bar{y}$ 分别表示父代身高平均水平

和子代身高平均水平,并由此建立子代身高偏离平均水平的程度 $(y-\bar{y})$ 对父代身高偏离平均水平的程度 $(x-\bar{x})$ 的回归模型

$$y_i-\bar{y}=b_0+b_1(x_i-\bar{x})+\varepsilon_i,$$

$$\varepsilon_i \sim N(0,\sigma^2)(i=1,\cdots,n)\text{, 相互独立.}$$

不难验证 b_0 和 b_1 的最小二乘估计(也为极大似然估计)为

$$\hat{b}_0=0,\ \hat{b}_1=\hat{\beta}_1=\frac{l_{xx}}{l_{yy}}.$$

于是验证高尔顿的论点就变成检验假设

$$H_0: b_1 \geqslant 1, H_1: b_1<1\text{(高尔顿的论点)}.$$

由式(8.2.3)可以推导出,当 $b_1=1$ 时

$$T=\frac{\hat{b}_1-1}{\sqrt{Q/(n-2)}}\sqrt{l_{xx}} \sim t(n-2)=t(8).$$

若 T 的取值偏小,则支持 H_1(高尔顿的论点).当显著性水平 $\alpha=0.05$ 时,查 t 分布的分位点 $t_{0.05}(8)=1.860$, 因

$$t=\frac{0.4646-1}{\sqrt{1.494/8}}\sqrt{171.6}=-16.232<-1.860,$$

故拒绝 H_0(此处采用单侧假设检验),即高尔顿的论点得以证实.

8.2.3* 回归系数的检验——t 检验

由例 8.2.2(2)的分析过程可知, t 检验法可以对回归模型中的回归系数 β_0 和 β_1 的取值进行检验.一般在显著性水平 α 下,有关回归系数 β_0 的统计假设

$$H_0: \beta_0=b_0, H_1: \beta_0 \neq b_0,$$

H_0 的拒绝域为

$$|T_0|=\frac{|\hat{\beta}_0-b_0| / \sqrt{\frac{1}{n}+\frac{\bar{x}^2}{l_{xx}}}}{\sqrt{Q/(n-2)}}>t_{\alpha/2}(n-2). \tag{8.2.4}$$

在显著性水平 α 下,有关回归系数 β_1 的统计假设

$$H_0: \beta_1=b_1, H_1: \beta_1 \neq b_1,$$

H_0 的拒绝域为

$$|T_1|=\frac{|\hat{\beta}_1-b_1|}{\sqrt{Q/(n-2)}}\sqrt{l_{xx}}>t_{\alpha/2}(n-2). \tag{8.2.5}$$

8.3 预测与控制

回归分析模型(8.1.3)的简单应用就是对给定的输入值 x 预测输出值 y, 这时 y 的数学

期望为 $E(y|x)=\beta_0+\beta_1 x$，最小二乘估计 $\hat{\beta}_0$ 和 $\hat{\beta}_1$ 分别为 β_0 和 β_1 的无偏估计，用 $E(y|x)$ 的无偏估计作为 y 的**预测值** $\hat{y}$，$\hat{y}$ 是一个自然的选择，即

$$\hat{y}=\hat{\beta}_0+\hat{\beta}_1 x. \tag{8.3.1}$$

不加证明地给出 $\hat{y}$ 的方差

$$D(\hat{y})=\left[\frac{1}{n}+\frac{(x-\bar{x})^2}{l_{xx}}\right]\sigma^2.$$

考察 $\hat{y}$ 对 y 的预测精度. 因为 $\hat{y}$ 是原有观测结果的函数，y 为未来的观测结果，所以 $\hat{y}$ 与 y 相互独立，加之两者数学期望相同，用 $\hat{y}$ 预测 y 的**均方误差**(**预测精度**)为

$$E(\hat{y}-y)^2=D(\hat{y}-y)=D(\hat{y})+D(y)=\left[1+\frac{1}{n}+\frac{(x-\bar{x})^2}{l_{xx}}\right]\sigma^2. \tag{8.3.2}$$

上式表明预测精度与模型的输入值 $x_1,\cdots,x_n,x$ 有以下关系：

①数据量 n 越大，预测精度越高.

②输入数据 $x_1,\cdots,x_n$ 越分散(l_{xx} 越大)，预测精度越高.

③输入值 x 离输入数据中心 $\bar{x}$ 越近，预测精度越高.

在实际应用中，对给定的输入值 x，由于随机性，很难相信预测值 $\hat{y}$，因此，更希望得到输出值 y 的预测区间.

定理 8.3.1 如果模型的随机误差 $\varepsilon_i\sim N(0,\sigma^2)$，对给定输入值 x，y 的置信度为 $1-\alpha$ 的**预测区间**为

$$\left[\hat{y}-t_{\alpha/2}(n-2)\sigma_u\sqrt{Q/(n-2)},\hat{y}+t_{\alpha/2}(n-2)\sigma_u\sqrt{Q/(n-2)}\right], \tag{8.3.3}$$

这里 $\sigma_u=\sqrt{1+\frac{1}{n}+\frac{(x-\bar{x})^2}{l_{xx}}}$.

证明 上述推导表明

$$\hat{y}-y\sim N\left(0,\left[1+\frac{1}{n}+\frac{(x-\bar{x})^2}{l_{xx}}\right]\sigma^2\right).$$

由估计量 $\hat{\sigma}^2$ 的分布特征，$\frac{n\hat{\sigma}^2}{\sigma^2}=\frac{Q(\hat{\beta}_0,\hat{\beta}_1)}{\sigma^2}\sim\chi^2(n-2)$ 且与 $(\hat{\beta}_0,\hat{\beta}_1)$ 独立，从而与 $\hat{y}=\hat{\beta}_0+\hat{\beta}_1 x$ 独立. y 与样本 $y_1,\cdots,y_n$ 独立，从而也与 Q 独立. 由 t 分布的定义可推导出

$$\frac{(\hat{y}-y)/\sigma_u}{\sqrt{Q/(n-2)}}\sim t(n-2), \tag{8.3.4}$$

由此可获得 y 的一个置信度为 $1-\alpha$ 的预测区间.

例 8.3.1 试由例 8.1.1 中所得的回归直线预测电力生产增长率 $x=7$ 时国民生产总值增长率 y 的值，并计算其预测的均方误差和 0.95 的预测区间.

解 将 $x=7$ 代入例 8.1.2 所得的回归直线，得到预测值

$$\hat{y}=5.309+0.398\times 7=8.095.$$

由式(8.3.2)算得预测的均方误差为

$$E(\hat{y}-y)^2=\left[1+\frac{1}{20}+\frac{(7-9.43)^2}{314.142}\right]\sigma^2=1.068\sigma^2.$$

对置信度 $1-\alpha=0.95$，由式(8.3.3)算得预测区间为

$$\left(8.095-t_{0.025}(18)\sqrt{\frac{1.068\times 30.631}{18}},8.095+t_{0.025}(18)\sqrt{\frac{1.068\times 30.631}{18}}\right)=$$

$(5.26,10.93)$.

进一步分析，预测区间(8.3.3)的半个长度 $\delta(x)=t_{\alpha/2}(n-2)\sigma_u\sqrt{Q/(n-2)}$，则以回归直线 $\hat{y}(x)=\hat{\beta}_0+\hat{\beta}_1x$ 为中心，预测区间形成一个带状区域

$$(y_1(x)=\hat{y}(x)-\delta(x),y_2(x)=\hat{y}(x)+\delta(x)).\qquad(8.3.5)$$

如图 8.3 所示，显示了例 8.3.1 中由电力生产增长率 x 预测国民生产总值增长率 y 的预测带 $(1-\alpha=0.95)$，从中可以看出预测带在 $x=\bar{x}$ 处最窄，x 偏离 $\bar{x}$ 越远，预测带越宽，这是预测均方误差(8.3.2)随 x 变化的规律导致的结果.

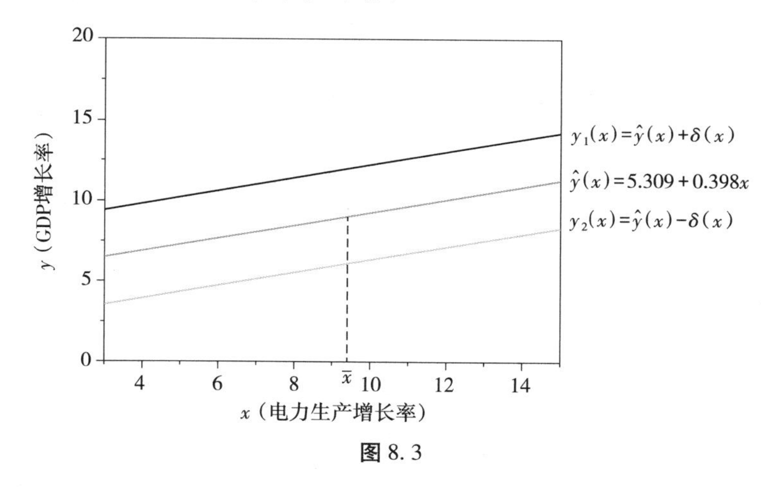

图 8.3

反之，如果观察值在区间$(y_1(x),y_2(x))$内，那么由式(8.3.5)可以解出相应的 x_1 和 x_2. 当输入值 $x\in(x_1,x_2)$ 时，输出值以 $1-\alpha$ 的概率落入$(y_1(x),y_2(x))$，这就是**控制问题**.

当 n 充分大时，$t_{\alpha/2}(n-2)\approx u_{\alpha/2}$(标准正态分布的上 $\alpha/2$ 分位点)，$\sigma_u^2\approx 1$，预测带(8.3.5)就近似成为

$$\left(y_1(x)=\hat{\beta}_0+\hat{\beta}_1x-u_{\alpha/2}\sqrt{\frac{Q}{n-2}},y_2(x)=\hat{\beta}_0+\hat{\beta}_1x+u_{\alpha/2}\sqrt{\frac{Q}{n-2}}\right),$$

不难解出 x 的控制区域(见图 8.4)

$$\left(x_1=\left(y_1-\hat{\beta}_0+u_{\alpha/2}\sqrt{\frac{Q}{n-2}}\right)/\hat{\beta}_1,x_2=\left(y_2-\hat{\beta}_0-u_{\alpha/2}\sqrt{\frac{Q}{n-2}}\right)/\hat{\beta}_1\right).\qquad(8.3.6)$$

例 8.3.2　根据例 8.1.3 中的结果，解决以下问题：

(1)试由例 8.1.3 中所得的回归直线预测当水的沸点为 201.5(华氏)度时大气压强的值，并计算其预测的均方误差和 0.95 的预测区间.

(2)对置信度 $1-\alpha=0.99$，分析其预测区间带和控制问题.

解 (1)将 $x=201.5$ 代入例 8.1.3 所得的回归直线,得到预测值

$$\hat{y}=-81.064+0.523\times 201.5=24.299.$$

由式(8.3.2)算得预测的均方误差为

$$E(\hat{y}-y)^2=\left[1+\frac{1}{17}+\frac{(201.5-202.95)^2}{530.78}\right]\sigma^2=1.0628\sigma^2.$$

对置信度 $1-\alpha=0.95$, 由式(8.3.3)算得预测区间为(23.787,24.811).

(2)由式(8.3.5),可得到以回归直线 $\hat{y}(x)=-81.064+0.523\times 201.5x$ 为中心的预测区间带 $(1-\alpha=0.99)$, 如图 8.4 所示. 同时,若要求满足 $x_1<x_2(\hat{\beta}_1>0)$, 必须要求

$$y_2-y_1>2\mu_{\alpha/2}\sqrt{\frac{Q}{n-2}},$$

即希望区间(y_1,y_2)不能太小,否则控制不能实现,这点从图 8.4 中也能看出.

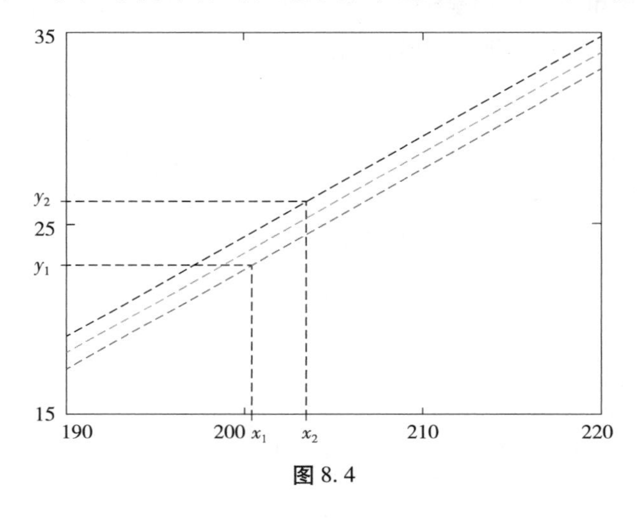

图 8.4

8.4* 几点推广

8.4.1 多元线性回归

当影响输出量 y 的主要变量不止一个 x 时,可将模型(8.1.3)推广为多元线性回归模型

$$\begin{aligned}&y_i=\beta_0+\beta_1x_{i1}+\cdots+\beta_kx_{ik}+\varepsilon_i,\\&E\varepsilon_i=0,D\varepsilon_i=0(i=1,\cdots,n),\\&\mathrm{Cov}(\varepsilon_i,\varepsilon_j)=0(i\neq j).\end{aligned}\tag{8.4.1}$$

记向量 $\boldsymbol{y}=(y_1,\cdots,y_n)^{\mathrm{T}},\hat{\boldsymbol{\beta}}=(\hat{\beta}_0,\cdots,\hat{\beta}_k)^{\mathrm{T}},\boldsymbol{\varepsilon}=(\varepsilon_1,\cdots,\varepsilon_n)^{\mathrm{T}}$, 矩阵 $\boldsymbol{X}=(x_{ij})_{n\times(k+1)}$, 其中 ($x_{i0}=1$,即 $\boldsymbol{X}$ 第 1 列元素均为 1, $\boldsymbol{I}$ 为单位矩阵,则式(8.4.1)可写成矩阵表达式

$$\begin{cases}\boldsymbol{y}=\boldsymbol{X\beta}+\boldsymbol{\varepsilon},\\E\boldsymbol{\varepsilon}=0,D\boldsymbol{\varepsilon}=\sigma^2\boldsymbol{I},\end{cases}\tag{8.4.2}$$

称 $\boldsymbol{Y}$ 为**响应向量**，$\boldsymbol{X}$ 为**设计矩阵**，$\boldsymbol{\beta}$ 为**回归系数向量**，$\boldsymbol{\varepsilon}$ 为**随机误差向量**. 可以证明，如果矩阵 $\boldsymbol{X}^{\mathrm{T}}\boldsymbol{X}$ 可逆，则当 $\boldsymbol{\beta}$ 取**最小二乘估计**

$$\hat{\boldsymbol{\beta}} = (\hat{\beta}_0, \cdots, \hat{\beta}_k)^{\mathrm{T}} = (\boldsymbol{X}^{\mathrm{T}}\boldsymbol{X})^{-1}\boldsymbol{X}^{\mathrm{T}}\boldsymbol{Y} \tag{8.4.3}$$

时，**残差平方和**

$$\boldsymbol{Q} = \sum_{i=1}^{n}(y_i - \hat{\beta}_0 - \hat{\beta}_1 x_{i1} - \cdots - \hat{\beta}_k x_{ik})^2 = (\boldsymbol{Y} - \boldsymbol{X}\hat{\boldsymbol{\beta}})^{\mathrm{T}}(\boldsymbol{Y} - \boldsymbol{X}\hat{\boldsymbol{\beta}})$$

达到最小.

8.4.2　可化为线性的曲线回归

在实际情况中，有时试验结果 y 与输入条件 x 并不呈现明显的线性关系，即 y 的条件数学期望 $E(y \mid x)$ 不是 x 的线性函数，这时可以对 x 作某种函数变换 $\tilde{x} = g(x)$ 使 $E(Y \mid x) = g(x)$，然后用线性回归模型

$$y = \beta_0 + \beta_1 \tilde{x} + \varepsilon$$

来研究 y 对 x 的曲线回归. 如何求 β_0, β_1 和 σ^2 的估计，对回归的显著性进行检验，对 y 进行预测等，都可按照前面的方法进行.

变换 $\tilde{x} = g(x)$ 如何选取呢？通常有 3 条途径：

①根据问题实际背景的专业理论或实际经验取定 $g(x)$.

②根据数据 (x_i, y_i) 的散点图试取，如 $\tilde{x} = \ln x$，$\tilde{x} = \mathrm{e}^x$，$\tilde{x} = \sqrt{x}$ 等，使残差平方和 Q 尽可能小.

③取适当的 k，使 $\tilde{x} = b_1 x + b_2 x^2 + \cdots + b_k x^k$，在这种变换下进行的回归分析称为**多项式回归**.

令 $x_1 = x, x_2 = x^2, \cdots, x_k = x^k$，多项式回归模型就化为多元线性回归模型：

$$y = \beta_0 + \beta_1 x + \beta_2 x^2 + \cdots + \beta_k x^k + \varepsilon = \beta_0 + \beta_1 x_1 + \beta_2 x_2 + \cdots + \beta_k x_k + \varepsilon,$$

这样就可直接用式(8.4.3)计算 $\beta_0, \beta_1, \cdots, \beta_k$ 的最小二乘估计.

多项式回归曲线可通过 Excel 软件画图直接得到.

例 8.4.1　对表 8.1 中电力生产增长率 x 和 GDP 增长率 y 进行多项式回归.

解　通过 Excel 软件，得到 x 和 y 之间的多项式回归曲线，如图 8.5 所示. 同时，表 8.4 列出不同次数多项式回归的显著性.

表 8.4　多项式回归次数与拟合效果的关系

多项式次数 k	1	2	3	4	5	6
残差平方和 Q	30.630	29.083	28.602	21.509	16.305	14.292
样本相关系数 r	0.787	0.799	0.803	0.856	0.893	0.907

从表 8.4 中容易看出随着回归多项式次数的增加，残差平方和 Q 缩小，相关系数 r 增大，这都说明回归效果越来越好，图 8.5(a)(b)(c)也似乎直观地表明了这一点. 但这些回归曲线是对现有有限几个观察点的拟合，如果拟合过度，新出现的观察数据点就可能与现有曲线存在较大的偏差. 另外，高次多项式曲线还会出现大幅振荡现象[见图 8.5(d)]，多项式回

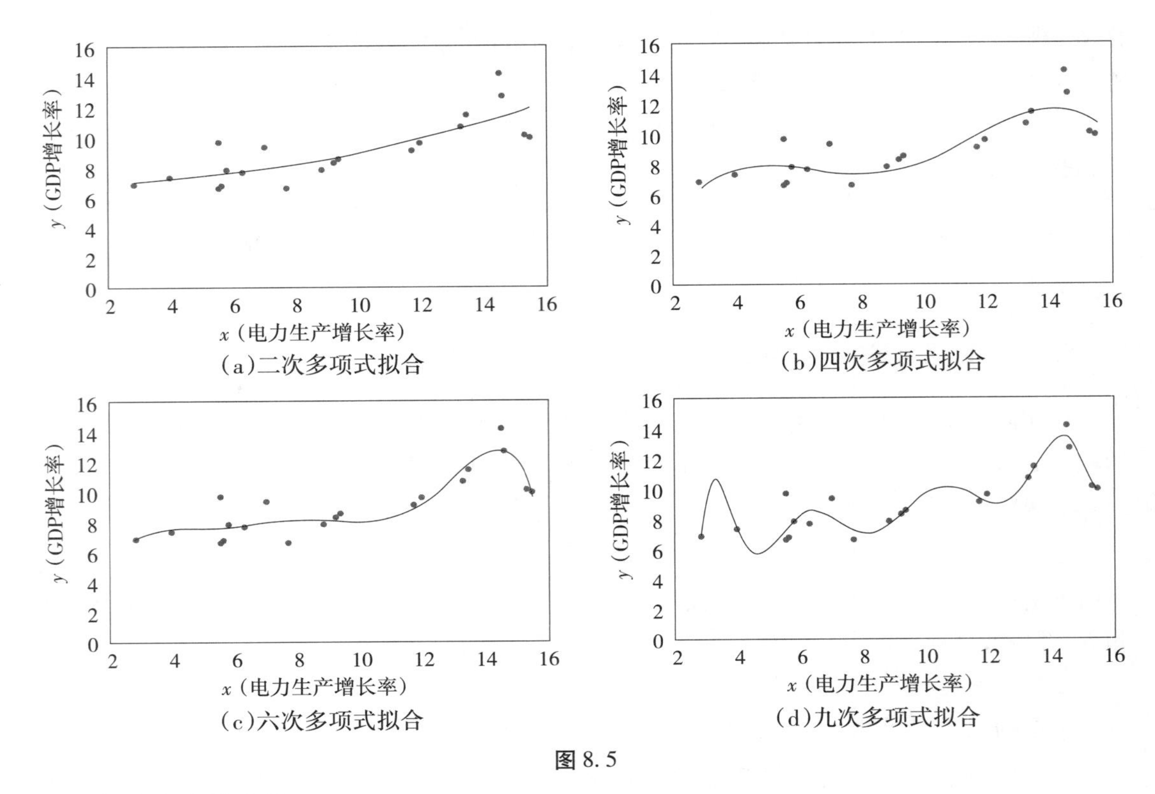

图 8.5

归不宜取太高的次数.

8.4.3 回归诊断

回归诊断是检查回归模型与实际数据的差异并改进模型的一类统计方法，它包含非常丰富的内容，本书仅通过一个实例简单介绍对统计数据中奇异值的处理.

假设已经由观察数据点 $(x_i, y_i)(i=1,2,\cdots,n)$ 获得了一条回归直线(或曲线)，如果在这些观察数据的散点图中有个别远离回归直线(曲线)，而剔除这样的点后，拟合的回归直线(曲线)有很大的改观，就称这样的点为**离群点**或**奇异点**. 例如，在例 8.1.1 中有两个点离回归直线较远，分别是 2007 年和 2008 年的数据. 剔除这两个点后，回归直线为

$$\hat{y} = 5.286 + 0.369x,$$

(见图 8.6 中的实线)而且残差平方和 $Q = 14.482$，相关系数 $r = 0.849$，与例 8.2.1 中的结果 $(Q = 30.631, r = 0.787)$ 相比，其回归效果有较大改善.

对奇异值不能轻率地剔除，要具体分析它出现的机理后再作处理，对较大观察误差产生的奇异值和其他重要因素影响产生的奇异值应区别对待. 例如，分析图 8.6 中的两个奇异点，2007 年处于经济快速增长时期，但是 2008 年爆发金融危机导致我国经济迅速下滑，它们处于这轮经济发展的“拐点”处. 剔除这两个点，可使回归模型能比较准确地反映经济发展平稳时电力生产增长率 x 与 GDP 增长率 y 之间的相关关系.

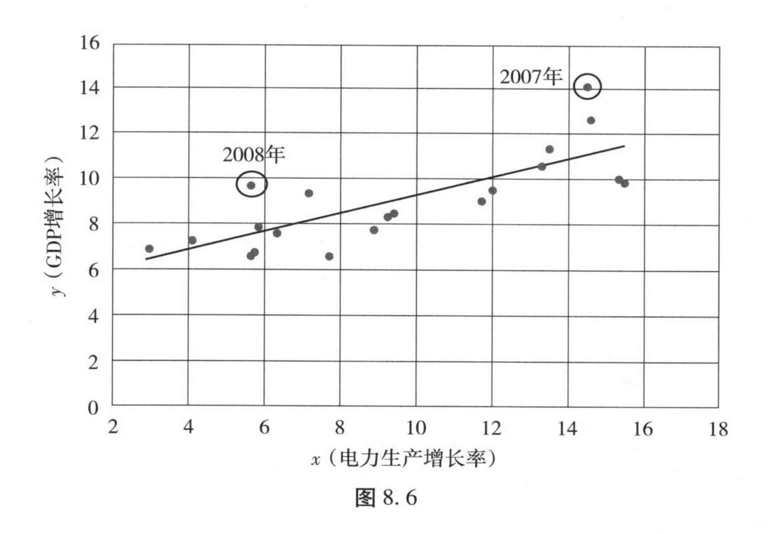

图 8.6

附　录

可通过 Excel 软件，直接对表 8.1 中电力生产增长率 x 和 GDP 增长率 y 进行回归分析．选定表 8.1 的 20 个数据对，直接用“数据分析”中的“回归分析”工具可得运行结果，如图 8.7 所示，其中(1)对应一元线性回归系数，(2)对应线性相关系数，(3)对应残差平方和，(4)对应 F 值，(5)对应 t 值．

文件　开始　插入　页面布局　公式　数据　审阅　视图　帮助　Power Pivot　设计　格式

获取外部数据　新建查询　显示查询　从表格　最近使用的源　获取和转换　全部刷新　连接　属性　编辑链接　连接　股票　数据类型　排序　筛选　清除　重新应用　高级　排序和筛选

图表 3

	A	B	C	D	E	F	G	H	I	J
1	6.3	7.7		SUMMARY OUTPUT						
2	9.4	8.5								
3	9.2	8.3		回归统计						
4	11.7	9.1		Multiple R	0.786978	(2)				
5	15.5	10		R Square	0.619334					
6	15.3	10.1		Adjusted R	0.598186					
7	13.5	11.4		标准误差	1.30449					
8	14.6	12.7		观测值	20					
9	14.5	14.2				(3)		(4)		
10	5.6	9.7		方差分析						
11	7.1	9.4			df	SS	MS	F	ignificance F	
12	13.3	10.6		回归分析	1	49.83[illegible]99	49.83499	29.28551	3.84E-05	
13	12	9.6		残差	18	30.63051	1.701695			
14	5.8	7.9		总计	19	80.4655				
15	8.9	7.8		(1)						
16	4	7.3			Coefficients	标准误差	t Stat	P-value	Lower 95%	Upper 95%
17	2.9	6.9		Intercept	5.309084	0.752853	7.051954	1.41E-06	3.727399	6.890769
18	5.6	6.7		X Variable	0.398294	0.0736	5.411609	3.84E-05	0.243667	0.552922
19	5.7	6.8								
20	7.7	6.6					(5)			

图 8.7

本章小结

本章知识结构图如下：

第 8 章　线性回归模型

8.1　一元线性回归模型

$$y=\beta_0+\beta_1x+\varepsilon,E\varepsilon=0,D\varepsilon=\sigma^2$$

估计 β_0,β_1 和 σ^2 $\begin{cases}\text{最小二乘法确定 }\beta_0\text{ 和 }\beta_1\text{, 得到经验回归曲线.}\\ \text{正态假设下用极大似然估计法求 }\beta_0,\beta_1\text{ 和 }\sigma^2\text{ 的估计量.}\end{cases}$

8.2　模型的检验：检验模型对实际数据的拟合程度.

相关性检查（F 检验）、相关系数和回归系数检验（t 检验）

8.3　预测与控制：给定的输入值预测输出值，对希望的输出值控制输入值.

预测精度、预测区间、预测控制

8.4　几点推广

多元线性回归、曲线回归、回归诊断

相关关系是介于函数关系与独立关系之间的一种变量间的关系. 当两个变量 x 和 y 构成的二维数据点似乎在围绕着一条直线波动，但又不是完全在一条直线上，说明两个量的变化是相互影响的，但任何一个量都不能完全决定另一个量的取值，这就是相关关系. 为合理地描述这种关系，建立以下一元线性回归模型：

$$\begin{cases}y=\beta_0+\beta_1x+\varepsilon,\\ E\varepsilon=0,D\varepsilon=\sigma^2.\end{cases}\tag{8.1.3}$$

称 x 为回归变量或自变量，y 为响应变量或因变量，ε 为随机误差或随机干扰，β_0 和 β_1 为回归系数，β_0,β_1 和方差 σ^2 都是回归模型中的未知参数.

相对于确定性模型，统计模型给出了一个更真实的模拟. 对模型(8.1.3)，主要解决以下问题：

(1)估计 β_0,β_1 和 σ^2，得到确定的回归模型.

(2)检验模型对实际数据的拟合程度.

(3)预测与控制.

(4)回归诊断，检查回归模型与实际数据的差异并改进模型.

为估计 β_0,β_1 和 σ^2，"最小二乘估计法"用变量间的函数关系来拟合实际观察数据，通过残差平方和最小得到 β_0 和 β_1 的最小二乘估计，得到经验回归曲线或经验回归方程. 在正态假设的前提下，用"极大似然估计法"分别求出 β_0，β_1 和 σ^2 的极大似然估计量，并进一步给出它们的概率分布和数学特征.

由最小二乘估计法拟合出一条回归直线后，有必要对模型的实用性进行验证. 由 F 检验法可检验两个变量的相关性，由 t 检验法可检验两个变量的相关系数，可进一步通过 t 检验法对回归模型中的回归系数 β_0 和 β_1 的取值进行检验.

预测问题，就是对给定的输入值 x 预测输出值 $\hat{y}$，并进一步分析预测精度与模型的输入值之间的关系. 在实际应用中，对给定的输入值 x，由于随机性，我们很难相信预测值 $\hat{y}$. 所以，在预测值 $\hat{y}$ 的基础上建立输出值 y 的置信度为 $1-\alpha$ 的预测区间，预测区间形成预测带. 控制问题，就是对希望的输出值 y 控制输入值 x，通过观测值区间反向确定输入值的控制区域.

当影响输出量 y 的主要变量不止一个 x 时，可将模型(8.1.3)推广为多元线性回归模型. 在实际情况中，有时试验结果 y 与输入条件 x 并不呈现明显的线性关系，这时可以对 x 作某种函数变换以后再用线性回归模型分析，如多项式回归.

习　题

1. 简述用最小二乘法计算线性回归直线的基本思想和方法.

2. 简述一元线性回归模型(式8.1.3)中需要解决的3个问题及其解决办法.

3. 在国民经济中，工业总产值 x(亿元)与货运量 y(亿t)之间有着密切关系，表8.5列出了2001—2010年某地区货运量与工业总产值的统计资料.

表8.5

工业总产值 x/亿元	2.8	2.9	3.2	3.2	3.4	3.2	3.3	3.7	3.9	4.2
货运量 y/(亿t)	25	27	29	32	34	36	35	39	42	45

(1)画出散点图.

(2)为得到工业总产值 x 与货运量 y 之间的线性关系，用最小二乘回归法建立 x 和 y 的经验回归直线.

(3)计算样本相关系数，并用 F 检验法检验该线性回归直线的显著性.

4. 妖怪思凡达正在采集数据，用于研究辐射对阿梅森上尉的超人力量产生的影响. 表8.6为辐射时间与阿梅森上尉能够举起的吨重的成对数据.

表8.6

辐射时间 x/min	3	3.5	4	4.5	5	5.5	6	6.5	7
重量 y/t	14	14	12	10	8	9.55	8	9	6

(1)画出散点图.

(2)用最小二乘回归法求出线性回归直线，然后求出相关系数，说明直线与数据的关联强度.

(3)如果思凡达让阿梅森上尉在辐射线下照射 5 min，你期望阿梅森上尉举起多重的物体?

5. 假设一个财产保险公司想要把主要住宅火灾的损失金额与火灾点到最近的消防站之间的距离建立联系. 每起火灾的损失金额 y(单位:千元)与火灾点到最近的消防站的距离 x(单位:km)都被记录下来,结果见表 8.7.

表 8.7

到消防站的距离 x/km	3.4	1.8	4.6	2.3	3.1	5.5	0.7	3
火灾的损失金额 y/千元	26.2	17.8	31.3	23.1	27.5	36	14.1	22.3
到消防站的距离 x/km	2.6	4.3	2.1	1.1	6.1	4.8	3.8	
火灾的损失金额 y/千元	19.6	31.3	24	17.3	43.2	36.4	26.1	

(1)画出散点图.

(2)用最小二乘回归法求出 x 和 y 的线性回归直线.

(3)计算样本相关系数,并用 F 检验法检验该线性回归直线的显著性.

本章习题答案

案例研究

两个经纪人认为露天音乐会是最棒的音乐会,准备承接组织一场商业性露天音乐会,希望音乐会能成为演出以来的最佳场次. 只是,天边飘来一片乌云,似乎要下雨了. 更糟糕的是,票房受损,经纪人麻烦了,再出这种事情他们就破产了. 经纪人希望能够根据天晴时数(单位:h)预测出音乐会的听众人数. 如果听众人数少于 3 500 人,票房收入无法抵消成本费用,将取消音乐会.

表 8.8 为样本数据表,给出了不同场次的预计天晴时数和音乐会听众人数的关系数据. 天晴时数和音乐会的听众人数分别用 x 和 y 表示.

表 8.8

天晴时数 x/h	1.9	2.5	3.2	3.8	4.7	5.5	5.9	7.2
音乐会听众人数 y/百人	22	33	30	42	38	49	42	55

利用表中数据,分析以下问题:

(1)画出样本散点图.

(2)为得到天晴时数 x 和听众人数 y 之间的线性关系,利用表中数据建立 x 和 y 的经验回归直线.

(3)根据回归直线方程,回答:下一场音乐会当天的天晴时数预计为 6 h,期望听众人数是多少? 如果音乐会听众人数在 3 500 人以下,相应的预计天晴时数是多少?

(4)问题(2)得到的经验回归直线是否适用,天晴时数 x 和听众人数 y 之间的线性关系程度如何? 请计算样本相关系数,并用 F 检验法和 t 检验法检验其显著性.

(5)问题(3)得到的预测值是精确值,显然让人怀疑. 请预测当天晴时数 x 为 6 h 的时候,听众人数 y 的置信水平为 0. 95 的预测区间.

附　录

附表 1　标准正态分布表

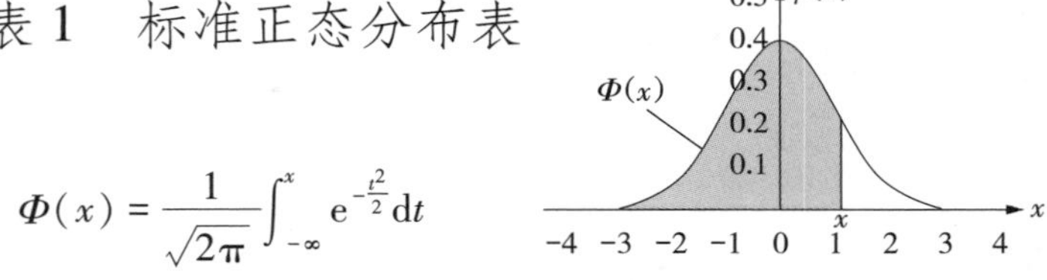

$$\Phi(x)=\frac{1}{\sqrt{2\pi}}\int_{-\infty}^{x}e^{-\frac{t^2}{2}}dt$$

x	0.00	0.01	0.02	0.03	0.04	0.05	0.06	0.07	0.08	0.09
0.0	0.500 0	0.504 0	0.508 0	0.512 0	0.516 0	0.519 9	0.523 9	0.527 9	0.531 9	0.535 9
0.1	0.539 8	0.543 8	0.547 8	0.551 7	0.555 7	0.559 6	0.563 6	0.567 5	0.571 4	0.575 3
0.2	0.579 3	0.583 2	0.587 1	0.591 0	0.594 8	0.598 7	0.602 6	0.606 4	0.610 3	0.614 1
0.3	0.617 9	0.621 7	0.625 5	0.629 3	0.633 1	0.636 8	0.640 6	0.644 3	0.648 0	0.651 7
0.4	0.655 4	0.659 1	0.662 8	0.666 4	0.670 0	0.673 6	0.677 2	0.680 8	0.684 4	0.687 9
0.5	0.691 5	0.695 0	0.698 5	0.701 9	0.705 4	0.708 8	0.712 3	0.715 7	0.719 0	0.722 4
0.6	0.725 7	0.729 1	0.732 4	0.735 7	0.738 9	0.742 2	0.745 4	0.748 6	0.751 7	0.754 9
0.7	0.758 0	0.761 1	0.764 2	0.767 3	0.770 4	0.773 4	0.776 4	0.779 4	0.782 3	0.785 2
0.8	0.788 1	0.791 0	0.793 9	0.796 7	0.799 5	0.802 3	0.805 1	0.807 8	0.810 6	0.813 3
0.9	0.815 9	0.818 6	0.821 2	0.823 8	0.826 4	0.828 9	0.831 5	0.834 0	0.836 5	0.838 9
1.0	0.841 3	0.843 8	0.846 1	0.848 5	0.850 8	0.853 1	0.855 4	0.857 7	0.859 9	0.862 1
1.1	0.864 3	0.866 5	0.868 6	0.870 8	0.872 9	0.874 9	0.877 0	0.879 0	0.881 0	0.883 0
1.2	0.884 9	0.886 9	0.888 8	0.890 7	0.892 5	0.894 4	0.896 2	0.898 0	0.899 7	0.901 5
1.3	0.903 2	0.904 9	0.906 6	0.908 2	0.909 9	0.911 5	0.913 1	0.914 7	0.916 2	0.917 7
1.4	0.919 2	0.920 7	0.922 2	0.923 6	0.925 1	0.926 5	0.927 9	0.929 2	0.930 6	0.931 9
1.5	0.933 2	0.934 5	0.935 7	0.937 0	0.938 2	0.939 4	0.940 6	0.941 8	0.942 9	0.944 1

续表

x	0.00	0.01	0.02	0.03	0.04	0.05	0.06	0.07	0.08	0.09
1.6	0.945 2	0.946 3	0.947 4	0.948 4	0.949 5	0.950 5	0.951 5	0.952 5	0.953 5	0.954 5
1.7	0.955 4	0.956 4	0.957 3	0.958 2	0.959 1	0.959 9	0.960 8	0.961 6	0.962 5	0.963 3
1.8	0.964 1	0.964 9	0.965 6	0.966 4	0.967 1	0.967 8	0.968 6	0.969 3	0.969 9	0.970 6
1.9	0.971 3	0.971 9	0.972 6	0.973 2	0.973 8	0.974 4	0.975 0	0.975 6	0.976 1	0.976 7
2.0	0.977 2	0.977 8	0.978 3	0.978 8	0.979 3	0.979 8	0.980 3	0.980 8	0.981 2	0.981 7
2.1	0.982 1	0.982 6	0.983 0	0.983 4	0.983 8	0.984 2	0.984 6	0.985 0	0.985 4	0.985 7
2.2	0.986 1	0.986 4	0.986 8	0.987 1	0.987 5	0.987 8	0.988 1	0.988 4	0.988 7	0.989 0
2.3	0.989 3	0.989 6	0.989 8	0.990 1	0.990 4	0.990 6	0.990 9	0.991 1	0.991 3	0.991 6
2.4	0.991 8	0.992 0	0.992 2	0.992 5	0.992 7	0.992 9	0.993 1	0.993 2	0.993 4	0.993 6
2.5	0.993 8	0.994 0	0.994 1	0.994 3	0.994 5	0.994 6	0.994 8	0.994 9	0.995 1	0.995 2
2.6	0.995 3	0.995 5	0.995 6	0.995 7	0.995 9	0.996 0	0.996 1	0.996 2	0.996 3	0.996 4
2.7	0.996 5	0.996 6	0.996 7	0.996 8	0.996 9	0.997 0	0.997 1	0.997 2	0.997 3	0.997 4
2.8	0.997 4	0.997 5	0.997 6	0.997 7	0.997 7	0.997 8	0.997 9	0.997 9	0.998 0	0.998 1
2.9	0.998 1	0.998 2	0.998 2	0.998 3	0.998 4	0.998 4	0.998 5	0.998 5	0.998 6	0.998 6
3.0	0.998 7	0.998 7	0.998 7	0.998 8	0.998 8	0.998 9	0.998 9	0.998 9	0.999 0	0.999 0
3.1	0.999 0	0.999 1	0.999 1	0.999 1	0.999 2	0.999 2	0.999 2	0.999 2	0.999 3	0.999 3
3.2	0.999 3	0.999 3	0.999 4	0.999 4	0.999 4	0.999 4	0.999 4	0.999 5	0.999 5	0.999 5
3.3	0.999 5	0.999 5	0.999 5	0.999 6	0.999 6	0.999 6	0.999 6	0.999 6	0.999 6	0.999 7
3.4	0.999 7	0.999 7	0.999 7	0.999 7	0.999 7	0.999 7	0.999 7	0.999 7	0.999 7	0.999 8

附表2 χ^2 分布上侧 α 分位数 $\chi_\alpha^2(n)$ 表

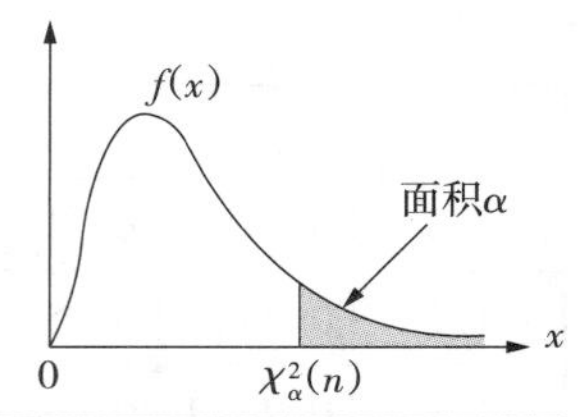

n	$\alpha=0.995$	$\alpha=0.99$	$\alpha=0.975$	$\alpha=0.95$	$\alpha=0.05$	$\alpha=0.025$	$\alpha=0.01$	$\alpha=0.005$
1	0.000 039 3	0.000 157	0.000 982	0.003 93	3.841	5.024	6.635	7.879
2	0.010 0	0.020 1	0.050 6	0.103	5.991	7.378	9.210	10.597
3	0.071 7	0.115	0.216	0.352	7.815	9.348	11.345	12.838
4	0.207	0.297	0.484	0.711	9.488	11.143	13.277	14.860
5	0.412	0.554	0.831	1.145	11.070	12.832	15.086	16.750
6	0.676	0.872	1.237	1.635	12.592	14.449	16.812	18.548
7	0.989	1.239	1.690	2.167	14.067	16.013	18.475	20.278
8	1.344	1.646	2.180	2.733	15.507	17.535	20.090	21.955
9	1.735	2.088	2.700	3.325	16.919	19.023	21.666	23.589
10	2.156	2.558	3.247	3.940	18.307	20.483	23.209	25.188
11	2.603	3.053	3.816	4.575	19.675	21.920	24.725	26.757
12	3.074	3.571	4.404	5.226	21.026	23.337	26.217	28.300
13	3.565	4.107	5.009	5.892	22.362	24.736	27.688	29.819
14	4.075	4.660	5.629	6.571	23.685	26.119	29.141	31.319
15	4.601	5.229	6.262	7.261	24.996	27.488	30.578	32.801
16	5.142	5.812	6.908	7.962	26.296	28.845	32.000	34.267
17	5.697	6.408	7.564	8.672	27.587	30.191	33.409	35.718
18	6.265	7.015	8.231	9.390	28.869	31.526	34.805	37.156
19	6.844	7.633	8.907	10.117	30.144	32.852	36.191	38.582
20	7.434	8.260	9.591	10.851	31.410	34.170	37.566	39.997
21	8.034	8.897	10.283	11 591	32.671	35.479	38.932	41.401
22	8.643	9.542	10.982	12.338	33.924	36.781	40.289	42.796
23	9.260	10.196	11.689	13.091	35.172	38.076	41.638	44.181
24	9.886	10.856	12.401	13.848	36.415	39.364	42.980	45.558
25	10.520	11.524	13.120	14.611	37.652	40.646	44.314	46.928
26	11.160	12.198	13.844	15.379	38.885	41.923	45.642	48.290
27	11.808	12.879	14.573	16.151	40.113	43.194	46.963	49.645
28	12.461	13.565	15.308	16.928	41.337	44.461	48.278	50.993
29	13.121	14.256	16.047	17.708	42.557	45.722	49.588	52.336
30	13.787	14.954	16.791	18.493	43.773	46.979	50.892	53.672

附表 3　t 分布上侧 α 分位数 $t_\alpha(n)$ 表

n	$\alpha=0.10$	$\alpha=0.05$	$\alpha=0.025$	$\alpha=0.01$	$\alpha=0.005$
1	3.078	6.314	12.706	31.821	63.657
2	1.886	2.920	4.303	6.965	9.925
3	1.638	2.353	3.182	4.541	5.841
4	1.533	2.132	2.776	3.747	4.604
5	1.476	2.015	2.571	3.365	4.032
6	1.440	1.943	2.447	3.143	3.707
7	1.415	1.895	2.365	2.998	3.499
8	1.397	1.860	2.306	2.896	3.355
9	1.383	1.833	2.262	2.821	3.250
10	1.372	1.812	2.228	2.764	3.169
11	1.363	1.796	2.201	2.718	3.106
12	1.356	1.782	2.179	2.681	3.055
13	1.350	1.771	2.160	2.650	3.012
14	1.345	1.761	2.145	2.624	2.977
15	1.341	1.753	2.131	2.602	2.947
16	1.337	1.746	2.120	2.583	2.921
17	1.333	1.740	2.110	2.567	2.898
18	1.330	1.734	2.101	2.552	2.878
19	1.328	1.729	2.093	2.539	2.861
20	1.325	1.725	2.086	2.528	2.845
21	1.323	1.721	2.080	2.518	2.831
22	1.321	1.717	2.074	2.508	2.819
23	1.319	1.714	2.069	2.500	2.807
24	1.318	1.711	2.064	2.492	2.797
25	1.316	1.708	2.060	2.485	2.787
26	1.315	1.706	2.056	2.479	2.779
27	1.314	1.703	2.052	2.473	2.771
28	1.313	1.701	2.048	2.467	2.763
29	1.311	1.699	2.045	2.462	2.756
∞	1.282	1.645	1.960	2.326	2.576

附表4　F分布上侧分位数$F_{0.05}(n,m)$表

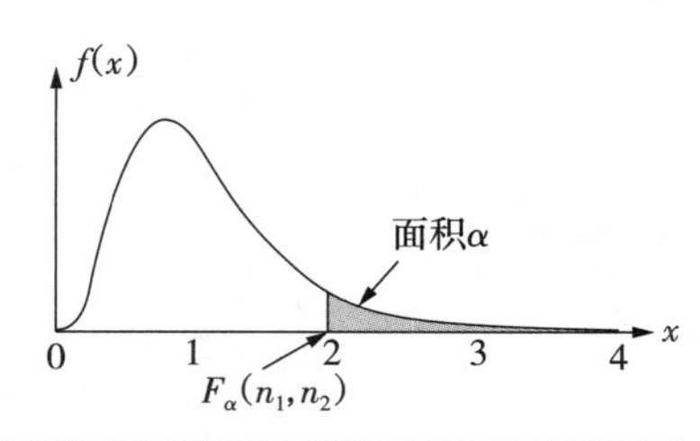

m	n				
	1	2	3	4	5
1	161.4	199.5	215.7	224.6	230.2
2	18.50	19.00	19.20	19.20	19.30
3	10.10	9.55	9.28	9.12	9.01
4	7.71	6.94	6.59	6.39	6.26
5	6.61	5.79	5.41	5.19	5.05
6	5.99	5.14	4.76	4.53	4.39
7	5.59	4.74	4.35	4.12	3.97
8	5.32	4.46	4.07	3.84	3.69
9	5.12	4.26	3.86	3.63	3.48
10	4.96	4.10	3.71	3.48	3.33
11	4.84	3.98	3.59	3.36	3.20
12	4.75	3.89	3.49	3.26	3.11
13	4.67	3.81	3.41	3.18	3.03
14	4.60	3.74	3.34	3.11	2.96
15	4.54	3.68	3.29	3.06	2.90
16	4.49	3.63	3.24	3.01	2.85
17	4.45	3.59	3.20	2.96	2.81
18	4.41	3.55	3.16	2.93	2.77
19	4.38	3.52	3.13	2.90	2.74
20	4.35	3.49	3.10	2.87	2.71
21	4.32	3.47	3.07	2.84	2.68
22	4.30	3.44	3.05	2.82	2.66
23	4.28	3.42	3.03	2.80	2.64
24	4.26	3.40	3.01	2.78	2.62
25	4.24	3.39	2.99	2.76	2.60
30	4.17	3.32	2.92	2.69	2.53
40	4.08	3.23	2.84	2.61	2.45
60	4.00	3.15	2.76	2.53	2.37
120	3.92	3.07	2.68	2.45	2.29
∞	3.84	3.00	2.60	2.37	2.21

附表5 本书使用的Excel统计函数索引

页码	名 称	数学表达式	Excel 统计函数
5	样本均值	$\bar{x} = \frac{1}{n}\sum_{i=1}^{n} x_i$	AVERAGE(x)
5	样本中位数	略	MEDIAN(x)
6	样本方差	$s^2 = \frac{1}{n-1}\sum_{i=1}^{n}(x_i - \bar{x})^2$	VAR(x)
6	样本标准差	$s = \sqrt{\frac{1}{n-1}\sum_{i=1}^{n}(x_i - \bar{x})^2}$	STDEV(x)
7	第 p 个百分位点	略	PERCENTILE(x, p)
9	样本协方差	$s_{xy} = \frac{1}{n-1}\sum_{i=1}^{n}(x_i - \bar{x})(y_i - \bar{y})$	COVAR(x,y)
9	样本相关系数	$r_{xy} = \frac{s_{xy}}{s_x s_y}$	CORREL(x,y)
89	二项分布律	$P\{X = k\} = C_n^k p^k (1-p)^{n-k}$	BINOMDIST(k,n,p,0)
89	二项分布函数	$P\{X \leqslant k\} = \sum_{i=0}^{k} C_n^i p^i (1-p)^{n-i}$	BINOMDIST(k,n,p,1)
92	泊松分布律	$P\{X = k\} = \frac{\lambda^k e^{-\lambda}}{k!}$	POISSON(k, λ,0)
92	泊松分布函数	$P\{X \leqslant k\} = \sum_{i=0}^{k}\frac{\lambda^i e^{-\lambda}}{i!}$	POISSON(k, λ, 1)
98	指数分布函数	$F(x) = \begin{cases} 1 - e^{-\lambda x}, & x \geqslant 0 \\ 0, & x < 0 \end{cases}$	EXPONDIST(x,λ,1)
101	$N(0,1)$分布函数	$\Phi(x) = \frac{1}{\sqrt{2\pi}}\int_{-\infty}^{x} e^{-\frac{t^2}{2}} dt$	NORMSDIST(x, 1)
102	$N(0,1)$上侧 α 分位数	$P\{X \geqslant z_\alpha\} = \alpha$	NORMSINV($1-\alpha$)
104	$N(\mu,\sigma)$区间概率	$P\{X \leqslant x\}$	NORMDIST(x,μ,σ, 1)
108	χ^2 分布右侧概率	$P\{\chi^2(n) > x\}$	CHIDIST(x,n)
108	χ^2 分布上 α 分位数	$P\{X > \chi_\alpha^2(n)\} = \alpha$	CHIINV(α,n)
109	t 分布右尾概率	$P\{T_n > x\}$	TDIST(x,n, 1)

续表

页码	名　称	数学表达式	Excel 统计函数
109	t 分布双尾概率	$P\left\{ \mid T_n \mid > x \right\}$	TDIST(x,n,2)
109	t 分布双侧分位数	$P\left\{ \mid T_n \mid > t_{\alpha/2}(n) \right\} = \alpha$	TINV(α,n)
109	t 分布上 α 分位数	$P\{T_n > t_{\alpha}(n)\} = \alpha$	TINV(2α,n)
110	F 分布上 α 分位数	$P(F > F_{\alpha}(n_1,n_2)) = \alpha$	FINV(α,n,m)
125	(0,1)均匀随机数	略	RAND( )

参考文献

[1] 盛骤,谢式千,潘承毅.概率论与数理统计[M].4版.北京:高等教育出版社,2008.
[2] 刘次华,万建平,刘继成,等.概率论与数理统计[M].4版.北京:高等教育出版社,2019.
[3] 东华大学概率统计教研组.概率论与数理统计[M].北京:高等教育出版社,2017.
[4] 安建业,罗蕴玲,李乃华,等.概率统计及其应用[M].2版.北京:高等教育出版社,2019.
[5] 李金林,赵中秋,马宝龙.管理统计学[M].3版.北京:清华大学出版社,2016.
[6] 吴传生,彭斯俊,陈盛双,等.经济数学——概率论与数理统计[M].北京:高等教育出版社,2004.
[7] 吴赣昌.概率论与数理统计[M].4版.北京:中国人民大学出版社,2012.
[8] 宋延山,王竖,刁艳华,等.应用统计学——以Excel为分析工具[M].2版.北京:清华大学出版社,2018.
[9] 罗纳德·沃波尔,雷蒙德·迈尔斯,沙轮·迈尔斯,等.概率与统计[M].9版.袁东学,龙少波,译.北京:中国人民大学出版社,2016.
[10] Sheldon M Ross.概率论基础教程[M].8版.郑忠国,詹从赞,译.北京:人民邮电出版社,2011.
[11] Dawn Griffiths.深入浅出统计学[M].李芳,译.北京:电子工业出版社,2011.
[12] 詹姆斯·麦克拉夫,乔治·本森,特里·辛西奇.商务与经济统计学[M].12版.易丹辉,李扬,译.北京:中国人民大学出版社,2017.
[13] 戴维·安德森,丹尼斯·斯维尼,托马斯·威廉斯,等.商务与经济统计[M].13版.张建华,王健,聂巧平,译.北京:机械工业出版社,2018.